普 通 高 等 教 育
人工智能专业系列教材

人工智能技术与机器人

主　编　邵克勇
副主编　杨　莉　吴攀超　郭浩轩

中国水利水电出版社
www.waterpub.com.cn
·北京·

内 容 提 要

本书从人工智能技术出发，讲解了人工智能在智能机器人上的应用方法及相关技术。全书共 8 章，首先介绍了人工智能技术及智能机器人的相关发展历史、定义、人工智能与机器人的融合；接着从计算智能、机器学习、感知智能、认知智能、机器人定位与建图、路径规划等方面介绍了人工智能的相关技术及其在机器人上的应用方法；最后介绍了一般智能机器人设计与开发方法。

本书可作为高等院校人工智能、智能科学与技术、机器人工程等新工科专业和自动化、计算机科学与技术、电子科学与技术、控制工程与科学、机械设计制造及自动化、工业设计、车辆工程等传统理工科专业的教材，还可供从事相关专业交叉学科研究的科研人员参考。

图书在版编目（C I P）数据

人工智能技术与机器人 / 邵克勇主编. -- 北京：中国水利水电出版社，2022.12
普通高等教育人工智能专业系列教材
ISBN 978-7-5226-1086-3

Ⅰ．①人… Ⅱ．①邵… Ⅲ．①智能机器人－高等学校－教材 Ⅳ．①TP242.6

中国版本图书馆CIP数据核字(2022)第215961号

策划编辑：石永峰　责任编辑：王玉梅　加工编辑：刘　瑜　封面设计：梁　燕

书　　名	普通高等教育人工智能专业系列教材 人工智能技术与机器人 RENGONG ZHINENG JISHU YU JIQIREN
作　　者	主　编　邵克勇 副主编　杨　莉　吴攀超　郭浩轩
出版发行	中国水利水电出版社 （北京市海淀区玉渊潭南路 1 号 D 座　100038） 网址：www.waterpub.com.cn E-mail：mchannel@263.net（答疑）　　　　　sales@mwr.gov.cn 电话：（010）68545888（营销中心）、82562819（组稿）
经　　售	北京科水图书销售有限公司 电话：（010）68545874、63202643 全国各地新华书店和相关出版物销售网点
排　　版	北京万水电子信息有限公司
印　　刷	三河市德贤弘印务有限公司
规　　格	210mm×285mm　16 开本　15 印张　384 千字
版　　次	2022 年 12 月第 1 版　2022 年 12 月第 1 次印刷
印　　数	0001—2000 册
定　　价	48.00 元

前　言

毫无疑问，机器人已经成为当下科技发展的重要领域。从诞生之日起，机器人就对人类的生产生活产生了巨大影响。可以说，在未来世界，机器人将更深入地渗透到人们的日常当中。而随着人工智能应用的范围越来越广、程度越来越深，机器人也在迎来一个划时代的变革。与之前主要用于提高工业生产效率不同，如今的机器人变得更加智能，也更能理解和帮助实现人类的各种需求。本书在选材方面着重展现人工智能技术在机器人领域的研究和应用，首先介绍人工智能技术的基本原理和应用，接着对人工智能技术在机器人领域的研究和应用进行了讲解。

本书将基础理论与实际应用相结合，叙述简明清晰，强调内容的先进性、实用性和可读性，适用于高等院校人工智能、自动化、电气工程及其自动化、计算机、机器人工程等专业开设的相关课程。作者根据东北石油大学本科教材建设规划，充分借鉴国内外相关教材和资料文献，结合多年的教学和科研实践体会，精选内容，编写了本书。

本书共分为 8 章，第 1 章简述人工智能的历史、人工智能与机器人的融合、智能机器人的定义及分类、智能机器人的关键技术、智能机器人未来的发展；第 2 章系统介绍计算智能中较为典型的 4 类算法——人工神经网络算法、深度神经网络算法、模糊控制算法和进化计算算法；第 3 章介绍机器学习的基本理论，并对监督学习、非监督学习、强化学习和迁移学习进行讲解；第 4 章主要针对机器人感知方式进行介绍，包括机器人传感器、机器人视觉与图像处理、语音识别与机器人听觉、多源信息融合；第 5 章介绍实现机器人认知的基本方法，包括知识表示技术、逻辑推理、搜索技术、知识图谱；第 6 章在介绍传统机器人定位技术和机器人地图构建的基础上，重点介绍了机器人同时定位与建图，通过这些算法为智能机器人的路径规划提供基础；第 7 章介绍机器人路径规划中的全局路径规划算法和局部路径规划算法；第 8 章介绍智能机器人设计与开发的相关问题。

本书由邵克勇任主编（负责统稿、修改、定稿工作），杨莉、吴攀超、郭浩轩任副主编，邵克勇编写第 5 章和第 7 章，杨莉编写第 1 章和第 2 章，吴攀超编写第 3 章和第 6 章，郭浩轩编写第 4 章和第 8 章。

在本书编写过程中，编者参考了国内外现有教材和相关文献，在此向其原作者表示深深的感谢。

本教材的编写得到了东北石油大学重点教材建设项目的资助和中国水利水电出版社的大力支持，在此一并致谢。

由于人工智能是一门不断发展的学科，新的理论方法与技术、新的应用领域不断涌现，加之编者水平有限，书中难免存在不妥与错误之处，恳请各位专家和读者批评指正。

编　者
2022 年 7 月

目　录

第1章 绪 论

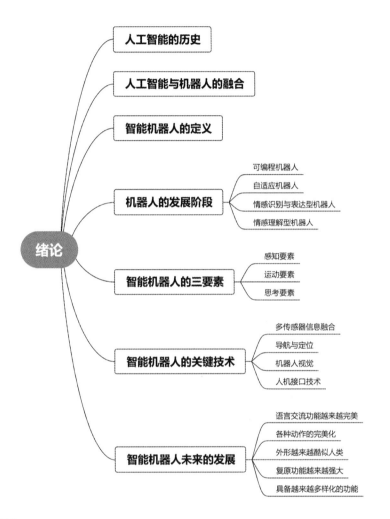

- 人工智能的历史
- 人工智能与机器人的融合
- 智能机器人的定义
- 机器人的发展阶段
  - 可编程机器人
  - 自适应机器人
  - 情感识别与表达型机器人
  - 情感理解型机器人
- 智能机器人的三要素
  - 感知要素
  - 运动要素
  - 思考要素
- 智能机器人的关键技术
  - 多传感器信息融合
  - 导航与定位
  - 机器人视觉
  - 人机接口技术
- 智能机器人未来的发展
  - 语言交流功能越来越完美
  - 各种动作的完美化
  - 外形越来越酷似人类
  - 复原功能越来越强大
  - 具备越来越多样化的功能

本章导读

机器人是人工智能技术的重要组成部分，对智能机器人的研究和制造是当前人工智能最前沿的领域，在一定程度上代表着一个国家的高科技发展水平。由于疫情原因，为了避免人的过多参与，2022 年我国派出了大量智能机器人来参与奥运会的运营工作。而这么多各种各样的机器人充分说明了我国在人工智能领域已经取得不小的进步。本章将介绍智能机器人的定义、分类、关键技术和未来发展。

本章要点

- 人工智能与机器人的融合
- 智能机器人的发展阶段
- 智能机器人的关键技术

1.1　人工智能的历史

人工智能自1956年第一次出现以来已经有60余年的发展历程。1956年夏天,以麦卡赛、明斯基、罗切斯特和申农等为首的一批有远见卓识的年轻科学家在一起共同研究和探讨用机器模拟智能的一系列有关问题,并首次提出了"人工智能"这一术语,这标志着"人工智能"这门新兴学科正式诞生。人工智能概念提出后,涌现了大批成功的"人工智能"的应用场景和研究方向,包括搜索式推理、自然语言、深度学习等。计算技术被用来解决现代数学应用题、证明几何定理、学习和使用英语。20世纪70年代初,人工智能发展初期的突破性进展大大提升了人们对人工智能的期望,人们开始尝试更具挑战性的任务,并提出了一些不切实际的研发目标。然而,接二连三的失败和预期目标的落空(例如无法用机器证明两个连续函数之和还是连续函数、机器翻译闹出笑话等),使人工智能的发展走入低谷。80年代初,随着个人计算机的普及和"专家系统"的广泛应用,一些大公司开发了自己的专家系统。专家系统能够模拟人类专家的知识和经验解决特定领域的问题,但是到了90年代,随着人工智能应用规模的不断扩大,专家系统存在的应用领域狭窄、缺乏常识性知识、知识获取困难、推理方法单一、缺乏分布式功能、难以与现有数据库兼容等问题逐渐暴露出来,人工智能又陷入了困境。21世纪初,由于网络技术特别是互联网技术的发展,加速了人工智能的创新研究,促使人工智能技术进一步走向实用化。这个阶段尽管没有出现有影响力的算法,但随着硬件技术的进步,很多前期的人工智能应用得到了进一步拓展,人工智能正向实用方向进发。

当今,随着大数据、云计算、互联网、物联网等信息技术的发展,人工智能技术正在呈现爆发式增长。人工智能之所以能取得突飞猛进的进展,不能不说是近些年大数据长足发展的结果。大数据的本质是海量的、多维度、多形式的数据,正是由于各类感应器和数据采集技术的发展,我们开始拥有以往难以想象的海量数据,同时也开始在某一领域拥有深度的、细致的数据。而这些,都是训练某一领域"智能"的前提。如果我们把人工智能看成一个嗷嗷待哺拥有无限潜力的婴儿,某一领域专业的、海量的、深度的数据就是喂养这个婴儿的奶粉。奶粉的数量决定了婴儿是否能长大,而奶粉的质量则决定了婴儿后续的智力发育水平。可以说,这是对大数据与人工智能之间的关系最为形象的描述。

所以说大数据为深度学习算法提供了可供验证的基础,也为计算机更好地模拟类人特性提供支撑;云计算及超强芯片的出现提高了计算能力,为人工智能的发展奠定了物理基础;在智能算法方面,特别是深度学习算法在大数据的依托下,进一步显示其优越性。感知数据和图形处理器等计算平台推动以深度神经网络为代表的人工智能技术飞速发展,大幅跨越了科学与应用之间的"技术鸿沟",诸如图像分类、语音识别、知识问答、人机对弈、无人驾驶等人工智能技术实现了从"不能用、不好用"到"可以用"的技术突破,迎来爆发式增长的新高潮。

虽然如今人工智能已经取得了飞跃性突破,但从技术创新的角度看,目前我们还处于弱人工智能阶段,弱人工智能是擅长于单个方面的人工智能,比如战胜世界围棋冠军的人工智能AlphaGo,它只会下围棋,如果你让它辨识一下猫和狗,它就不知道怎么做了,但即使是弱人工智能,也已经在很多方面有超越人类的能力。比如,ImageNet计算机在视觉识别挑战赛中对图像识别的准确率已经超越了人类;百度深度学习系统适应无上下文的短语的衔接,中英文语音识别的正确率也超越了人类。相信随着时间的推移和技术的发展,强人工智能一定在不久的未来等着我们。

1.2　人工智能与机器人的融合

机器人就是一种机械,而人工智能的概念是一种技术,只不过现在许多的机器人加入了人工智能技术,并且随着各项技术的进步,它们之间的融合会更加深入。机器人设置了某种程序就能工作,能完成指定的、规律性的简单任务,我们可以把人工智能想象成一种非常强大的程序,加载到机器人内部程序当中,机器人就能完成复杂的工作、任务等。人工智能严格来说并不是实物,而是数字科学的重要分支,可以模拟人的行为模式、思维模式等,也就是与“人”的思想类似,但是未来可能会超越人类智慧。机器人结合人工智能是一个必然趋势,机器人其实是比较常见的,在很多工厂里都能看到机器人在代替人工劳动,并且机器人可以全天 24 小时不间断地工作,而且机器人技术在不断地改良,机器人能完成的工作也越来越多样化。如今机器人渐渐在适应人工智能带来的技术改变,也就是说机器人会有一定的自主,有自己的判断和规划能力,那么未来的生产模式将会是另一番全新景象,特别是近年来我国的综合科技实力快速增强,国内的人工智能机器人会慢慢普及起来。

1.3　智能机器人的定义

世界各国对机器人有多种不同的定义。根据国际标准化组织的定义,机器人是一种自动的、位置可控的、具有编程能力的多功能操作机,这种操作机具有几个轴,能够借助可编程操作来处理各种材料、零件、工具和专用装置,以执行各种任务。这里所提到的“编程”与普通的计算机编程不同,指的是机器人的示教编程,即教会机器人工作路径的方式。这个定义是针对示教机器人的。对于现在的智能机器人,这个定义忽略了机器人的感知环节,并不完全准确,更加通用的定义是:机器人是一种计算机控制的可编程的自动机械电子装置,能感知环境,识别对象,理解指示命令,有记忆和学习功能,具有情感和逻辑判断思维,能自身进化,能计划其操作程序来完成任务。这个定义突出了现代机器人的几个特点:计算机控制、感知、学习。

1.4　机器人的发展阶段

科技的发展带动着机器人技术的发展,可以说机器人的发展史也是世界科技发展史的体现。科学的前沿技术在机器人中都有应用。

机器人发展到目前为止共分为 4 个阶段,即四代机器人。

第一代机器人:可编程机器人,如图 1-1 所示。1947 年,为了搬运和处理核燃料,美国橡树岭国家实验室研发了世界上第一台遥控机器人。1962 年美国又研制成功 PUMA 通用示教再现型机器人,这种机器人通过一台计算机来控制一个多自由度的机械,通过示教存储程序和信息,工作时把信息读取出来,然后发出指令,这样机器人可以重复地根据人当时示教的结果再现出这种动作。例如,对于汽车的点焊机器人,只要把这个点焊的过程

机器人的发展阶段

对它示教完以后，它就总是重复这样一种工作。因此第一代机器人具有记忆、存储能力，按相应程序重复作业，但对周围环境基本没有感知与反馈控制能力，也被称为示教再现型机器人，这类机器人需要使用者事先教给它们动作顺序和运动路径，再不断地重复这些动作。第一代机器人从20世纪60年代后半期开始投入使用，目前它在工业界得到了广泛应用。

第二代机器人：自适应机器人，如图1-2所示。示教再现型机器人对于外界环境没有感知，操作力的大小、工件存在与否、焊接得好与坏等它并不知道，因此，在20世纪70年代后期，人们开始研究第二代机器人，即感觉型机器人。这种机器人拥有类似人的感觉，如力觉、触觉、滑觉、视觉、听觉等，它能够通过感觉来感受和识别工件的形状、大小、颜色，即自适应机器人，它是在第一代机器人的基础上发展起来的，具有不同程度的"感知"能力。这类机器人在工业界已有应用。

图1-1   可编程机器人

图1-2   自适应机器人

第三代机器人：情感识别与表达型机器人。20世纪90年代各国纷纷提出了"情感计算""感性工学""人工情感""人工心理"等理论，为情感识别与表达型机器人的产生奠定了理论基础。美国MIT展开了对"情感计算"的研究，IBM公司开始实施"蓝眼计划"和开发"情感鼠标"。2008年4月美国麻省理工学院的科学家们展示了他们最新开发出的情感机器人"Nexi"，该机器人不仅能理解人的语言，还能对不同语言作出相应的喜怒哀乐反应，能够通过转动和睁闭眼睛、皱眉、张嘴、打手势等形式表达其丰富的情感。这款机器人完全可以根据人面部表情的变化来作出相应的反应。我国国内开展的研究项目主要有：脸部运动编码系统（可应用于人脸表情的自动识别与合成）、MPEG-4 V2视觉标准（可以组合多种表情以模拟混合表情）、针对人的肢体运动而设计的"运动和身体信息捕获设备"、基于生物特征的"身份验证系统"、语调表情构造系统（根据语音的时间、振幅、基频和共振峰等寻找不同情感信号特征的构造特点和分布规律）、可穿戴式计算机（可用于增强和补偿人的感知功能）。但是，这种机器人没有内在的情感逻辑系统，不能真正地进行情感思维与情感计算。所有这些进展都局限于两个方面：一是情感的模拟表达，二是情感的模式识别。事实上，真正具有类人式情感的机器人必须具备3个基本系统：情感识别系统、情感计算系统和情感表达系统。因此，能否建立"情感计算系统"是研制情感机器人的关键。

第四代机器人：情感理解型机器人。由于情感的赋予，机器人就拥有了与人完全一样的智能效率性、行为灵活性、决策自主性和思维创造性，这样一来，从纯逻辑的角度来看，机器人与人就再没有任何根本性差异了，机器人可以从事人类所能从事的几乎所有工作，包括生产劳动、企业经营、社会管理、人际交往和技术创新等，可以在更大的程度上和更深的层次上取代人，从而大大扩展它的应用范围，圆满完成主人交给的各种复杂的工作任务，其社会需求量必将大大增加，研发真正意义的情感机器人无疑会产生数以万亿计的经济效益。

之江实验室人工智能研究院前沿理论研究中心主任助理李太豪指出，这个领域有两大问题需要解决。一是感知层面的问题。一方面需要在硬件上突破，比如研发通过简单舒适的可穿戴设备就能精确捕捉到人的心率、血压、脑电波等生理信号的变化。另一方面也有一些研究正在尝试无接触的生理信号收集方式，比如利用机器视觉，通过图像处理技术来获取体温、血压等数据。但是整体来讲，精度上还有一定问题。二是多模态融合的问题。李太豪说："这么多信息之间是怎样的关联，怎样去融合多个模态，而不是太依赖某一个模态，这是一个难点。当感知信号收集得比较好，算法融合有突破的时候，机器有可能比人对情感的识别会更精确一些。"

1.5　智能机器人的三要素

大多数专家认为智能机器人至少要具备以下 3 个要素：

（1）感知要素，用来认识周围环境状态。

感知要素包括能感知视觉、接近、距离等的非接触型传感器和能感知力、压觉、触觉等的接触型传感器。这些要素实质上就是相当于人的眼、鼻、耳等五官，它们的功能可以利用诸如摄像机、图像传感器、超声波传感器、激光器、导电橡胶、压电元件、气动元件、行程开关等机电元器件来实现。

（2）运动要素，对外界作出反应。

对运动要素来说，智能机器人需要有一个无轨道型的移动机构，以适应诸如平地、台阶、墙壁、楼梯、坡道等不同的地理环境。它们的功能可以借助轮子、履带、支脚、吸盘、气垫等移动机构来完成。在运动过程中要对移动机构进行实时控制，这种控制不仅包括位置控制，而且还要有力度控制、位置与力度混合控制、伸缩率控制等。

（3）思考要素，根据感觉要素所得到的信息思考出采用什么样的动作。

智能机器人的思考要素是三个要素中的关键，也是人们要赋予机器人的必备要素。思考要素包括判断、逻辑分析、理解等方面的智力活动。这些智力活动实质上是一个信息处理过程，而计算机是完成这个处理过程的主要手段。

1.6　智能机器人的关键技术

1. 多传感器信息融合

智能机器人的关键技术

所谓多传感器信息融合（Multi-sensor Information Fusion，MSIF），就是利用计算机技术将来自多传感器或多源的信息和数据，在一定的准则下加以自动分析和综合，以完成所需要的决策和估计而进行的信息处理过程。由于单一传感器获得的信息非常有限，而且受到自身品质和性能的影响，因此，智能机器人通常配有数量众多的不同类型的传感器，以满足探测和数据采集的需要。若对各传感器采集的信息进行单独、孤立的处理，不仅会导致信息处理工作量的增加，而且割断了各传感器信息间的内在联系，丢失了信息经有机组合后可能蕴含的相关环境特征，造成信息资源的浪费，甚至可能导致决策失误。因此经过融合后的传感器信息具有以下特征：信息冗余性、信息互补性、信息实时性、信息获取的低成本性。

在智能机器人的设计过程中，多传感器信息融合技术起着非常关键的作用。如图 1-3 所示为多传感器信息融合自主移动装配机器人，它通过各种不同的传感器将周围所探知的信息进行融合处理，从而体现周围的虚拟环境，之后通过精密的计算和判断，从而保证对机器人的正确指导。例如，人工神经网络可以将从网络获得的传感器信息进行融合，获得相应网络的参数，并且可将知识规则转换成数字形式，便于建立知识库，也就是说能够利用外部环境的信息实现知识自动获取及并行联想推理，经过学习推理融合为系统能够理解的准确信号。

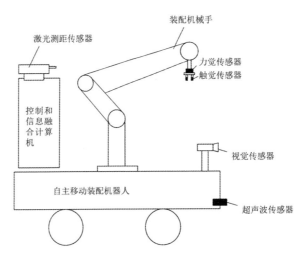

图 1-3　多传感器信息融合自主移动装配机器人

近年来，多传感器信息融合技术无论在军事还是民事领域的应用都极为广泛，其已成为军事、工业和高技术开发等多个方面关心的问题。这一技术广泛应用于复杂工业过程控制、机器人、自动目标识别、交通管制、惯性导航、海洋监视和管理、农业、遥感、医疗诊断、图像处理、模式识别等领域。

2. 导航与定位

自主定位导航是机器人实现智能化的前提之一，是赋予机器人感知和行动能力的关键因素。如果说机器人不会自主定位导航，不能对周围环境进行分析、判断和选择，不能规划路径，那么这个机器人离智能还有一大截距离。在现有 SLAM（即时定位与地图构建）技术中，机器人常用的定位导航技术包括视觉定位导航、超声波定位导航、红外线定位导航、灯塔定位导航、激光定位导航等。

视觉定位导航主要借助视觉传感器完成，机器人借助单目 / 双目摄像头、深度摄像机、视频信号数字化设备、基于 DSP 的快速信号处理器等其他外部设备获取图像，然后对周围的环境进行光学处理，对采集到的图像信息进行压缩，反馈到由神经网络和统计学方法构成的学习子系统，然后由子系统将采集到的图像信息与机器人的实际位置联系起来，完成定位。

超声波定位导航的工作原理是由超声波传感器发射探头发射出超声波，超声波在介质中遇到障碍物而返回接收装置。通过接收自身发射的超声波反射信号，根据超声波发出和回波接收时间差及传播速度计算出传播距离 s，就能得到障碍物到机器人的距离。也有不少移动机器人导航定位技术中用到的是分开的发射和接收装置，在环境地图中布置多个接收装置，而在移动机器人上安装发射探头。由于超声波传感器具有成本低廉、采集信息速率快、距离分辨率高等优点，长期以来被广泛应用于移动机器人的导航定位中。而且它采集环境信息时不需要复杂的图像配备技术，因此测距速度快、实时性好。同时，超声波传感器也不易受到如天气条件、环境光照及障碍物阴影、表面粗糙度等外界环境条件的影响。因此，超声波进行导航定位已经被广泛应用于各种移动机器人的感知系统中。

灯塔定位导航技术在扫地机器人领域使用得比较多。导航盒发射出三个不同角度的信号，能够模拟 GPS 卫星三点定位技术，让其精准定位起始位置和目前自身所在坐标，导航盒如同灯塔，其作用为发射信号，引导机器人进行移动和工作。激光定位导航的原理和超声波、红外线的原理类似，主要是发射出一个激光信号，根据收到从物体反射回来的信号的时间差来计算这段距离，然后根据发射激光的角度来确定物体和发射器的角度，从而得出物体与发射器的相对位置。

3. 机器人视觉

人类视觉主要依靠眼睛和大脑来完成对物体的观察和理解，人类通过眼睛对物体进行观察和捕捉；图像信息经视觉神经传给大脑进行分析和理解，大脑能够对视场内的物体自动进行空间分离，得到物体位置、尺寸、纹理、色彩和运动状态等详细特征信息，从而快速判断物体的名称、类别和分类等属性信息。机器视觉同理，本质上，机器视觉是图像分析技术在工厂自动化中的应用，通过视觉传感器获取环境的图像并进行分析和解释，使机器人能够辨识物体并确定其位置，最终通过指挥某种特定的装置执行相应的决策。

机器人视觉技术作为人工智能和机器人技术的重要组成部分，一般包括硬件和软件两个部分，硬件解决看得到的问题，软件解决看得懂的问题。也就是可分为"视"和"觉"两部分。"视"是将外界信息通过成像来显示成数字信号反馈给计算机，需要依靠一整套的硬件解决方案，包括光源、相机、图像采集卡、视觉传感器等。"觉"则是计算机对数字信号进行处理和分析，主要是软件算法。

典型的机器视觉系统包括光源、镜头、相机、图像处理单元、图像处理软件、监视器、通信输入 / 输出单元等。

光源是影响机器视觉系统图像质量的重要因素，照明对输入数据的影响至少占到 30%。镜头通常与光源、相机一起构成一个完整的图像采集系统。图像采集卡将摄像机的图像视频信号以帧为单位送到计算机的内存和 VGA 帧存，供计算机处理、存储、显示和传输等使用。图像预处理的主要目的是消除图像中无关的信息，恢复有用的真实信息，增强有关信息的可检测性和最大限度地简化数据，从而改进特征抽取、图像分割、匹配和识别的可靠性。边缘检测的目的是标识数字图像中亮度变化明显的点，辨认出图像的轮廓。图像分割是指将图像分成若干具有相似性质的区域的过程，从数学角度来看，图像分割是将图像划分成互不相交的区域的过程。

从机器视觉的系统构成出发，我们大致勾勒出机器视觉涉及的产业链组成。和众多的产业链组成结构一样，机器视觉的产业链也包含了上中下游。

机器视觉上游的核心仍然集中在相机、镜头和算法软件几个部分。中游一般是承接上游硬件和下游需求间的设备或解决方案提供商。而下游，依托不同领域的需求，可以建立起各类机器视觉应用场景。从广为人知的自动驾驶（ADAS 机器视觉），到智慧城市（安防类机器视觉），再到无人工厂（生产类 / 工业类机器视觉）。机器视觉技术给人类带来的绝不仅仅是技术上的升级，更将是生活方式的巨大变革。

机器人视觉的应用领域有以下 3 个方面：

（1）为机器人的动作控制提供视觉反馈。其功能为识别工件，确定工件的位置和方向，以及为机器人的运动轨迹的自适应控制提供视觉反馈。需要应用机器人视觉的操作包括从传送带或送料箱中选取工件、制造过程中对工件或工具的管理和控制。

（2）移动式机器人的视觉导航。这时机器人视觉的功能是利用视觉信息跟踪路径，检测障碍物及识别路标或环境，以确定机器人所在方位。

（3）代替或帮助人工对质量控制、安全检查进行所需要的视觉检验。比如缺陷检测功能，检测产品表面的各种信息。在现代工业自动化生产中，连续大批量生产中每个制程都有一定的次品率，单独看虽然比率很小，但相乘后却成为企业难以提高良品率的瓶颈，并且在经过完整制程后再剔除次品成本会高很多，因此及时检测次品并将其剔除对质量控制和成本控制是非常重要的，也是制造业进一步升级的重要基石。

随着人们在生产生活中对智能化和信息化的需求不断变多，对机器视觉的需求也在不断增加。而伴随着机器视觉涉及的图像采集、图像处理、深度学习和3D视觉几大软硬件相关技术的不断发展和进步，机器视觉将会在工况检测、成品检验、质量控制等领域被广泛应用，随着工业4.0时代的到来，这一趋势不可逆转。

4. 人机接口技术

智能机器人的研究目标并不是完全取代人，复杂的智能机器人系统仅仅依靠计算机来控制目前是有一定困难的，即使可以做到，也由于缺乏对环境的适应能力而并不实用。智能机器人系统还不能完全排除人的作用，而是需要借助人机协调来实现系统控制。因此，设计良好的人机接口就成为智能机器人研究的重点问题之一。人机界面技术是研究如何使人们与计算机轻松自然地交流。为了实现这一目标，机器人控制器除了最基本的要求是具有友好、灵活、方便的人机界面外，还要求计算机能够阅读文字、理解语言、说话表达，甚至能够用不同的语言进行交流。这些功能的实现依赖于知识表示方法的研究。因此，人机界面技术的研究既有很大的应用价值，也有基础的理论意义。

1.7　智能机器人未来的发展

1. 语言交流功能越来越完美

智能机器人，既然已经被赋予"人"的特殊称谓，那当然需要有比较完美的语言功能，这样就能与人类进行一定的，甚至完美的语言交流，所以机器人语言功能的完善是一个非常重要的环节。

未来机器人的语言功能应该达到以下3个目标：

（1）具有很强的语言识别、语言查询、语言上网、网上聊天能力，攻克连续语言、大量词汇和非特定语言识别等难点，使机器人在非特定环境下快速准确地与人类进行语言交流。

（2）实现机器人充当译员，这种机器人译员要具有多语种、小体积、小质量、携带方便等优点。

（3）在人类的完美设计程序下，智能机器人能轻松地掌握多个国家的语言，具有远高于人类的学习能力。另外，机器人还应具有自我语言词汇重组能力，当人类与其交流时，若遇到语言包程序中没有的语句或词汇，可以自动地用相关或相近意思的词组，按句子的结构重组成一个新句子来回答，这也相当于类似人类的学习能力和逻辑能力，是一种意识化的表现。

2. 各种动作的完美化

机器人的动作是相对于模仿人类动作来说的，我们知道，人类能做的动作是多样化的，招手、握手、走、跑、跳等都是人类的惯用动作。现代智能机器人虽然能模仿人的部分动作，但都相对有些僵化的感觉，或者动作是比较缓慢的。未来机器人将通过更灵活的类似于人类的关节和肌肉来使其动作更像人类，并能模仿所有动作。

3. 外形越来越酷似人类

科学家们研制越来越高级的智能机器人主要是以人类自身形体为参照对象的。因此有一个很仿真的人形外表是首要前提，在这一方面日本应该是相对领先的，国内也是非常优秀的。对于未来机器人，仿真程度很有可能达到即使你近在咫尺细看它的外在，你也只会把它当成人类，很难分辨出它是机器人，这种状况就如美国科幻大片《终结者》中的机器人造型具有极致完美的人类外表一样。

4. 复原功能越来越强大

未来智能机器人将具备越来越强大的自行复原功能，对于自身内部零件等运行情况，机器人会随时自行检索一切状况，并做到及时排除。它的检索功能就像我们人类感觉身体哪里不舒服一样是智能意识的表现。

5. 具备越来越多样化的功能

人类制造机器人的目的是为人类服务，所以就会尽可能地将它变成多功能化，比如在家庭中，可以成为机器人保姆，会帮你扫地、吸尘，做你的聊天朋友，还可以为你看护小孩。到外面时，机器人可以帮你搬一些重物或提一些东西，甚至还能当你的私人保镖。另外，未来高等智能机器人还会具备多样化的变形功能，比如从人形状态变成一辆豪华的汽车也是有可能的，这似乎是真实意义上的变形金刚了，它载着你奔驰于你想去的任何地方，这种比较理想的设想在未来都是有可能被实现。

随着社会经济水平的发展以及科学技术的不断创新，机器人技术得到了有效的发展，随着大数据时代的到来和云技术等现代化技术的开发与应用，智能机器人在工业生产中的应用范围越来越广，为人们的生活和生产带来了巨大的便捷，有效提升了工业生产的效率和安全性，因此，要深入探究智能机器人的相关技术，积极学习国外的先进技术，加强对相关技术的创新力度，提升我国的工业生产水平，为社会经济的发展做出贡献。

本 章 小 结

本章首先介绍了人工智能的定义、人工智能与机器人的关系、智能机器人的定义及其分类、智能机器人要具备智能必须具备的感觉、运动和思考三要素。

智能机器人作为一种包含相当多学科知识的技术，几乎是伴随着人工智能所产生的。随着人工智能技术的进步，我国智能机器人迎来了蓬勃发展，基于不同的应用场景衍生出各类形态不一的智能机器人，虽功用不同，但智能机器人想要拥有高效的感知、识别等能力，离不开关键技术的辅助和帮助。多传感器信息融合、导航与定位、机器视觉和人机接口是智能机器人中常见的通用技术层。

要让人工智能和机器人真正地融合发展，从而使机器人成为减轻人力负担的有效可靠途径，那么在当今时代背景下既要继续发展机器人的肢体架构等硬件支撑问题，又要解决赋予其思维能力的算法问题，实现其在家庭服务、交通、医疗等多个领域的广泛应用。

随着科技的进步，硬件的问题将逐渐地解决，目前工业机器人的发展使得机器人的硬件基础相对完善。但是人工智能技术作为高端服务型机器人的灵魂，是利用机器学习和数据分析的方法赋予机器类人的能力。我们还需要继续在信息论、统计学、控制论、机器学习、深度学习、脑科学和认知科学方面加大研究力度，尤其是数学和工程学这两个方面。只有赋予智能机器人以具有思维能力的软件算法才能达到真正的实用水平，同时使用云网络来满足机器人庞大算力的资源需求，才能使机器人行业真正发展起来，并能为解放生产力做出巨大的贡献。当人力从重复烦琐的工作中解放出来时，人类更多的智力和精力就将集聚思想碰撞，从而反推科技不断进步。

习题 1

1. 举例说明人工智能在机器人中的应用。
2. 机器人的发展经历了哪几个时期？谈谈智能机器人的应用。
3. 查阅资料，了解世界上最新研制的机器人和我国智能机器人的最新成果。

第 2 章 计算智能

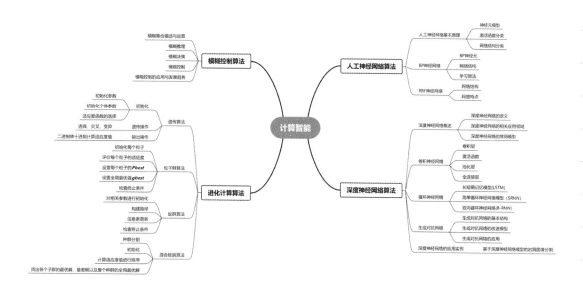

本章导读

　　计算智能算法是人工智能的一个重要分支，包括神经网络算法、模糊控制算法、进化计算算法等，它的研究和发展正反映了当代科学技术多学科交叉与集成的重要发展趋势。计算智能主要包括神经计算、模糊计算和进化计算等理论，这些计算智能理论被用于启发式的随机搜索策略，在问题的全局空间中进行搜索寻优，能在可接受的时间内找到全局最优解或可接受解；另外，计算智能算法在处理优化问题的时候，对求解问题不需要严格的数学推导，而且有很好的全局搜索能力，具有普遍的适应性和求解的鲁棒性。因此本章重点对人工神经网络算法、深度神经网络算法、模糊控制算法和包括遗传算法、粒子群算法、蚁群算法和混合蛙跳算法的进化计算算法进行讲解。

本章要点

- ♀ 人工神经网络算法
- ♀ 深度神经网络算法
- ♀ 模糊控制算法
- ♀ 进化计算算法

人工神经网络算法

2.1　人工神经网络算法

人工神经网络（Artificial Neural Networks，ANN）算法是机器学习中的一个重要算法，该算法是受人脑的生理结构——互相交叉相连的神经元启发，利用简单的非线性神经元进行复杂而又灵活的连接，组成具有自我学习能力的模型。最近几年，人工神经网络研究有了突飞猛进的进展，尤其是在图像处理、模式识别、人工智能和特征提取等领域已经有所应用。

人工神经网络是由大量的、简单的处理单元广泛地互相连接而成的复杂网络系统，它反映了人脑功能的许多基本特征，是一个高度复杂的非线性动力学系统。人工神经网络具有大规模并行、分布式存储和处理、自组织、自适应和自学习能力，特别适合处理需要同时考虑许多因素和条件的、不精确和模糊的信息处理问题。人工神经网络的发展与神经科学、计算机科学等有关，是人工智能的一个非常重要的领域。

2.1.1　人工神经网络基本原理

人工神经网络是由人脑系统启发得来，其包含大量的处理单元（神经元），神经元间广泛地互相连接而形成复杂网络系统，该系统可以实现对信息的加工、处理、存储和搜索等功能。人工神经网络具有以下特征：

（1）采用分布存储，容错性强。其信息存储分布在整个网络上，网络各部分存储多种信息的部分内容，当网络的某一部分丢失或损坏时网络仍能恢复出原来正确的完整信息，系统仍能正常运行。网络具有容错性和联想记忆功能，显现出较强的鲁棒性。

（2）大规模并行处理。人工神经网络中的信息处理是在大量单元中平行而又有层次地进行，运算速度快，大大超过传统的序列式运算数字机。

（3）自学习、自组织和自适应性。神经元之间的连接多种多样，各神经元之间的连接强度即权值具有一定的可塑性。这样网络就可以通过学习和训练进行自组织以适应不同信息的处理要求。

（4）人工神经网络是大量神经元的集体行为，并不是各单元行为的简单相加，从而表现出一般复杂非线性动态系统特性。

（5）可以处理环境信息十分复杂、知识背景不清楚和推理规则不明确的问题。通过人工神经网络的学习，从典型事例中学会处理具体事例，给出比较满意的解答。

1. 神经元模型

人工神经网络是由人工神经元广泛互连而成的系统，人工神经元是对生物神经元的抽象模拟，所以人工神经网络具有高速信息处理能力。

从神经元的特性和功能可以知道，神经元是一个多输入 / 单输出的信息处理单元，而且它对信息的处理是非线性的。根据神经元的特性和功能，可以把它抽象为一个简单的数学模型。

作为人工神经网络的基本处理单元，人工神经元的功能是：对每个输入的信号进行处理以确定其强度（加权 w_{in}）、确定所有的输入信号的组合效果（求和 $\sum$）、确定其输出（转移特性 f）。人工神经元是一个多输入 / 单输出的非线性器件，其结构模型如图 2-1 所示。

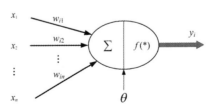

图 2-1　人工神经元模型

图中 $x_1 \sim x_n$ 是从其他神经元传入的输入信号，$w_{i1} \sim w_{in}$ 是传入信号的权重，θ 表示一个阈值，或称为偏置，偏置的设置是为了正确分类样本，是模型中一个重要的参数。神经元综合的输入信号和偏置（符号为 $-1 \sim 1$）相加之后产生当前神经元最终的处理信号 net，该信号称为净激活或净激励，激活信号作为图 2-1 中圆圈的右半部分 $f(*)$ 函数的输入，即 $f(net)$；f 称为激活函数或激励函数，激活函数的主要作用是加入非线性因素，解决线性模型的表达、分类能力不足的问题。图 2-1 中 y_i 是当前神经元的输出。

人工神经元有很多输入信号，并同时作用到各个人工神经元上，同时生物神经元中大量的突触具有不同的性质和强度，使得不同输入的激励作用各不相同，因此在人工神经元中，对每一个输入都有一个可变的加权 w_{in}，从而使得输入信号的强度具有可变传递特性。人工神经元必须对所有的输入进行累加求和来输出全部输入作用的总效果。人工神经元中，必须考虑该动作的电位阈值 θ，与生物神经元一样，人工神经元只有一个输出，同时，在人工神经元中要考虑输入与输出之间的非线性关系，所以神经元设置有激活函数 f。

神经元利用某种运算把输入信号的作用结合起来，给出它们的总效果，称为"净输入"，用 net_i 表示。根据不同的运算方式，净输入的表达方式有多种类型，其中最简单的一种是线性加权求和，即 $net_i = \sum_{j=1}^{n} w_{ij}x_j$。此作用引起神经元 i 的状态变化，而神经元 i 的输出 y_i 是当前状态的函数 f。这样，上述模型的数学表达式为

$$net_i = \sum_{j=1}^{n} w_{ij}x_j - \theta_i$$

$$y_i = f(net_i)$$

式中，θ_i 为神经元 i 的阈值，net_i 为结合起来的总效果。

2. 人工神经网络模型

人工神经元与人脑一样，神经网络是由若干个神经元以一定的连接形式连接而成的复杂的互连系统，神经元之间的互连模式将对神经网络的性质和功能产生重要的影响。应用于不同的领域时，互连模式有着繁多的种类。神经元的模型确定之后，一个神经网络的特性及能力主要取决于网络的拓扑结构和学习方法。

神经网络有些基本属性反映了神经网络的如下特质：

- 非线性：神经网络模拟人的思维是非线性的。
- 非局域性：神经网络以大量的神经元连接模拟人脑的非局域性，将输入信息分布存储而非局限在部分神经元内。
- 非定常性：神经网络会受外界刺激对其的结构进行修改，是时变系统。
- 非凸性：神经网络的非凸性指它有多个极值，即系统具有不止一个的较稳定的平衡状态。这种属性会使系统的演化多样化。

神经网络在目前已有几十种不同的模型。按照网络的结构区分，则有前馈网络和反馈网络。下面分别介绍这两种控制系统的网络结构模型。

（1）前馈网络。前馈网络可以分为若干层，各层依次排列，第 i 层的神经元只接收第 $i-1$ 层神经元的输出信号，各神经元之间没有反馈。前馈网络模型示意图如图 2-2 所示。

从学习的观点来看，前馈网络是一种强有力的学习系统，其结构简单而易于编程；从系统的观点看，前馈网络是静态非线性映射，通过简单非线性处理单元的复合映射可获得复杂的非线性处理能力。大部分前馈网络都是学习网络，其分类能力和模式识别能力一般都强于反馈网络，典型的前馈网络有 BP 神经网络和 RBF 神经网络等。

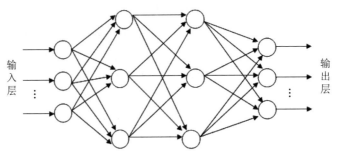

图 2-2 前馈网络模型示意图

（2）反馈网络。反馈网络中，每个节点都表示一个计算单元，同时接收外加输入和其他节点的反馈输入，甚至包括自环反馈，每个节点也都直接向外部输出。反馈网络模型示意图如图 2-3 所示。

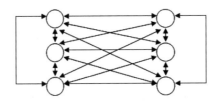

图 2-3 反馈网络模型示意图

反馈网络是一种反馈动力学系统，其需要工作一段时间才能达到稳定。Hopfield 神经网络是反馈网络中最简单且应用广泛的模型，它具有联想记忆的功能。

2.1.2 BP 神经网络

BP（Back-Propagation，反向传播）神经网络是一种多层前馈型神经网络，其神经元的传递函数是 S 型函数，输出量为 0 和 1 之间的连续量，它可以使其按从输入到输出的任意非线性映射。由于权值的调整采用反向传播学习算法，因此也常称其为 BP 神经网络。

BP 神经网络主要用于以下 4 个方面：

- 函数逼近：用输入矢量和相应的输出矢量训练一个网络以逼近一个函数。
- 模式识别：用一个待定的输出矢量将它与输出矢量联系起来。
- 分类：按输入矢量所定义的合适方式进行分类。
- 数据压缩：减少输出矢量的维数以便传输或存储。

1. BP 神经元

基本的 BP 神经元模型如图 2-1 所示，每个神经元有 n 个输入，每个输入都通过一个适当的权值和下一层相连，网络输出可以表示为

$$y_i = f\left(\sum_{j=1}^{n} w_{ij} x_j - \theta_i\right) \tag{2-1}$$

式中，f 为表示输入 / 输出关系的传递函数，它是可微的单调递增函数。

BP 神经网络中隐含层神经元的传递函数通常用 Log-Sigmoid 型函数、Tan-Sigmoid 型函数和纯线性函数 Purelin。

如果 BP 神经网络的最后一层是 Sigmoid 型神经元，那么整个网络的输出就限制在一个较小的范围内。如果 BP 神经网络的最后一层是 Purelin 型线性神经元，那么整个网络的输出就可以为任意值。

2. BP 神经网络模型

BP 神经网络一般由多层神经元构成，如图 2-4 所示。

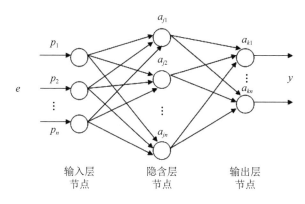

图 2-4   BP 神经网络模型示意图

神经元可以有多种类型，选用时需要视具体情况而定。由于 BP 神经网络是通过误差反向传播来实现的，因此 BP 神经网络中的神经元必须是连续可微的。对于输出范围比较小的网络，可以将其所有神经元选为 S 型函数；若网络的输出范围比较大，则一般把隐含层神经元选为 S 型函数，而把输出层神经元选为纯线性函数。这样选择神经元函数可以逼近任意精度的任意平滑函数。算法如下：

（1）输入层神经元作用函数选为线性函数。节点 i 的输出为

$$O_i = p_i \tag{2-2}$$

式中，p_i 为第 i 个节点的输入。

（2）隐含层神经元 a_{ji} 的作用函数选为 S 型函数。节点 j 的总输入为

$$n_j = \sum_{i=1}^{n} O_i \cdot w_{ji} + b_j \tag{2-3}$$

节点 j 的输出为

$$O_j = f(n_j) = \frac{1}{1 + \mathrm{e}^{-n_j}} = a_{ji} \tag{2-4}$$

（3）输出层神经元 a_{ki} 的作用函数选为 S 型函数。节点 k 的总输入为

$$n_k = \sum_{j=1}^{n} O_j \cdot w_{kj} + b_k \tag{2-5}$$

节点 k 的输出为

$$O_k = f(n_k) = \frac{1}{1 + \mathrm{e}^{-n_k}} = a_{ki} \tag{2-6}$$

3. BP 神经网络学习算法

BP 神经网络的学习，也称为网络的训练，即通过反复的计算求取输出与期望的误差，根据误差的大小调整网络参数，最终使得神经网络误差足够小。初始时，BP 神经网络权值和阈值随机赋予初始值，根据上述对应算法进行计算即可得出输出层节点 k 的输出值 O_k，求取其与期望输出 d_k 的误差，从而得到输出层 m 个节点的总误差 E 为

$$E = \frac{1}{2} \sum_{k=1}^{m} (d_k - O_k)^2 \tag{2-7}$$

网络权值参数的修正数学表达式求取遵循的规则称为学习规则，其基本思想是使权值沿误差函数 E 的负梯度 $-\dfrac{\partial E}{\partial w}$ 方向改变，即

$$\Delta w_{kj} = w_{kj}(t+1) - w_{kj}(t) = -\eta\frac{\partial E}{\partial w_{kj}} \tag{2-8}$$

$$\Delta w_{ji} = w_{ji}(t+1) - w_{ji}(t) = -\eta\frac{\partial E}{\partial w_{ji}} \tag{2-9}$$

式中，η 为学习因子，又称为步长。按照误差反向传播算法分别求取输出层训练误差 δ_k 和隐含层训练误差 δ_j，最后得出权值修正公式。

BP 神经网络的学习流程如图 2-5 所示，步骤如下：

（1）网络初始化，随机设定权值 w_{ji} 和 w_{kj}、阈值 b_j 和 b_k、学习因子 η、势态因子 α。

（2）向神经网络输入学习样本和序号。

（3）计算隐含层单元的输出。

（4）计算输出层单元的输出。

（5）计算输出层单元偏差 E。

（6）判断均方误差 E 是否小于给定允许偏差 ε，当小于时转到（8），否则继续执行（7）后再转到第（3）步。

（7）修正输入层到隐含层权值和隐含层到输出层权值。

（8）结束训练。

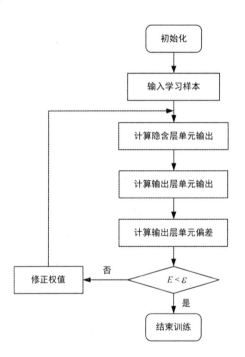

图 2-5　BP 神经网络训练过程及算法流程

目前，很多的神经网络模型都采用 BP 神经网络及其变化形式。

2.1.3　RBF 神经网络

RBF（Radial Basis Function，径向基函数）神经网络是由 J.Moody 和 C.Darken 在 20 世纪 80 年代末提出的一种神经网络，它是具有单隐含层的三层前馈网络。由输入到输出

的映射是非线性的，而隐含层空间到输出空间的映射是线性的，从而可以大大加快学习速度并避免局部极小问题。RBF 神经网络的结构如图 2-6 所示。

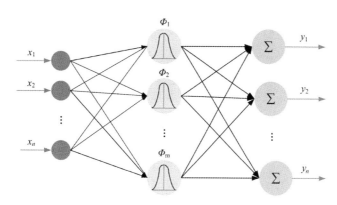

图 2-6　RBF 神经网络的结构

RBF 神经网络由三部分组成：感知单元组成的输入层、径向基函数组成的隐含层和计算节点组成的输出层。这三层的作用是：输入层将网络与外界环境连接起来；隐含层是非线性的，实现从输入空间到隐含层空间之间的非线性变换；输出层是线性的，完成隐含层输出的加权和。

径向基函数是一个取值仅依赖于离原点距离的实值函数，即 $\Phi(x)=\Phi(\|x\|)$，或者还可以是到任意一点 c（中心点）的距离 $\Phi(x,c)=\Phi(\|x-c\|)$。任意一个满足 $\Phi(x)=\Phi(\|x\|)$ 特性的函数 Φ 都可以叫作径向基函数，一般采用欧氏距离（也叫作欧式径向基函数）。最常用的径向基函数是高斯函数，形式为

$$\Phi(\|x-c\|)=\mathrm{e}^{\frac{-\|x-c\|^2}{2\sigma^2}} \tag{2-10}$$

式中，c 为核函数中心；σ 为函数的宽度参数，其控制了函数的径向作用范围。

RBF 神经网络用径向基函数作为隐含层单元构成隐含层空间，这样就可以将输入矢量直接映射到隐含层空间，而不需要通过权值连接。当 RBF 的中心点确定以后，这种映射关系也就确定了。而隐含层空间到输出空间的映射是线性的，即网络的输出是隐含层单元输出的线性加权和，此处的加权即为网络可调参数。其中，隐含层的作用是把向量从低维度的参数映射到高维度的参数，这样低维度线性不可分的情况到高维度就可以变得线性可分了，主要体现了核函数的思想。这样，网络由输入到输出的映射是非线性的，而网络输出对可调参数而言却又是线性的。网络的权值就可由线性方程组直接解出，从而大大加快学习速度并避免局部极小问题。

RBF 模型可以用数学表示为

$$y_j=\sum_{i=1}^{n}\omega_{ij}\Phi(\|x_i-u_i\|)\qquad(j=1,\ 2,\ \cdots,\ p) \tag{2-11}$$

式中，x 为输入，ω_{ij} 为权值，u_i 为中心向量，Φ 为 RBF 隐含层常用激活函数（是高斯函数）。常用激活函数为

$$\Phi(\|x_i-u_i\|)=\mathrm{e}^{-\frac{\|x_i-u_i\|^2}{2\delta_i^2}} \tag{2-12}$$

采用最小二乘表示性能指标函数：

$$E=\frac{1}{P}\sum_{i}^{m}\|d_i-y_iu_i\|^2 \tag{2-13}$$

RBF 神经网络有以下 4 个特点：

（1）网络类型为前馈网络。

（2）RBF 神经网络是局部接受域网络。

隐含层单元的激活函数通常为具有局部接受域的函数，即仅当输入落在输入空间中一个很小的指定区域中时，隐含层单元才会产生有意义的非零响应。

（3）RBF 神经网络有效避免了局部极小问题。

RBF 神经网络的局部接受特性使得其决策时隐含层包含了距离的概念，即只有当输入接近 RBF 神经网络的接受域时，网络才会对之作出响应。这就避免了 BP 神经网络超平面分割所带来的任意划分特性。由于 RBF 神经网络输出单元的线性特性，其参数调节极为简单，避免了局部极小问题。

（4）RBF 神经网络性能主要受基函数中心选取的影响较大，而受网络中非线性激活函数形式的影响较小。

RBF 神经网络有很强的非线性拟合能力，可映射任意复杂的非线性关系，而且学习规则简单，便于计算机实现；具有很强的鲁棒性、记忆能力、非线性映射能力和强大的自学习能力，因此在智能机器人开发中有很多应用。

2.2　深度神经网络算法

深度神经网络（也称深度学习）作为机器学习的一个独立分支，出自机器学习又在此基础上有了较大的提升。深度神经网络的兴起也极大地推动了人工智能的发展，那么什么是深度神经网络？它又有哪些实际的应用呢？下面我们就来学习深度神经网络的相关内容。

2.2.1　深度神经网络概述

1. 深度神经网络的定义

深度神经网络是一种深层的机器学习模型，其深度体现在对特征的多次变换上。常用的深度神经网络模型为多层人工神经网络，神经网络的每一层都将输入信息进行非线性映射，通过多层非线性映射的堆叠可以在深层神经网络中计算出非常抽象的特征来帮助分类。比如，在用于图像分析的卷积神经网络中，将原始图像的像素值直接输入，第一层神经网络可以视作包含多种边缘算子的检测器，而第二层神经网络则可以检测边缘的组合，得到一些基本模块，第三层之后的一些网络会将这些基本模块进行组合，最终检测出待识别目标。

深度神经网络的出现使得人们在很多应用中不再需要单独对特征进行选择与变换，而是将原始数据输入到模型中，由模型通过学习给出适合分类的特征表示。

2. 深度神经网络的相关应用领域

（1）图像识别。物体检测和图像分类是图像识别的两个核心问题，前者主要定位图像中特定物体出现的区域并判定其类别，后者则对图像整体的语义内容进行类别判定。2009 年，提出采用稀疏编码来表征图像，通过大规模数据训练来支持向量机（SVM）进行图像分类，该方法在 2010 年和 2011 年的 Image Net 中取得了最好成绩。图像识别是深度神经网络最早尝试的应用领域，1989 年把卷积神经网络的相关工作应用在手写数字识别任务上，这种算法取得了当时世界上最好的结果，并广泛应用于各大银行支票的手写数字识别业务中。百度在 2012 年将深度神经网络技术成功应用于自然图像光学字符识别（Optical Character Recognition，OCR）和人脸识别等问题上，并推出相应的移动搜索产品和桌面应用。从 2012 年的 Image Net 竞赛开始，深度神经网络在图像识别领域发挥出巨大威力，在通用图像分类、图像检测、OCR、人脸识别等领域，最好的系统都是基于深度神经网络的。图 2-7 所示为 2010—2017 年 Image Net 的识别错误率变化。2012 年是深度神经网络技术第一次被应用到 Image Net 中，从 2015 年开始基于深度神经网络技术的图像识别错误率已经超过了人的 5.1%，2017 年达到了 2.25%。

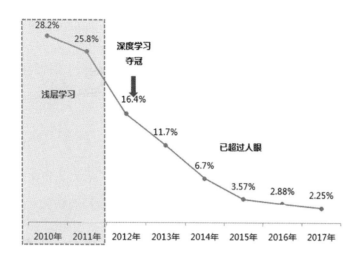

图 2-7　2010—2017 年 Image Net 竞赛的识别错误率

（2）语音识别。长久以来，人与机器交谈一直是人机交互领域的一个梦想，而语音识别是其基本技术。语音识别（Automatic Speech Recognition，ASR）是指能够让计算机自动地识别语音中所携带信息的技术。语音是人类实现信息交互最直接、最便捷、最自然的方式之一，自人工智能概念出现以来，让计算机甚至机器人像自然人一样实现语音交互一直是 AI 领域研究者的梦想。最近几年，深度神经网络理论在语音识别和图像识别领域取得了令人振奋的性能提升，迅速成为了当下学术界和产业界的研究热点，为处在瓶颈期的语音识别等模式识别领域提供了一个强有力的工具。在语音识别领域，深度神经网络（Deep Neural Network，DNN）模型给处在瓶颈阶段的传统 GMM-HMM 模型带来了巨大的革新，使得语音识别的准确率又上了一个台阶。目前国内外知名互联网企业的语音识别算法采用的都是 DNN 方法。2012 年 11 月，微软在中国天津的一次活动上公开演示了一个全自动的同声传译系统，演讲者用英文演讲，后台的计算机一气呵成自动完成语音识别、英中机器翻译和中文语音合成，效果非常流畅，其后台支撑的关键技术就是深度神经网络。百度将 CNN 应用于语音识别研究，使用了 VGGNet 以及包含 residual 连接的深层卷积神经网络结构，并将长短期记忆网络（Long Short-Term Memory，LSTM）和 CTC（Connectionist Temporal Classification）的端到端语音识别技术相结合，使得识别错误率相对下降了 3% 以上。由此可见，深度神经网络技术对语音识别率的提高有着不可忽略的贡献。

（3）自然语言处理。自然语言处理（Natural Language Processing，NLP）也是深度神经网络的一个重要应用领域，经过几十年的发展，基于统计的模型已成为 NLP 的主流，同时人工神经网络在 NLP 领域也受到了理论界的足够重视。2003 年提出的 embedding 方法被用于将词映射到一个矢量表示空间，然后用非线性神经网络来表示 N-gram 模型。世界上最早的深度神经网络用于 NLP 的研究工作诞生于 NEC Labs American，该机构从 2008 年开始采用 embedding 和多层一维卷积的结构，用于词性标注、分块、命名实体识别、语义角色标注等 4 个典型 NLP 问题。值得注意的是，他们将同一个模型用于不同的任务，都取得了与现有技术水平相当的准确率。此外，基于深度神经网络模型的特征学习还在语义消歧、情感分析等自然语言处理任务中取得了优异表现。

3. 深度神经网络的常用模型

实际应用中，用于深度神经网络的层次结构通常由人工神经网络和复杂的概念公式结合组成。在某些情形下，也采用一些适用于深度生成模式的隐性变量方法，如深度信念网络、深度玻尔兹曼机等。目前已有多种深度神经网络框架，如深度神经网络、卷积神经网络和深度概念网络等。

深度神经网络是一种具备至少一个隐含层的神经网络。与浅层神经网络类似，深度神经网络也能够为复杂非线性系统提供建模，但多出的层次为模型提供了更高的抽象层次，因而提高了模型的能力。

2.2.2　卷积神经网络

卷积神经网络（Convolutional Neural Network，CNN）在本质上是一种输入到输出的映射。1984 年，日本学者 Fukushima 基于感受野概念提出神经认知机，这是 CNN 的第一个实现网络，也是感受野概念在人工神经网络领域的首次应用。受视觉系统结构的启示，当具有相同参数的神经元应用前一层的不同位置时，就可以获取一种变换不变性特征。1998 年，纽约大学的 LeCun 等根据这个思想，使用 BP 算法设计并训练了 CNN。近十年来，卷积神经网络在大规模图像特征表示和分类中取得了很大成功。标志性事件是在 2012 年的 Image Net 大规模视觉识别挑战竞赛中 Krizhevsky 实现的深度卷积神经网络模型将图像分类的错误率降低了近 50%。2016 年 4 月著名的围棋人机大战中以 4:1 大比分优势战胜李世石的 AlphaGo 人工智能围棋程序就采用了 CNN + 蒙特卡洛搜索树算法。

卷积神经网络包含若干卷积层、池化层和全连接层，同时用到了激活函数和 batch norm 正则化处理，下面将分别进行介绍。

1. 卷积层

卷积运算源自信号和系统的概念，它是卷积神经网络的核心部分。在图像处理中，卷积运算的一般过程是通过卷积进行图像的平动，把图像上所有元素的数值和对应的卷积核的数值相加，然后把每个所乘的数值累加起来，形成新的元素数值，最后把卷积核拖到图像上，就产生一个新的特征图。

卷积运算的好处有以下几点：

（1）二维卷积模板可以更好地挖掘相邻像素之间的局部关系和图像的二维结构。

（2）与一般神经网络中的全连接结构相比，卷积网络通过权重共享极大地减少了网络的参数量，使得训练大规模网络变得可行。

（3）二维卷积模板可以更好地挖掘相邻像素之间的局部关系和图像的二维结构。

（4）与一般神经网络中的全连接结构相比，卷积网络通过权重共享极大地减少了网络的参数量，使得训练大规模网络变得可行。

（5）卷积操作对图像上的平移、旋转和尺度等变换具有一定的鲁棒性。

在卷积操作过程中，卷积核每次前进步数的参数叫作步长（Stride），每一层得到的特征图的尺度不同，这个步长也不同。

卷积神经网络通过获取数据的特征信息，对输入的图像信息进行卷积计算。每个卷积层都能够形成大量的具有不同特点的特征图，因为卷积核的数量不同，而且卷积层具有权重共享的特性，因此在特征提取过程中，每个特征图之间的神经元共享特征提取过程的权重，进行卷积运算的公式为

$$S(i,j) = (X * K)(i,j) = \sum_m \sum_n x(i+m, j+n)k(m,n) \tag{2-14}$$

式中，S 为输出的结果，i 为输入图像，K 为卷积核心。连续卷积后，特征图会逐渐缩小，导致多个卷积后不能卷积，通常需要添加填充，以保证特征图不发生变化。在卷积时，为保证最后的结果，操作员需要保证输入图像的信道数目与卷积核的信道数目保持一致。同时，也便于在输出图像的信道数目和卷积核数目上保持一致。然后，在使用批量方法的基础上，可以加快训练的速度。

图 2-8 所示为卷积层对目标数据通过卷积运算提取特征的过程。从图中可以看出，通过网络设定好卷积核参数，按照计算公式得到输入图像与卷积核的卷积计算结果，从而获取图像特征向量。

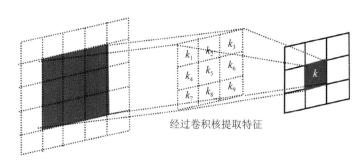

图 2-8　卷积操作示意图

2. 激活函数

得到卷积响应特征图后，通常需要经过一个非线性激活函数来得到激活响应图。激活函数是将非线性卷积层的输出映射成一个非线性的元素，由于它仅包含卷积层，不具备对非线性的理解能力，因此它等同于若干矩阵的线性乘法。激活函数有 Sigmoid、Tanh、ReLU。

在实际工程应用中，分类数据的适应性是非线性的，而卷积层在转换函数的方式上是线性的,对数据的适应性较差,通过激活函数计算后,对网络的适应性更偏向于非线性问题。

（1）Sigmoid 函数。如图 2-9 所示，Sigmoid 函数将一个实值数字"压扁"到 0 和 1 之间的范围。它可以很好地解释为神经元的点火率：从完全不点火（0）到以假定的最大频率完全饱和点火（1）。Sigmoid 函数的表达式为

$$Sigmoid(x) = \frac{1}{1 + e^{-x}} \tag{2-15}$$

（2）Tanh 函数。如图 2-10 所示，在 Tanh 函数中，实值的数字会被压缩到 [–1,1] 的范围内。它的激活也是饱和的，输出是以 0 为中心的。

Sigmoid 的非线性一般会比 Tanh 的差；Tanh 可以更快速地收敛，但是它无法处理很大的梯度消失，它的缺点是运算量更大，因为函数表达式由指数运算组成。Tanh 函数的表达式为

$$\text{Tanh}(x) = \frac{e^x - e^{-x}}{e^x + e^{-x}} \tag{2-16}$$

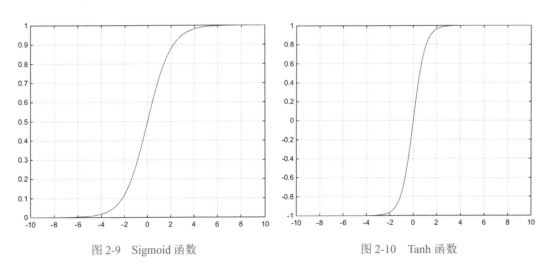

图 2-9　Sigmoid 函数　　　　　　　　图 2-10　Tanh 函数

（3）ReLU 函数。如图 2-11 所示，ReLU 函数是一种使用频率很高的激活函数。为解决梯度消失的现象提出了 ReLU 函数。ReLU 函数推理非常简单，因为没有指数运算，同时也减少了神经网络的运算数量。在过去的几年里，整流线性单元变得非常流行。它的阈值激活是 0，这也使得 ReLU 有很多优点和缺点。

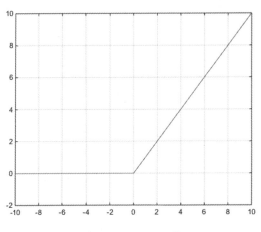

图 2-11　ReLU 函数

优点：与 Sigmoid 函数和 Tanh 函数比较，ReLU 函数可以显著地加速随机梯度降低（如是 Krizhevsky 等的 6 倍）。ReLU 和 Tanh、Sigmoid 的神经元不一样，它只需要把激活矩阵限制为 0 就可以完成，而无须花费大量的运算（指数化等）。

缺点：在训练期间，ReLU 比较薄弱，并且会面临死亡 ReLU 问题。比如，当 ReLU 神经元的大梯度引起加权值发生变化时，神经元不会在数据点被重启，而经过这个单位的梯度值总是为 0。

ReLU 函数的表达式为

$$f(x) = \begin{cases} x, & x \geqslant 0 \\ 0, & x < 0 \end{cases} \tag{2-17}$$

3. 池化层

池化层是在卷积层之后的位置。经过卷积计算和非线性映射后，映射的特征被发送到聚合层。聚合层的主要功能是对传输的特征向量进行降维，作为降低维度的一种方式。在卷积层中，特征提取过程中会产生冗余信息，特征的维度会增加，但经过聚合层后，特征的维度会降低，在面对偏差、缩放和降维时，特征图会更加稳定，降低网络过拟合的风险。

图 2-12 所示为池化操作采样设置步长为 2，合并核大小为 2 时的最大和平均合并量。斜线区域在合并前取最大值，合并后为 7。这种汇总方法的优点是，在提取网络特征时可以减少对平均值的估计误差。对特征 3、6、4、7 的黄色部分进行了平均数的聚集，平均后的聚集结果为 5。对于变异性低的特征，均值集合是稳健的，剩下的区域可以用同样的方法计算，得到最大和平均下采样后的数值。

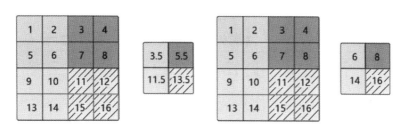

（a）平均池化　　　　　　　　　　（b）最大池化

图 2-12　池化操作示意图

已有研究工作证明了最大值池化操作在图像特征提取中的性能优于平均值池化，因而近些年研究者基本都采用了最大值池化。池化操作主要有以下两个优点：

（1）增强了网络对伸缩、平移、旋转等图像变换的鲁棒性。

（2）使得高层网络可以在更大尺度下学习图像的更高层结构，同时减少了网络参数，使得大规模的网络训练变得可行。

4. 全连接层

在一个神经网络中，全连接层可以当作一个"分类器"。全连接层的主要功用是将学习到的"分布式特征表示"反映到标记空间中。全连接的全连接层是把池化层的最前一层转化成卷积核 1*1 的卷积。卷积的全连接层表示池化层的前一层转化为卷积核 $h*w$ 全局卷积，这里 h 表示上一层结果的宽度，w 表示上一层结果的高度，因此，可用卷积操作完成全连接层。

大多数 CNN 网络都有的特征：CNN 网络后面的全连接层有很大部分卷积参数并且计算量占比小，而前面的几层卷积层相反。因此，卷积层用于优化计算加速，全连接层可用于参数优化和权重剪裁。

5. batch norm 正则化处理

对于内部协变量转移——深度网络内节点分布的变化，消除它可以使你的训练速度更快。一种叫作"批量归一化"（Batch Normalization，BN）的新机制被提出，它可以在降低内部协变量偏差的同时极大地加速深度神经网络的学习。采用批量归一化，使各层输入平均值和方差得到固定。批量归一化还对网络的梯度流动产生很好的效果，这是由于它降低了梯度对参数大小或者初值的依赖性，不存在发散的危险，并且允许使用更高的学习率。

由于批量归一化，Dropout 的应用降低，从而使得模型正规化。

BN 的具体流程如图 2-13 所示。

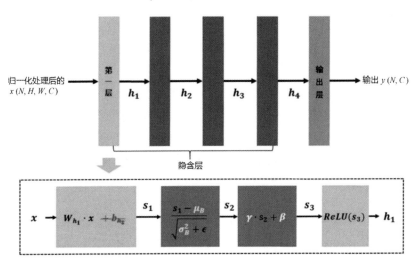

图 2-13　BN 的具体流程

γ 和 β 的解释：γ 是可学习的参数，被用来分类归一化；β 也是一个可学习的参数，它被用来移动归一化。参数 γ、β 分别初始化为 σ_B、μ_B 时，归一化变量还原为初值，通过对网络的训练得到最优解，中间层的平均分配为 β 的输出，而正态分布的方差为 γ^2，从而使网络的表达能力得到进一步改善。

ε 的解释：加一个极小的正数值，以防止方差是 0。

b_{h1} 的解释：不需要在 BN 中添加 b 项，因为当将第一层 batch 数据的平均值 μ_g 去掉时，信任项 b 的效果就会消失，并且 β 成为平移的功能格。

正如前面所述，作为神经网络的一个典型，CNN 也存在局部性、层次深等深度网络具有的特点。CNN 的结构使得其处理过的数据中有较强的局部性和位移不变性。基于此，CNN 被广泛应用于人脸识别、文献识别、手写字体识别、语音识别等领域。

CNN 也存在一些不足之处，如网络的参数较多、训练速度慢、计算成本高，因此如何有效地提高 CNN 的收敛速度成为今后的一个研究方向。另外，研究 CNN 的每一层特征之间的关系对于优化网络的结构有很大帮助。

2.2.3　循环神经网络

循环神经网络（Recurrent Neural Network，RNN）的目的是处理序列数据。在传统的神经网络模型中，是从输入层到隐含层再到输出层，层与层之间是全连接的，每层之间的节点是无连接的。但是这种普通的神经网络对于很多问题却无能为力。例如，你要预测句子的下一个单词是什么，一般需要用到前面的单词，因为一个句子中前后单词并不是独立使用来处理序列数据的。RNN 中一个序列当前的输出与前面的输出有关，具体的表现形式为网络会对前面的信息进行记忆并应用于当前输出的计算中，即隐含层之间的节点不是无连接而是有连接的，并且隐含层的输入不仅包括输入层的输出还包括上一时刻隐含层的输出；在传统的神经网络模型中，是从输入层到隐含层再到输出层。理论上，RNN 能够对任何长度的序列数据进行处理。但是在实践中，为了降低复杂性，往往假设当前的状态只与前面的几个状态相关，图 2-14 所示便是一个典型的 RNN 模型结构。

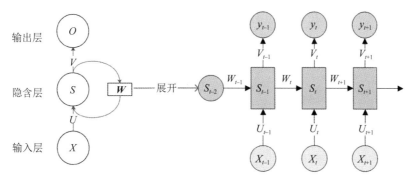

图 2-14　RNN 模型结构

图 2-14 中，t 是时刻，X 是输入层的值，S 是隐含层的值，O 是输出层的值，矩阵 W 就是隐含层上一次的值作为这一次的输入的权重。可见，RNN 隐含层的值 S 不仅取决于当前这次的输入层的值 X，还取决于上一次隐含层的值 S。输出层是一个全连接层，它的每个节点都和隐含层的每个节点相连，隐含层是循环层。

为了适应不同的应用需求，RNN 模型出现了不同的变种，主要有以下 3 种：

（1）长短期记忆模型。该模型通常比 RNN 能够更好地对长短时依赖进行表达，主要为了解决通过时间的反向传播（Backpropagation Through Time，BPTT）算法无法解决长时依赖的问题，因为 BPTT 会带来梯度消失或梯度爆炸问题。传统的 RNN 虽然被设计成可以处理整个时间序列信息，但其记忆最深的还是最后输入的一些信号，而受之前的信号影响的强度越来越低，最后可能只起到一点辅助作用，即 RNN 输出的还是最后的一些信号，这样的缺陷使得 RNN 难以处理长时依赖的问题。而 LSTM 就是专门为解决长时依赖而设计的，不需要特别复杂的调试超参数，默认就可以记住长期的信息，其不足之处是模型结构较 RNN 复杂。LSTM 单元一般包括输入门、遗忘门、输出门。"门"的结构就是一个使用 Sigmoid 神经网络和一个按位作乘法的操作，Sigmoid 激活函数可以使得神经网络输出一个 0 ～ 1 的数值，该值描述了当前输入有多少信息量可以通过这个结构，类似一个门的功能，当门打开时，Sigmoid 神经网络的输出为 1，全部信息都可以通过；当门关上时，Sigmoid 神经网络的输出为 0，任何信息都无法通过。遗忘门的作用是让循环神经网络"忘记"之前没有用的信息；输入门的作用是在循环神经网络"忘记"部分之前的状态后，还需要从当前的输入补充最新的记忆；输出门则会根据最新的状态、上一时刻的输出和当前的输入来决定该时刻的输出。

LSTM 结构可以更加有效地决定哪些信息应该被遗忘，哪些信息应该被保留，因此成为当前语音识别、机器翻译、文本标注等领域常用的神经网络模型。

（2）Simple RNN（SRNN）。SRNN 是 RNN 的一种特例，它是一个三层网络，并且在隐含层增加了上下文单元，上下文节点与隐含层节点一一对应，且值是确定的。在每一步中，使用标准的前向反馈进行传播，然后使用学习算法进行学习。上下文每一个节点保存其连接的隐含层节点的上一步输出，即保存上文，并作用于当前步对应的隐含层节点的状态，即隐含层的输入是由输入层的输出与上一步自己的状态所决定的。因此 SRNN 能够解决标准的多层感知机无法解决的对序列数据进行预测的问题。

（3）Bidirectional RNN（双向网络）。Bidirectional RNN 的改进之处便是，假设当前的输出（第 t 步的输出）不仅与前面的序列有关，而且与后面的序列有关。例如，预测一个语句中缺失的词语需要根据上下文来进行预测。Bidirectional RNN 是一个相对较简单的 RNN，是由两个 RNN 上下叠加在一起组成的。输出由这两个 RNN 的隐含层的状态决定。

此外针对不同的应用需求还出现了一些包括深度 RNN（deep RNN）模型、回声状态网络（Echo State Network）、门控 RNN（Gated Recurrent Unit，GRU）模型、时钟频率驱动的 RNN（Clockwork RNN）模型等。

2.2.4　生成对抗网络

1. 生成对抗网络的基本结构

生成对抗网络（Generative Adversarial Network，GAN）是由两个彼此对抗的网络组成的一种深度神经网络结构。GAN 由 Ian Goodfellow 于 2014 年首次提出。GAN 在结构上受博弈论中的二人零和博弈（即二人的利益之和为零，一方的所得正是另一方的所失）的启发，系统由一个生成器（Gnerator）和一个判别器（Discriminator）构成。生成器捕捉真实数据样本的潜在分布，并生成新的数据样本；判别器是一个二分类器，判别输入是真实数据还是生成的样本。为了取得游戏胜利，这两个游戏参与者需要不断优化，各自提高自己的生成能力和判别能力，这个学习优化过程就是寻找二者之间的一个纳什均衡。GAN 的计算流程与结构如图 2-15 所示。

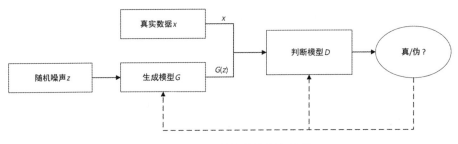

图 2-15　GAN 的计算流程与结构

任意可微分的函数都可以用来表示 GAN 的生成器和判别器，由此我们用可微分函数 D 和 G 来分别表示判别器和生成器，它们的输入分别为真实数据 x 和随机变量 z。$G(z)$ 则为由 G 生成的尽量服从真实数据分布 P_{data} 的样本。如果判别器的输入来自真实数据，标注为 1；如果输入样本为 $G(z)$，标注为 0。这里 D 的目标是实现对数据来源的二分类判别："真"（来源于真实数据 x 的分布）或"伪"（来源于生成器的伪数据 $G(z)$），而 G 的目标是使自己生成的伪数据 $G(z)$ 在 D 上的表现 $D(G(z))$ 和真实数据 x 在 D 上的表现 $D(x)$ 一致，这两个相互对抗并迭代优化的过程使得 D 和 G 的性能不断提升，当最终 D 的判别能力提升到一定程度，并且无法正确判别数据来源时，可以认为这个生成器 G 已经学到了真实数据的分布。

2. 生成对抗网络的改进模型

自 2014 年 GAN 问世以来各种基于 GAN 的改进模型被提出，这些模型的创新点包括模型结构改进、理论扩展及应用等，下面介绍几种针对传统 GAN 的不足而提出的改进模型。

GAN 在基于梯度下降训练时存在梯度消失的问题，因为当真实数据和生成样本之间具有极小重叠甚至没有重叠时，其目标函数的 Jensen-Shannon 散度是一个常数，导致优化目标不连续。为了解决训练梯度消失问题，Arjovsky 等提出了 Wasser-stein GAN（W-GAN）。W-GAN 用 Earth-Mover 代替 Jensen-Shannon 散度来度量真实数据和生成样本分布之间的距离，用一个批评函数 f 来对应 GAN 的判别器，而且批评函数 f 需要建立在 Lipschitz 连续性假设上。

另外，GAN 的判别器 D 具有无限的建模能力，无论真实数据和生成的样本有多复杂，判别器 D 都能把它们区分开，这容易导致过拟合问题。为了限制模型的建模能力，Qi 提出了 Loss-sensitive GAN（LS-GAN），将最小化目标函数得到的损失函数限定在满足 Lipschitz 连续性函数类上，并且给出了梯度消失时的定量分析结果。需要指出的是，W-GAN 和 LS-GAN 并没有改变 GAN 模型的结构，只是在优化方法上进行了改进。

GAN 的训练只需要数据源的标注信息（真或伪），并根据判别器输出来优化。Odena 提出了 Semi-GAN，将真实数据的标注信息加入判别器 D 的训练。更进一步，Conditional GAN（CGAN）提出加入额外的信息 y 到 G、D 和真实数据来建模，这里的 y 可以是标签或其他辅助信息。

传统 GAN 都是学习一个生成式模型来把隐变量分布映射到复杂真实数据分布上，Donahue 等提出一种 Bidirectional GANs（BiGANs）来实现将复杂数据映射到隐变量空间，从而实现特征学习。除了 GAN 的基本框架外，BiGANs 额外加入了一个解码器 Q 用于将真实数据 x 映射到隐变量空间，其优化问题转换为 $\min_{G,Q} \max_D f(D,Q,G)$。

InfoGAN 是 GAN 的另一个重要扩展。GAN 能够学得有效的语义特征，但是输入噪声变量 z 的特定变量维数和特定语义之间的关系不明确，而 InfoGAN 能够获取输入的隐变量和具体语义之间的互信息。具体实现就是把生成器 G 的输入分为两部分：z 和 c，这里 z 和 GAN 的输入一致，而 c 被称为隐码，这个隐码用于表征结构化隐含层随机变量和具体特定语义之间的隐含关系。GAN 设定了 $P_G(x) = P_G(x/c)$，而实际上 c 与 G 的输出具有较强的相关性。用 $G(z,c)$ 来表示生成器的输出，然后利用互信息 $I(c;G(z,c))$ 来表征两个数据的相关程度，用目标函数 $\min_G \max_D \{f_I(D,G) = f(D,G - \alpha I(c;G(z,c)))\}$ 来建模求解，这里由于后验概率 $p(c|x)$ 不能直接获取，因此需要引入变分分布来近似后验的下界来求得最优解。

3. 生成对抗网络的应用

GAN 在生成逼真图像上的性能远超以往深度神经网络模型，一经提出便引起了极大的关注。随着研究的深入，研究者逐渐认识到其作为一种表征学习方式的潜力，并进一步地发展了其对抗的思想，将 GAN 的结构设计用于模仿学习与图像翻译等新兴领域。这里主要从图像和视觉、语音和语言两个方面来介绍 GAN 的应用。

GAN 能够生成与真实数据分布一致的图像。一个典型应用来自 Twitter 公司，该公司利用 GAN 实现模糊图像的超分辨率显示。在应用 GAN 模型中，采用 VGG 网络作为判别器，用参数化的残差网络表示生成器，实验效果如图 2-16 所示。可以看到 GAN 提高了图像的分辨率，生成了细节丰富的图像。

（a）bicubic（21.59dB/0.6423）　　（b）SRResNet（23.53dB/0.7832）　　（c）SRGAN（21.15dB/0.6868）　　（d）original

图 2-16　GAN 生成高分辨率图像效果对比

GAN 也开始用于生成自动驾驶场景。Santana 提出利用 GAN 来生成与实际交通场景分布一致的图像，再训练一个基于 RNN 的转移模型实现预测的目的。另外，GAN 可以用于自动驾驶中的半监督学习或无监督学习任务，还可以利用实际场景不断更新的视频帧来实时优化 GAN 的生成器。

GAN 在图像翻译、风景画和油画互变、图像风格迁移、图像合成等很多图像领域得到了广泛使用。

GAN 在语音和语言方面也得到了广泛应用。如 Li 等提出用 GAN 来表征对话之间的隐式关联性，从而生成对话文本。Zhang 等提出基于 GAN 的文本生成，他们用 CNN 作为判别器，判别器基于拟合 LSTM 的输出，用矩匹配来解决优化问题；在训练时，和传统更新多次判别器参数再更新一次生成器不同，需要多次更新生成器再更新 CNN 判别器。SeqGAN 基于策略梯度来训练生成器，策略梯度的反馈奖励信号来自生成器经过蒙特卡洛搜索得到，实验表明 SeqGAN 在语音、诗词和音乐生成方面可以超过传统方法。Reed 等提出用 GAN 基于文本描述来生成图像，文本编码被作为生成器的条件输入，同时为了利用文本编码信息，也将其作为判别器特定层的额外信息输入来改进判别器，判别是否满足文本描述的准确率，实验结果表明生成图像和文本描述具有较高相关性。

GAN 在其他领域也得到了广泛关注，如有的研究者希望将 GAN 的学习方式和学习能力用在药学分子和材料学领域，用来生成药学分子结构和合成新材料配方。可见，GAN 模型这种从潜在分布生成"无限"新样本的能力在许多领域具有重大的研究和应用价值。

2.2.5　深度神经网络的应用案例

深度神经网络被广泛应用于计算机视觉、语音识别和自然语音识别等多个领域，在本节中我们以基于深度神经网络模型的岩屑图像分割为案例进行讲解。

目前，岩屑的识别采用传统的方法，主要是由专业的录井人员对收集的岩屑进行筛选，然后根据地质专业知识并结合自身经验对岩屑进行分析和识别。如图 2-17 所示，一张岩屑图片中包含有各种砂岩中的石块，判定各种岩屑中的矿物结构成分以及岩性结构特征识别类型的工作通常是由相关专业的岩屑专业技术人员手工完成图像标定，在这个标定的工作过程中，耗时耗力，且因为是人工主观观察鉴定岩屑类型，所以最后的结果会有较大的误差，同时因为是人工观察，主观性较强，所以还存在效率低等问题。为了进一步提升岩屑分割图像识别的效果，使用 CNN 网络模型对岩屑地质样本采用自动识别方法分类分析模型则是一条新的发展途径，具有很大的价值。

图 2-17　岩屑图片

1. 数据库建立

在获取岩屑图像后，需要对图像中的岩屑信息进行分类标注。在本案例中利用 MATLAB 对岩屑图像进行贴标签，并完成相应的分割，如图 2-18 所示。

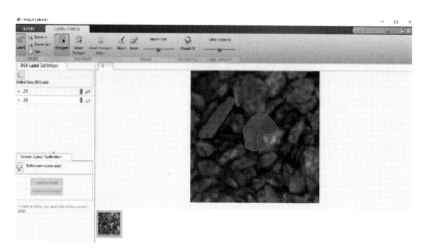

（a）基于 MATLAB 的岩屑图像贴标签

（b）不同岩屑贴标签

图 2-18　岩屑图像分割贴标签

分割之后我们需要保存分割的结果，可以单击 Export Labels 将结果导出至文件或工作区，可以选择导出至文件结果。当导出分割结果的时候将会发现文件夹中的标注文件行为 Label_1.png 和 Label_2.png 这种，和原始图像的文件名称不一样，因此，gTruth.ataSource.Source 中存储的就是原始的图像路径，这是一个 N1 的 cell 数组，每个元素表示一个图像路径，然后 gTruth.LabelData.PixelLabelData 中存储的就是标注好的文件，也是 N1 的细胞阵列，刚好和上面的原图一一对应。通常在后续处理中，为了避免顺序混乱带来的问题，一般会考虑图像和标签文件名相同，位于不同的文件夹，按顺序一一对应，方便对比，通过编程实现，代码如下：

```
% 让标注的结果和原始图像有着相同的名字
dataS = gTruth.DataSource;
dataFiles = dataS.Source;
% 新文件夹路径
labeled_data_path = 'newLabels';
```

```
for i = 1:numel(dataFiles)
    [~,name,~] = fileparts(dataFiles{i});
    dstfilename = [name, '.png'];
    srcfilename  = ['Label_',num2str(i), '.png'];
movefile(fullfile(labeled_data_path,srcfilename),fullfile(labeled_data_path,dstfilename));
End
```

在图像分割任务中，每一张图像都有一个类别，例如岩屑，这是整幅图的标签（Label）。我们前面也已经提到了用语义标签分割每个图像，每个图像的像素点都有一个像素标签，那么它的书签标注数量结果将和我们原图的每个像素标签数量一样多，为此我们可以用 Z_i 表示一个类别，因此可以用 Z_1，…，Z_n 表示。通过对岩屑的岩本部分图像进行标记，一般每张岩屑图像大概需要标记 $Z_{50} \sim Z_{60}$ 个类别，那么就可以得到和原图尺寸一致的标注图像。

采用 U-Net 神经网络对岩屑图像进行分割主要有以下 3 个过程：

过程 1：岩屑图像主干特征部分提取。在实现过程中，主要利用岩屑图像主干部分获得一个又一个的特征层，其主要特征是卷积和最大池化的堆叠。首先利用岩屑图像主干特征提取部分可以获得 5 个初步有效特征层，然后利用岩屑图像的 5 个有效特征进行特征融合。

过程 2：加强岩屑图像特征提取。利用岩屑图像主干部分获取到的 5 个初步有效特征层进行上下采样，并且进行特征融合，获得最终岩屑图像的有效特征层。

过程 3：岩屑图像分类预测处理。利用岩屑图像最终获得的一个有效特征层对每一个特征点进行分类，相当于对每一个像素点进行分类。

2. CNN 神经网络模型

通过 MATLAB 2019a 软件实现 CNN 神经网络建模。利用测试数据文件对象名称输入自动识别符并标注测试训练对象图像，将测试数据进行分类划分，分别为测试验证自动训练测试图像对象数据集和自动训练验证测试训练对象数据集，将 70% 的验证训练对象图像用于测试验证自动训练，30% 的验证训练对象图像用于验证训练自动验证。

为了实现岩屑图像 1000 个岩屑类型的准确分类，需要对加载的预训练 CNN 网络的最后三个全连接层进行微调。根据新的起始数据设置指定新的全新连接层设置选项，并使全新连接层选项设置中的大小与新的起始数据设置中的连接类型参数相同。要使新学习层图像中的输入学习图像速度快于上次迁移的学习层，对于图像输入学习层，要正确计算输入学习图像的时间长宽、图像输入通道等参数，最后才能进行归一化图像处理。训练场为网格，执行次数为 8。

3. 步骤

（1）配置环境，根据计算机配置搭建所需的版本，此次实验所需的版本信息为 Windows10+Anaconda+Tensorflow+Pycharm。

（2）测试 Tensorflow，确保环境搭建完成并可以正常运行。

（3）利用 MATLAB 2019a 中的 Image Labeler 对岩屑图像进行贴标签处理，打开 New Session，单击 ROI Labels 中的 Label 图标，输入定义类别，建立好标签后加载需要标注的图像。

（4）利用 LABEL PIXELS 工具栏中的多边形标注工具进行标注，分割后保存结果，得到和原图一致的标注图像。

（5）将标注图像和 Tensorflow 神经网络模型结合，在已搭建好环境的 Pycharm 编译器上运行，在经过 10 次迭代后，运行程序得到岩样损失图。

（6）根据最后得到的损失率和准确率分析模型训练的效果。

4. 结果分析

由模型训练结果可知，参数总计为 31044357，可训练的参数为 31038597，未训练的参数为 5760。其模型参数设置输入的变量为岩屑图像数据集，每个 epoch 中需要执行 300 次生成器来产生数据，迭代次数为 10 次。设置固定大小的 validation_steps 为 10，则在 10 个验证 batch 后计算损失平均值给出结果。

将搭建好的 Tensorflow 神经网络模型和分割完的岩样图像结合在 Pycharm 编译器上运行，此次在每个 epoch 中需要执行 300 次生成器来产生数据，训练的迭代次数为 10，运行程序后得到的岩样损失图如图 2-19 所示。

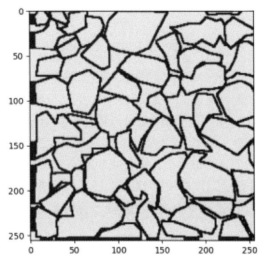

图 2-19　岩样损失图

通过 10 次迭代，数据训练完之后得到的岩样数据训练损失率和准确率结果见表 2-1。

表 2-1　岩样数据训练结果

迭代次数	损失率	准确率	时间 /s	损失提升率
1	45.25%	74.72%	1860	60%
2	47.32%	76.33%	1849	46%
3	45.68%	76.47%	1803	45%
4	45.42%	76.44%	1812	46%
5	44.18%	76.73%	1829	44.2%
6	44.09%	76.46%	1606	43%
7	43.74%	77.30%	1601	42.65%
8	43.40%	77.96%	1601	42.57%
9	43.07%	78.18%	1605	43.47%
10	42.77%	78.43%	1610	43.39%

通过对岩屑图像进行数据训练可以得到岩样数据训练损失值、准确值、损失率和准确率曲线，如图 2-21 所示。

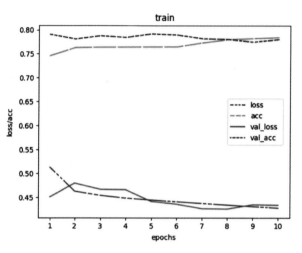

图 2-20　岩样数据训练曲线

利用 Tensorflow 中的 model.compile() 函数，在配置训练方法时使用的优化器为 Adam 优化算法，它是一种随机梯度下降法的扩展，损失函数为二值交叉熵（binary_crossentropy），准确率为 metrics = ['accuracy']，是机器学习中一种评价模型好坏的指标，最终得到表 2-1 中的数值。在实验中设置最大迭代次数为 10，每迭代 300 次打印一次模型的准确率，可得图 2-20 中迭代次数与损失值、准确值、损失率和准确率的关系。

综上可知，岩样数据训练损失率从 47.32% 降至 42.77%，准确率从 74.72% 提升到 78.43%，随着迭代次数增加，准确率也会随之增高。说明此次模型训练达到了较好的效果，得到了较好的分割结果。

2.3　模糊控制算法

模糊控制算法

由于实际的事件本身很难找出明确的含义，往往事件中的知识及信息都具有模糊性，为研究具有模糊性事件的推理方法，模糊推理的理论研究显得格外重要。

美国加利福尼亚大学 L.A.Zadeh 教授于 1965 年第一次提出了模糊性问题，从不同经典数学的角度研究数学的基础集合论，给出了模糊概念的定量表示方法，发表了著名论文《模糊集合》（Fuzzy sets）。模糊集合是模糊数学的基础，它以逻辑真值为 [0,1] 的模糊逻辑为基础，是对经典集合的开拓。

模糊逻辑模拟了人类思维的模糊性，它采用与人类语言相近的语言变量进行推理，因此借助这一工具可将人类的控制经验融入系统控制之中，使得系统可以像有经验的操作者一样去控制复杂、激励不明的系统。模糊推理的数学基础是模糊逻辑。经典数学采用布尔逻辑，这种逻辑的命题结果只有两种："真"或"假"。模糊逻辑是一种连续逻辑。一个模糊命题是一个可以确定隶属度的句子，它的真值取 [0,1] 区间中的任何数。显然，模糊逻辑是二值逻辑的扩展，二值逻辑是模糊逻辑的特殊情况，因此模糊逻辑更具有普遍意义。

2.3.1　模糊集合描述

模糊控制实质上是一种非线性控制，从属于智能控制的范畴。对于非线性系统，模糊控制系统通过利用具有启发式的信息，它能够提供一种较方便的方法。因此，在控制系统的设计中，尤其是那些数学模型，模糊集合的基本思想是把经典集合中的绝对隶属关系灵活化，用特征函数的语言来讲就是：元素对"集合"的隶属度不再是局限于 0 或 1，而是可以取从 0 到 1 的任一数值。

在论域 U 中，可以把模糊集表示为元素 u 与其隶属度函数 $\mu_A(u)$ 的序偶集合，记为

$$A=\{(u,\mu_A(u))|u \in U\} \tag{2-18}$$

若 U 为连续集合，则模糊集 A 可记作

$$A = \int_U \mu_A(u) / u \tag{2-19}$$

若 U 为离散集合，则模糊集 A 可记作

$$A = \sum_{i=1}^{n} \mu_A(u_i) / u_i, \quad i=1,2,\cdots,n \tag{2-20}$$

设在论域 U 上给定映射 μ：

$$\mu:U \rightarrow [0,1] \tag{2-21}$$

则 μ 确定了 U 上的一个模糊集合 A，μ 叫作 A 的隶属度函数或隶属度，亦写作 μ_A，$\mu_A(u)$ 叫作 u 对 A 的隶属度，它表示 u 属于 A 的程度，U 上的模糊集合简称模糊集。

当 $\mu_A(u)=1$ 时，μ 完全属于模糊集 A；当 $\mu_A(u)=0$ 时，μ 完全不属于 A。$\mu_A(u)$ 越接近于 1，μ 属于 A 的程度就越大。因此，隶属函数可视为特征函数的一般化。

复杂的或难以建立的系统的控制设计中，模糊控制系统是一种很好的、实用的替代方法。模糊控制系统是基于知识的，或是基于规则的，这些规则是由若干"IF-THEN"规则构成。

2.3.2　模糊集合运算

1. 模糊子集的并、交、补运算

模糊子集的并、交、补运算规则为

$$\mu_{A\cup B}(u) = \max\{\mu_A(u),\mu_B(u)\}, \quad \forall u \in U \tag{2-22}$$

$$\mu_{A\cap B}(u) = \min\{\mu_A(u),\mu_B(u)\}, \quad \forall u \in U \tag{2-23}$$

$$\mu_{\neg A}(u) = 1 - \mu_A(u), \quad \forall u \in U \tag{2-24}$$

2. 模糊集合的积

设 A、B 分别是论域 U 和论域 V 上的模糊集合，那么

$$A \times B = \int_{U \times V} (\mu_A(u_i) \wedge \mu_B(v_j)) / (\mu_i, v_j) \tag{2-25}$$

特别地，当 A 或 B 有一个是论域时，式（2-25）可以简化为

$$A \times V = \int_{U \times V} \mu_A(u_i) / (\mu_i, v_j) \tag{2-26}$$

$$U \times B = \int_{U \times V} \mu_B(v_j) / (\mu_i, v_j) \tag{2-27}$$

3. 模糊关系的合成

设 A 是 $U \times V$ 上的模糊关系矩阵，B 是 $V \times W$ 上的模糊关系矩阵，则 A、B 的复合是 $U \times W$ 上的模糊关系矩阵 T，记作

$$T = A \circ B \tag{2-28}$$

要求两个模糊关系矩阵满足：第一个模糊关系矩阵的列数与第二个模糊关系矩阵的行数相同。

【例 2-1】设有如下两个模糊关系矩阵：

$$A = \begin{bmatrix} 0.2 & 0.1 \\ 0.5 & 0 \\ 0.1 & 0.4 \end{bmatrix}, \quad B = \begin{bmatrix} 0.5 & 0.4 \\ 0.8 & 0.1 \end{bmatrix}$$

求 $A \circ B$。

【解】

A 是 3×2 模糊关系矩阵，B 是 2×2 模糊关系矩阵，因此 $A \circ B$ 是 3×2 模糊关系矩阵，令 $T = A \circ B$，则

$$T(1,1) = (0.2 \wedge 0.5) \vee (0.1 \wedge 0.8) = 0.2$$
$$T(1,2) = (0.2 \wedge 0.4) \vee (0.1 \wedge 0.1) = 0.2$$
$$T(2,1) = (0.5 \wedge 0.5) \vee (0 \wedge 0.8) = 0.5$$
$$T(2,2) = (0.5 \wedge 0.4) \vee (0 \wedge 0.1) = 0.4$$
$$T(3,1) = (0.1 \wedge 0.5) \vee (0.4 \wedge 0.8) = 0.4$$
$$T(3,2) = (0.1 \wedge 0.4) \vee (0.4 \wedge 0.1) = 0.1$$

所以模糊关系矩阵为

$$T = \begin{bmatrix} 0.2 & 0.2 \\ 0.5 & 0.4 \\ 0.4 & 0.1 \end{bmatrix}$$

【例 2-2】已知输入模糊集合 A 和输出模糊集合 B 为

$$A=0.7/a1+0.5/a2+0.8/a3$$
$$B=0.4/b1+0.6/b2$$

求 A 到 B 的模糊关系矩阵 R，即求 $A \circ B$。

【解】

$$R = A^{\mathrm{T}}B = \begin{bmatrix} 0.7 \\ 0.5 \\ 0.3 \end{bmatrix} \begin{bmatrix} 0.4 & 0.6 \end{bmatrix} = \begin{bmatrix} 0.7 \wedge 0.4 & 0.7 \wedge 0.6 \\ 0.5 \wedge 0.4 & 0.5 \wedge 0.6 \\ 0.3 \wedge 0.4 & 0.3 \wedge 0.6 \end{bmatrix} = \begin{bmatrix} 0.4 & 0.6 \\ 0.4 & 0.5 \\ 0.3 & 0.3 \end{bmatrix}$$

2.3.3 模糊推理与模糊决策

模糊推理是建立在模糊逻辑基础上的，它是一种不确定性推理方法。模糊推理方法以模糊判断为前提，动用模糊语言规则推导出一个近似的模糊判断结论。模糊推理方法一直受到广大研究者的关注，仍然有很高的研究价值。

模糊知识的表示：

IF（条件）→ THEN（结论）

模糊规则：从条件论域到结论论域的模糊关系矩阵 R。通过条件模糊向量与模糊关系矩阵 R 的合成进行模糊推理，得到结论的模糊向量，然后采用清晰化方法将模糊结论转换为精确量。

1. 模糊推理

模糊推理：若已知输入为 A，则输出为 B；若现在已知输入为 A'，则输出 B' 用合成

规则求取：$B' = A' \circ R$，其中模糊关系矩阵 R 为

$$\mu_R(x,y)=\min[\mu_A(x),\mu_B(y)]$$

控制规则库的 n 条规则有 n 个模糊关系矩阵：R_1，R_2，$\cdots$，R_n，对于整个系统的全部控制规则所对应的模糊关系矩阵 R 为

$$R = R_1 \cup R_2 \cup \cdots \cup R_n = \bigcup_{i=1}^{n} R_i \qquad (2\text{-}29)$$

【例 2-3】已知输入模糊集合 A 和输出模糊集合 B 为

$$A=0.7/a1+0.5/a2+0.8/a3$$
$$B=0.4/b1+0.6/b2$$

另外输入 $A' =0.5/a1+0.3/a2+0.4/a3$，求输出模糊集合 B'。

【解】

前面已经求得模糊关系矩阵为

$$R = \begin{bmatrix} 0.4 & 0.6 \\ 0.4 & 0.5 \\ 0.3 & 0.3 \end{bmatrix}$$

则

$$B' = A' \circ R = [0.5 \quad 0.3 \quad 0.4]\begin{bmatrix} 0.4 & 0.6 \\ 0.4 & 0.5 \\ 0.3 & 0.3 \end{bmatrix} = [0.4 \quad 0.5]$$

则输出模糊集合 $B'=0.4/b1+0.5/b2$。

2．模糊决策

模糊决策：由模糊推理得到的结论或者操作是一个模糊向量，将其转化为确定值并作出决策。

（1）最大隶属度法：取隶属度最大的，若有多个最大，取它们的平均值。

例如，得到模糊向量：$U=0.3/1+0.6/2+0.6/3+1.0/4+0.7/5+0.3/6$

取结论：$U=4$。

例如，得到模糊向量：$U=0.6/-3+0.6/-2+0.5/-1+0.0/0+0.0/1+0.0/2$

取结论：$U=(-3-2)/3=-2.5$。

（2）加权平均判决法：利用加权平均公式计算得到确定值。公式如下：

$$U = \frac{\sum_{i=1}^{n} \mu(u_i)u_i}{\sum_{i=1}^{n} \mu(u_i)}$$

例如，得到模糊向量：$U=0.6/-3+0.6/-2+0.5/-1+0.0/0+0.0/1+0.0/2$

取结论：

$$U = \frac{0.6\times(-3)+0.6\times(-2)+0.5\times(-1)+0\times0+0\times1+0\times2}{0.6+0.6+0.5+0+0+0} = -2$$

（3）中位数法：取中位数计算得到确定值。

例如，取模糊向量：$U=0.6/-3+0.6/-2+0.5/-1+0.0/0+0.0/1+0.0/2$

取结论：$U=-2$。

3．模糊推理的应用

【例 2-4】设有模糊规则：如果手臂位置低，则将手臂电动机转动角度加大。设位置和

电动机角度的论域为 {–2,–1,0,1,2} "位置低"和"角度大"的模糊量：

$$\text{"位置低"}=A=1/–2+0.4/1+0.1/0+0.0/1+0/2$$

$$\text{"角度大"}=B=0/–2+0/1+0.1/0+0.3/1+1/2$$

已知事实"位置较低"可以表示为

$$\text{"位置较低"}=A'=0.6/–2+1/–1+0.4/0+0.1/1+0/2$$

试用模糊推理确定电动机转动角度 B'。

【解】

（1）确定模糊关系矩阵 R：

$$R=A^{\mathrm{T}}B=\begin{bmatrix}1\\0.4\\0.1\\0\\0\end{bmatrix}\circ[0\quad0\quad0.1\quad0.3\quad1]$$

$$=\begin{bmatrix}1\wedge0 & 1\wedge0 & 1\wedge0.1 & 1\wedge0.3 & 1\wedge1\\0.4\wedge0 & 0.4\wedge0 & 0.4\wedge0.1 & 0.4\wedge0.3 & 0.4\wedge1\\0.1\wedge0 & 0.1\wedge0 & 0.1\wedge0.1 & 0.1\wedge0.1 & 0.1\wedge1\\0\wedge0 & 0\wedge0 & 0\wedge0.1 & 0\wedge0.3 & 0\wedge1\\0\wedge0 & 0\wedge0 & 0\wedge0.1 & 0\wedge0.3 & 0\wedge1\end{bmatrix}$$

$$=\begin{bmatrix}0 & 0 & 0.1 & 0.3 & 1\\0 & 0 & 0.1 & 0.3 & 0.4\\0 & 0 & 0.1 & 0.1 & 0.1\\0 & 0 & 0 & 0 & 0\\0 & 0 & 0 & 0 & 0\end{bmatrix}$$

（2）模糊推理：

$$B'=A'\circ R=[0.6\quad1\quad0.4\quad0.1\quad0]\begin{bmatrix}0 & 0 & 0.1 & 0.3 & 1\\0 & 0 & 0.1 & 0.3 & 0.4\\0 & 0 & 0.1 & 0.1 & 0.1\\0 & 0 & 0 & 0 & 0\\0 & 0 & 0 & 0 & 0\end{bmatrix}$$

$$=[0\quad0\quad0.1\quad0.3\quad0.6]$$

（3）模糊决策。

得到模糊向量：$U'=0/–2+0/–1+0.1/0+0.3/1+0.6/2$

1）用最大隶属度法。

取结论：$U=2$，得电动机转动角度为 2。

2）加权平均判决法：

$$U'=\frac{0\times(–2)+0\times(–1)+0.1\times0+0.3\times1+0.6\times2}{0+0+0.1+0.3+0.6}=1.5$$

取结论：$U=2$，得电动机转动角度为 2。

3）中位数法。

取结论：$U=1$，得电动机转动角度为 1。

2.3.4 模糊控制

模糊控制避开了建立数学模型的困难，可以利用简化的设计完成较复杂的任务。经典数学以精确方法来描述事物。模糊数学与之不同，它以隶属函数来恰当地描述事物的模糊性，并且把具有模糊现象和模糊概念的事物处理成精确的东西。

模糊控制是以模糊集合理论、模糊语言及模糊逻辑为基础的控制，是一种非线性智能控制。模糊控制是利用对相关知识的认识实现对控制对象进行模糊控制的一种方法，通常用"IF(条件)THEN(结果)"的形式来表现，所以又通俗地称为语言控制。模糊控制从属于智能控制，通过利用具有启发式的信息，它能够提供一种较方便的方法。因此，在控制系统的设计中，尤其是那些数学模型复杂的或难以建立的系统的控制设计中，模糊控制系统是一种很好的、实用的替代方法。无法以严密的数学表示的控制对象模型即可利用熟练专家的经验和知识来很好地控制。因此，利用熟练专家的经验和知识模糊地进行系统控制的方法就是模糊控制。

模糊控制属于计算机数字控制的一种形式，其系统的组成类似于一般的数字控制系统。它的核心部分为模糊控制器（FC-Fuzzy Controller），要设计一个模糊控制器以实现语言控制，必须解决以下几个方面的问题：

（1）模糊化策略。

（2）模糊推理机制。

（3）数据库的设计。

（4）规则库的设计。

（5）精确化策略。

其中，模糊知识库包括数据库和规矩库。模糊推理是模糊控制器的核心，它具有模拟人的基于模糊概念的推理能力，该推理过程是基于模糊逻辑中的蕴含关系及推理规则来进行的。

模糊控制的基本原理如图 2-21 所示。

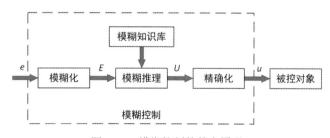

图 2-21　模糊控制的基本原理

如图 2-21 中虚线部分所示，模糊控制的控制规律由计算机的程序实现。模糊控制器可以用于控制机器人系统，通过模糊控制器作出相关反应。模糊控制算法的过程为：微机采样获取被控制量的实际值，然后将此量与给定值比较得到误差信号 e；一般选误差信号 e 和其微分量 de 作为模糊控制器的输入量，把 e 的精确量进行模糊量化变成模糊量，误差信号 e 的模糊量可用相应的模糊语言表示；从而得到误差信号 e 的模糊语言集合的一个子集 E；再由 E 和模糊控制规则 R（模糊关系矩阵）根据推理的合成规则进行模糊决策，得到模糊控制量为

$$u = E \cdot R$$

式中，u 为一个模糊量。为了对被控对象施加精确的控制，还需要将模糊量 u 进行反模糊化处理，得到精确数字量后，经数模转换变为精确的模拟量送给执行机构，对被控对象进行一步控制；重复上述控制方法，这样循环下去，就实现了被控机器人的模糊控制。模糊控制同常规的控制方法相比，主要有以下特点：

（1）模糊控制只要求掌握现场专家的经验、知识或操作数据，适用于不易获得精确数学模型的被控过程或结构参数不很清楚的场合。

（2）模糊控制是一种语言变量控制器，其控制规则只用语言变量的形式定性地表达，不用传递函数和状态方程，只需对经验加以总结并从中提炼出相关规则，直接给出语言变量，再应用推理方法进行观察与控制。

（3）系统的鲁棒性强，尤其适用于时变、非线性、时延系统的控制。

1. 模糊化过程

模糊化过程主要完成：测量输入变量的值，并将数字表示形式的输入量转化为通常用语言值表示的某一限定码的序数。每一限定码表示论域内的一个模糊子集，并由其隶属度函数来定义。

一旦模糊集设计完成，对于任意的物理量输入 x，需要通过将当前的物理量输入根据模糊子集的分布情况确定出此刻输入值对这些模糊子集的隶属程度，从而进行映射。因此为了保证在所有论域内的输入量都能与某一模糊子集相对应，模糊子集（限定码）的数目和范围必须遍及整个论域。只有这样，对于每个物理输入量才至少有一个模糊子集的隶属程度大于 0。

因为模糊控制器的输入必须通过模糊化才能用于模糊控制输出的求解，所以这部分的作用是将输入的精确量转换成模糊量。其中包括外界的参考输入、系统的输出或状态等。

模糊化的具体过程如下：

（1）对这些输入量进行处理以变成模糊控制器要求的输入量。

（2）将上述已经处理过的输入量进行尺度变换，使其变换到各自的论域范围。

（3）将已经变换到论域范围的输入量进行模糊处理，使原先精确的输入量变成模糊量，并用相应的模糊集合来表示。

2. 模糊知识库

模糊知识库包含了数据库和规则库，数据库提供了必要的定义，包括语言控制规则论域的离散化、量化、正则化，输入空间的分区，隶属度函数的定义等。规则库根据控制目的和控制策略给出了一套由语言变量描述的并由专家或自学习产生的控制规则的集合。在建立控制规则的时候，首先要解决状态变量的选择、控制变量的选择、规则类型的选择、规则数目的确定等问题。

（1）数据库。模糊逻辑控制中的数据库主要包括量化等级的选择、量化方式（线性量化或非线性量化）、比例因子和模糊子集的隶属函数。

要使计算机能够处理模糊信息，就必须对模糊集合表示的不确定信息进行量化。通常表示这种信息的模糊论域可以是连续的也可以是离散的。为了方便数字计算机处理，一般首先将连续的论域离散化形成离散化论域。论域离散化的实质就是一个量化过程。量化就是将一个论域离散成确定数目的几小段（量化级），每一段用某一个特定术语作为标记，这样就形成了一个离散域。然后通过对新的离散域中的特定术语赋予隶属度来定义模糊集。为了实现离散化，必须将测量的非模糊系统变量的值映射到离散域中的量值，这种映射可以是线性的也可以是非线性的。线性、比例因子、量化等级的选择都是凭借与控制变量、输入输出空间的分辨率或精度相关的先验知识。

（2）规则库。模糊控制系统是用一系列基于专家知识的语言来描述的，专家知识常采用"IF…THEN…"的规则形式，而这样的规则很容易通过模糊条件语句描述的模糊逻辑推理来实现。用一系列模糊条件描述的模糊控制规则就构成了模糊控制规则库。与模糊控制相关的主要有过程状态输入变量和控制输出变量的选择，模糊控制规则的建立和模糊控制规则的完整性、兼容性、干扰性等。

目前模糊规则库的建立大致有 4 种方法：专家经验法、观察法、基于模糊模型的控制法、自组织法。这些方法并不是相互排斥的，在实际使用中往往综合地利用各种方法。

其中专家经验法是通过对专家控制经验的咨询形成模糊规则库。由于模糊控制的规则是通过语言条件语句来模拟人类的控制行为，且它的条件语句与专家的控制特性直接相关，因此这种方法是很自然的。与传统的专家系统相比，基于专家经验法构成的模糊规则库需要一些内涵的、客观的准则。

3. 精确化过程

通过模糊推理得到的结果是一个模糊集合。但在实际使用中，特别是在模糊控制中，必须要有一个确定的值才能去控制或者驱动执行机构。在推理得到的模糊集合中取一个能最佳代表这个模糊推理结果可能性的精确值的过程就称为精确化过程（又称为逆模糊化）。逆模糊化可以采取许多不同的方法，用不同的方法得到的结果也是不同的。常用的精确化计算方法有 3 种：最大隶属度函数法、重心法、加权平均法。

（1）最大隶属度函数法。简单地取所有规则推理结果的模糊集合中隶属度最大的那个元素作为输出值，即

$$v_0 = \max \mu_v(v), \quad v \in V \tag{2-30}$$

如果在输出论域 V 中，其最大隶属度函数对应的输出值多于一个时，简单的方法是取所有具有最大隶属度输出的平均，即

$$v_0 = \frac{1}{J} \sum_{j=1}^{J} v_j, \quad v_j = \max_{v \in V}(\mu_v(v)), \quad J = |\{v\}| \tag{2-31}$$

式中，J 为具有相同最大隶属度输出的总数。

最大隶属度函数法不考虑输出隶属度函数的形状，只关心其最大隶属度值处的输出值，因此难免会丢失许多信息，但是它的突出优点是计算简单，所以在一些控制要求不高的场合，采用最大隶属度函数法是十分方便的。

（2）重心法。重心法是取模糊隶属度函数曲线与横坐标围成面积的重心为模糊推理最终的输出值，即

$$v_0 = \frac{\displaystyle\int_V v\mu_v(v)\mathrm{d}v}{\displaystyle\int_V \mu_v(v)\mathrm{d}v} \tag{2-32}$$

与最大隶属度函数法相比较，重心法具有更平滑的输出推理机制，即对应于输入信号的微小变化，其推理的最终输出一般也会发生变化，且这种变化明显比最大隶属度函数法要平滑。

（3）加权平均法。加权平均法的最终输出值由下式决定：

$$v_0 = \frac{\sum_{i=1}^{m} v_i k_i}{\sum_{i=1}^{m} k_i} \qquad (2\text{-}33)$$

式中，系数 k_i 的选择要根据实际情况来确定。不同的系数有不同的响应特性，当系数 k_i 取为 $\mu_v(v_i)$ 时，即取其隶属度函数值时就转化为了重心法。在模糊逻辑控制中，可以选择和调整该系数来改善系统的享用特性。

4. 模糊控制规则的建立

模糊控制规则是模糊控制器的关键部分。模糊控制规则的建立通常有以下几种途径，它们之间并不是互相排斥的，相反，若能结合这几种方法则可以更好地帮助建立模糊规则：

（1）来自操作者的经验。针对某一具体过程，根据长期的操作经验而归纳成一组规则。

（2）来自现场实验。在条件许可的情况下，通过人工设定控制作用，经过实验数据的综合和归纳得到控制规则。

（3）来自对过程的认识和推理。基于模糊模型建立模糊控制规律，即控制器和控制对象均是用模糊的方法来加以描述的。基于学习，让模糊控制具备类似人的学习能力，即根据经验和知识产生模糊控制规则并对它们进行修改的能力。

对同一被控过程，不同的方法和不同的设计人员可能会得出不同的控制规则表。这当然是允许的，但就控制的实现来说，任何的控制规则表都必须具备以下 3 个性质：

（1）一致性。模糊控制规则主要是基于操作人员的经验，它取决于对多种性能的要求，而不同的性能指标要求往往互相制约，甚至是互相矛盾的。这就要求按这些指标要求确定的模糊控制不能出现互相矛盾的情况。在相同或相近的输入条件下，规则的结论必须相同或接近，称为规则的一致性。

（2）完备性。对于任意的输入，模糊控制器均应给出合适的控制输出，这个性质称为完备性。模糊控制的完备性对于规则库的要求是，对于任意的输入应确保至少有一个可适用的规则。根据完备性的要求，控制规则数不可太少，否则由规则得到的论域输出值将发生跳跃，这在实际控制系统中都是不希望出现的。

（3）规则数。若模糊控制器的输入有 m 个，每个输入的模糊分级数分别为 n_1, n_2, $\cdots$, n_m，则最大可能的模糊规则数为 $N = n_1$, n_2, $\cdots$, n_m，实际的模糊规则数应该取多少取决于很多因素，总的原则是，在满足完备性的条件下，尽量取较少的规则数，以简化模糊控制器的设计和实现。

2.3.5　模糊控制的应用与发展趋势

模糊控制作为 21 世纪的一种新技术，被广泛地应用于各种行业，主要有家电、机电、工业生产的过程控制、航空航天各种控制器的设计等。其中在家电中的应用主要有模糊电视机、模糊空调器、模糊洗衣机等；在机电行业中的应用主要有集装箱吊车的模糊控制、单片机温度模糊控制、快速伺服系统定位的模糊控制、直流无刷电机调速的模糊控制等。下面就模糊控制在航空航天各种控制器的设计中的应用进行详细介绍。就模糊控制的改进方法，模糊控制的应用大致可分为以下几种：

（1）Fuzzy-PID 复合控制器。通常由简单模糊控制器、PI 和 PID 控制器组成，其利用模糊控制器对系统实现非线性的智能控制，利用 PI 控制器克服模糊控制器在系统达到稳态时可能产生的振荡及稳态误差大的问题。Fuzzy-PID 复合控制器有以下几种系统结构：双模糊控制结构、串联控制结构、并联控制结构、串级控制结构。对 PID 模糊控制器进行设计，得出了 Fuzzy-PID 复合控制优于纯 PID 控制或纯模糊控制，能提高简单模糊控制器的稳态性能，也能提高普通 PID 控制器的鲁棒性的结论。传统的 PID 控制方法在工程实践中已获得广泛应用，由于模糊控制具有很强的自适应鲁棒性，因此 PID 参数可以用模糊推理进行在线自整定，从而解决非线性对象不确定条件下工作点的最佳动态控制问题，在工程应用方面显示出很大的潜力，应是值得关注的重要发展方向。

（2）变结构模糊控制器。一般采用多个简单的子模糊控制器构成一个变结构模糊控制器，每个子模糊控制器的控制规则、参数、控制目标都不同。在变结构模糊控制器的输入端有一个系统特征状态识别器，根据系统的偏差、偏差变化率等特征状态，系统可切换到不同的子模糊控制器上。对模糊变结构控制器进行了设计，得出了这种复合控制器既能保持变结构控制的鲁棒性及快速性，又能消除变结构控制器的抖振问题的结论。基于辨识模型的模糊系统稳定性和鲁棒性研究，由于其与灵敏度分析和鲁棒多变量反馈控制器的紧密联系，因此可望为模糊逻辑控制的系统设计和稳定性分析、性能评估等提供统一系统的设计方法，是模糊系统研究的一大难点，也正是目前及今后研究的一个热点问题。

（3）模糊 H∞控制器。一般由简单模糊控制器和 H∞控制器组合而成。模糊 H∞控制器对模型不确定的系统具有更好的鲁棒性。在模糊控制技术中引入了许多新的概念，如 GA、最优控制、滑模控制、预测、多变量解耦等，这对模糊控制技术的进一步拓展提供了广阔的想象空间。但是也应当看到，所有这些工作，最根本的一点还在于模糊系统的建模、辨识和系统分析的解决上。

（4）自适应模糊控制器。所谓自适应模糊控制器是指这样的一种控制器：在实时运行时，它能对控制器自身的有关参数进行调整，使系统的控制品质得到改善和提高。通过研究自适应模糊 H∞控制在导弹自动驾驶仪中的应用，得出了在获得导弹飞行动态精确数学模型困难的前提下，所设计的控制器有较好的鲁棒性和自适应能力的结论；设计了一种自适应模糊滑模控制器，得到了具有滑模特点的参数自适应调节律，并通过仿真实验对控制器的效果进行了验证。通过对目前公开发表的文献的分析，可知自校正模糊控制器的设计一般有 3 种校正方法，即调整比例因子法、调整模糊控制规则法和调整语言变量的隶属度函数法。自适应模糊神经网络思想的研究体现了模糊系统具有很强的自适应能力和智能化发展倾向。由于神经网络的万能逼近学习能力，达到了模糊控制众多参数的优化和在线自学习的目标；并且由于模糊系统本质上是非线性的，使得有很强非线性处理能力的神经网络和自适应思想的研究成为自然。但需要解决适时、简单易实现等问题。

（5）基于神经网络的模糊控制器。神经网络对环境的变化有较强的自适应学习能力，用神经网络的学习能力能够获取并修正模糊控制规则和隶属度函数。将小脑关节模型控制器神经网络用于一类状态反馈可线性化的多输入多输出连续时间非线性系统的变结构控制中，得到了该控制器估计误差的大小，减小了系统的不确定性，改善了系统的性能的结论；分析了神经模糊系统的建模方法，并对自适应噪声消除进行了建模与仿真，得出了该方法过程简单、鲁棒性好、控制性能高的结论。综合利用数据信息和语言模糊信息构成的自适应模糊系统的研究正在成为解决和发展新的智能控制理论的基础。

2.4 进化计算算法

进化计算是智能计算中涉及组合优化问题的一个子域。其算法受生物进化过程中"优胜劣汰"的自然选择机制和遗传信息的传递规律的影响,通过程序迭代模拟这一过程,把要解决的问题看作环境,在一些可能的解组成的种群中,通过自然演化寻求最优解。本节将对常见的进化计算算法进行介绍。

2.4.1 遗传算法

遗传算法是由美国的 J.Holland 教授于 1975 年首先提出的,模拟达尔文的遗传选择和自然淘汰的生物进化过程的计算模型。它的思想源于生物遗传学和适者生存的自然规律,是具有"生存 + 检测"的迭代过程的搜索算法。遗传算法以一种群体中的所有个体为对象,并利用随机化技术指导对一个被编码的参数空间进行高效搜索。其中,选择、交叉和变异构成了遗传算法的遗传操作;参数编码、初始群体设定、适应度函数设计、遗传操作设计、控制参数设定 5 个要素组成了遗传算法的核心内容。作为一种新的全局优化搜索算法,遗传算法以其简单通用、鲁棒性强、适于并行处理和高效实用等显著特点,在各个领域得到了广泛应用,取得了良好效果,并逐渐成为重要的智能算法之一。自从遗传算法被提出以来,其得到了广泛应用,特别是在函数优化、生产调度、模式识别、神经网络、自适应控制等领域发挥了很大作用,提高了问题求解的效率。

1. 遗传算法的基本思想

遗传算法是从代表问题可能潜在的解集的一个初始种群开始的,初始种群的个体一般随机产生,而一个种群则由经过基因编码的一定数目的个体组成。每个个体实际上是染色体带有特征的实体。

染色体作为遗传物质的主要载体,即多个基因的集合,其内部表现(即基因型)是某种基因组合,它决定了个体形状的外部表现,如黑头发的特征是由染色体中控制这一特征的某种基因组合决定的。因此,一开始就需要实现从表现型到基因型的映射即编码工作。由于仿照基因编码的工作很复杂,故我们往往进行简化,如二进制编码。

初始种群产生之后,按照适者生存和优胜劣汰的原理,逐代演化产生出越来越好的近似解,在每一代,根据问题域中个体的适应度大小选择个体,并借助自然遗传学的遗传算子进行组合交叉和变异,经过一系列的过程产生不同于初始种群的新一代个体,并逐代向增加适应度的方向发展,适应度低的个体逐渐被淘汰,这样的过程不断重复,直到满足终止条件为止。遗传算法基本流程如图 2-22 所示。

2. 产生初始群体

初始群体是遗传算法搜索寻优的出发点。群体规模

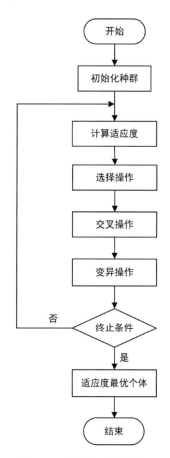

图 2-22 遗传算法基本流程

M 越大，群体在多样性的表现上越丰富，结果陷入片面性的可能也就相对降低，但随着群体规模的增大，计算速度会增加。反之，群体规模 M 太小，将会导致遗传算法搜索空间变得狭小，可能收敛到局部最优解。初始群体中的每个个体都是随机方法产生的，当不知道所求问题的解的具体情况如何时，就不太容易判断最好的解会在哪里出现。因此，在非预知的前提下产生个体，然后在其中选择较好的构成初始种群。根据串的长度 L 随机产生 L 个 0/1 字符组成初始个体。如果令 $M=4$，那么一个可能的初始种群为 01000101、10101011、01110101、11110000。

3. 适应度函数

适应度函数的选取直接影响遗传算法的收敛速度和能否找到最优解，因为遗传算法在进化搜索中基本不利用外部信息，仅以适应度函数为依据，利用种群每个个体的适应度来进行搜索。因为适应度函数的复杂度是遗传算法复杂度的主要组成部分，所以适应度函数的设计应尽可能简单，使计算的时间复杂度最小。

适应度函数一般要求非负，可以将目标函数映射成一个值域为非负的函数，如果目标函数本身就是一个非负的函数，那么对于求最大值的问题，可以直接使用目标函数作为适应度函数，但是对于求最小值的问题，一般要将目标函数进行处理，即目标函数值越小，适应度越高且非负这样的映射关系。

4. 选择算子

这是从群体中选择出较适应环境的个体。这些选中的个体用于繁殖下一代，故有时也称这一操作为再生。由于在选择用于繁殖下一代的个体时是根据个体对环境的适应度而决定其繁殖量的，因而有时也称为非均匀再生。

（1）轮盘赌选择方法。又称比例选择方法，基本思想是各个个体被选中的概率与其适应度大小成正比，具体操作如下：设群体的规模为 M，则第 i 个个体被选中的概率为

$$P(x_i) = \frac{F(x_i)}{\sum_{j=1}^{N} F(x_i)}$$

式中，$p(x_i)$ 为个体 i 被选中的概率，$F(x_i)$ 为个体 i 的适应度值，个体适应度值越高，被选中的概率越大。但是适应度值小的个体也有可能被选中，以便增加下一代群体的多样性。

如图 2-23 所示，可以在选择时生成一个 [0,1] 区间内的随机数，若该随机数小于或等于个体的累积概率（累积概率就是个体列表中该个体前面的所有个体的概率之和）且大于个体 1 的累积概率，则选择个体进入子代种群。

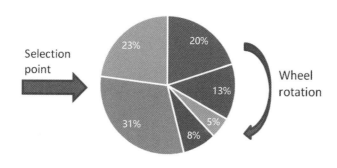

■ A ■ B ■ C ■ D ■ E ■ F

图 2-23　轮盘赌选择方法

例如，假设有 6 个具有适应度值的个体（见表 2-1），基于这些适应度值计算每个个体对应轮盘的相应部分。

表 2-1 轮盘赌选择方法举例

个体	适应度值	相对占比
A	25	20%
B	17	13%
C	6	5%
D	10	8%
E	40	31%
F	30	23%

每次转动轮盘时，选择点均用于从整个种群中选择一个个体。然后再次转动轮盘，选择下一个个体，直到选择了足够的个体来产生下一代。因此，同一个个体可以被多次选中。

（2）随机遍历抽样方法。像轮盘赌选择方法一样计算选择概率，只是在随机遍历抽样方法中等距离地选择个体。设 n 为需要选择的个体数目，等距离地选择个体，选择指针的距离是 $1/n$，第一个指针的位置由 $[0, 1/n]$ 的均匀随机数决定。随机遍历抽样是先前描述的轮盘选择的修改版本。使用相同的轮盘，比例相同，但使用多个选择点，只旋转一次转盘就可以同时选择所有个体。例如 $n=6$，如图 2-24 所示。

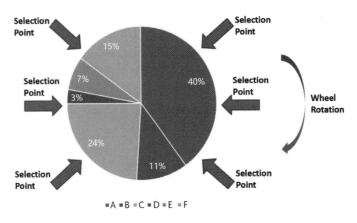

图 2-24 随机遍历抽样

这种选择方法可以防止个体被过分反复选择，从而避免了具有特别高适应度值的个体垄断下一代。因此，它为较低适应度值的个体提供了被选择的机会，从而减少了原始轮盘选择方法的不公平性。

（3）排序选择方法。排序选择方法是将群体中的个体按照适应度值排成一个序列，然后按照事先设置好的概率表按序分配给个体，作为各自的选择概率。显然，排序选择和个体的适应度值的绝对值无直接关系，仅与个体之间的适应度值的相对大小有关。这种方法的优点是无论是极小化还是极大化的问题，它都不需要进行适应度值的标准化和调整，可以直接使用适应度值进行排序。

例如，以前面使用的 6 个个体作为样本。由于在示例中种群规模为 6，故排名最高的个体的排名值为 6，下一个个体的排名值为 5，依此类推。根据这些排名值计算每个个体对应的轮盘的部分，见表 2-2。

表 2-2　排序选择方法举例

个体	适应度值	排名	相对占比
A	25	4	19%
B	17	3	14%
C	6	1	5%
D	10	2	9%
E	40	6	29%
F	30	5	24%

对应的轮盘如图 2-25 所示。

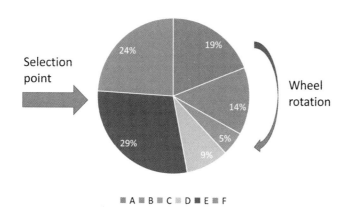

图 2-25　排序选择方法

当某些个体的适应度值比其他个体大得多时，排序选择方法会很有用。由于排名消除了适应度值的巨大差异，因此使用排名代替原始适应度值可以防止这几个个体垄断下一代。同样，当所有个体都具有相似的适应度值时，基于排名的选择会增加它们之间的差异，为较好的个体带来明显的优势。

（4）适应度缩放选择。适应度缩放将缩放转换应用于原始适应度，将原始适应度值映射到所需范围 $[a,b]$：

$$缩放后的适应度值 = a × 原始适应度值 + b$$

实现缩放的适应度值在期望范围内，例如前面示例中的原始适应度值的范围在 6 和 40 之间。假设想将适应度值映射到 50 和 100 之间的新范围，可以使用以下方程组（分别代表适应度值最低和最高的两个个体）来计算 a 和 b 的值：

$$\begin{cases} 50 = a × 6 + b \\ 100 = a × 40 + b \end{cases}$$

解这个线性方程组将得到以下缩放参数值：

$$a = 1.47, \quad b = 41.18$$

按照下式计算缩放后的适应度值：

$$缩放后的适应度值 = 1.47 × 原始适应度值 + 41.18$$

在表 2-2 中添加缩放后的适应度值的新列，得到表 2-3。

表2-3　适应度值缩放后的相对占比

个体	适应度值	缩放后的适应度值	相对占比
A	25	78	18%
B	17	66	15%
C	6	50	11%
D	10	56	13%
E	40	100	23%
F	30	85	20%

对应的轮盘如图2-26所示。

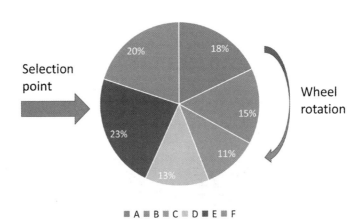

图2-26　适应度值缩放后的轮盘

从图2-26可以看出，将适应度值缩放到新范围可提供比原始分区更合适的轮盘分区。现在，选择最佳个体的可能性仅是最差个体的2倍，而在原始适应度轮盘中最佳适应度者被选择的可能性较最差个体高6倍以上。

5. 交叉算子

遗传算法通过交叉算子来维持种群的多样性，应该说交叉算子是遗传算法中最重要的操作。这是在选中用于繁殖下一代的个体中，对两个不同的个体的相同位置的基因进行交换，从而产生新的个体。针对不同的优化问题，有多种不同的交叉算子，可以分为单点交叉、两点交叉、多点交叉、均匀交叉。

（1）单点交叉（One-point Crossover）。单点交叉通过选取两条染色体，在随机选择的位置点上进行分割并交换右侧的部分，从而得到两个不同的子染色体。

考虑如下两个10位变量的父个体：

parent1　| 1 | 1 | 1 | 1 | 0 | 0 | 1 | 0 | 1 | 1 |
parent2　| 1 | 0 | 0 | 1 | 0 | 1 | 1 | 1 | 0 | 0 |

交叉点在位置5，交叉后生成如下两个子个体：

child1　| 1 | 1 | 1 | 1 | 0 | 1 | 1 | 1 | 0 | 0 |
child2　| 1 | 0 | 0 | 1 | 0 | 0 | 1 | 0 | 1 | 1 |

单点交叉操作的信息量比较少，交叉点位置的选择可能带来较大的偏差，不利于长距离的保留和重组，而且位串末尾的重要基因总是被交换，故实际应用中采用较多的为两点交叉。

（2）两点交叉（Two-points Crossover）。在相互配对的两条染色体的编码串中随机设置两个交叉点，之后交换两个个体所设定的两个交叉点之间的部分染色体。

考虑如下两个 10 位变量的父个体：

$$\text{parent1} \quad \boxed{1|1|1|1|0|0|1|0|1|1}$$

$$\text{parent2} \quad \boxed{1|0|0|1|0|1|1|1|0|0}$$

交叉点位置为 3 和 6，交叉后生成如下两个子个体：

$$\text{child1} \quad \boxed{1|1|0|1|0|1|1|0|1|1}$$

$$\text{child2} \quad \boxed{1|0|1|1|0|0|1|1|0|0}$$

（3）多点交叉（Multipoint Crossover）。是指在个体染色体中随机设置多个交叉点，然后进行基因交换。如果多点交叉只选择了一个交叉点，那么就变成了单点交叉。

考虑如下两个 10 位变量的父个体：

$$\text{parent1} \quad \boxed{1|1|1|1|0|0|1|0|1|1}$$

$$\text{parent2} \quad \boxed{1|0|0|1|0|1|1|1|0|0}$$

交叉点位置为 3、6 和 10，交叉后生成如下两个子个体：

$$\text{child1} \quad \boxed{1|1|0|1|0|1|1|0|1|0}$$

$$\text{child2} \quad \boxed{1|0|1|1|0|0|1|1|0|1}$$

（4）均匀交叉（Uniform Crossover）。是指以均匀概率分别从两个个体中抽取基因位进行交叉合并，形成两个新个体。

考虑如下两个 10 位变量的父个体：

$$\text{parent1} \quad \boxed{1|1|1|1|1|1|1|1|1|1}$$

$$\text{parent2} \quad \boxed{0|0|0|0|0|0|0|0|0|0}$$

均匀交叉后生成如下两个子个体：

$$\text{child1} \quad \boxed{1|0|1|0|1|0|1|0|1|0}$$

$$\text{child2} \quad \boxed{0|1|0|1|0|1|0|1|0|1}$$

在进化算法的交叉环节中，无论是单点交叉还是两点交叉，基因重组后产生的后代可能出现编码重复的情况，此时需要我们对产生的子代进行修订。常见的修订算法有部分匹配交叉（PMX）、顺序交叉（OX）和循环交叉（CX）。

（1）部分匹配交叉（Partially-matched Crossover，PMX）。部分匹配交叉保证了每条染色体中的基因仅出现一次，通过该交叉策略在一个染色体中不会出现重复的基因。PMX 类似于两点交叉，通过随机选择两个交叉点确定交叉区域。执行交叉后一般会得到两条无效的染色体，个别基因会出现重复的情况。为了修复染色体，可以在交叉区域内建立每条染色体的匹配关系，然后在交叉区域外对重复基因应用此匹配关系就可以消除冲突。步骤如下：

1）随机选择一对染色体（父代）中几个基因的起止位置（两条染色体被选位置相同）。

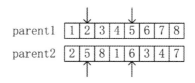

2）交换这两组基因的位置。

```
parent1  1 5 8 1 6 6 7 8
parent2  2 2 3 4 5 3 4 7
```

3）被交换的基因不动，在没有交换的基因中寻找重复值，然后在父代被换走的部分中找到对应位置的元素进行替换。

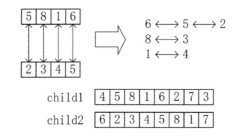

```
child1  4 5 8 1 6 2 7 3
child2  6 2 3 4 5 8 1 7
```

（2）顺序交叉（Order Crossover，OX）。顺序交叉相当于部分匹配交叉的变形。在两个父代中随机选择起止位置，将父代 1 区域内的基因复制到子代 1 的相同位置上，再在父代 2 上将子代 1 中缺少的基因按照顺序填入。另一个子代以类似方式得到。与部分匹配交叉不同的是，顺序交叉不用进行冲突检测工作（实际上也只有部分匹配交叉需要进行冲突检测）。

```
parent1  1 2 3 4 5 6 7 8
parent2  2 5 8 1 6 3 4 7
child1   8 2 3 4 5 1 6 7
child2   2 5 8 1 6 3 4 7
```

（3）循环交叉（Cycle Crossover，CX）。在某个父代上随机选择一个基因，然后找到另一个父代相应位置上的基因编号，再回到第一个父代找到同编号的基因的位置，重复先前工作，直至形成一个环，环中所有基因的位置即为最后选中的位置。用父代 1 中选中的基因生成子代，并保证位置对应，最后将父代 2 中剩余的基因放入子代。另一个子代以相同方式获得。CX 的特点在于只需要随机选择一个位置即可得到多个交叉位置。

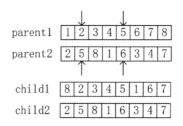

```
parent1  1 2 3 4 5 6 7 8
parent2  5 4 6 1 2 3 8 7
cycle    1→5→2→4→1
child1   1 2 6 4 5 3 8 7
child2   5 4 3 1 2 6 7 8
```

6. 变异算子

变异算子应用于由于选择和交叉操作而产生的后代。变异与选择和交叉结合在一起，保证了遗传算法的有效性，使遗传算法具有局部的随机搜索能力，同时确保种群的多样性，以防止非成熟收敛。在变异操作中，变异概率不能取得太大，否则遗传算法将变成与随机搜索等效的算法，而遗传算法的一些重要特性和搜索能力也将不复存在。

（1）位翻转突变（Flip Bit Mutation）。将位翻转突变应用于二进制染色体时，随机选择一个基因，其值被翻转。这可以扩展到多个随机基因的翻转，而不仅仅局限于一个。

$$1\ 1\ 0\ \boxed{1}\ 0\ 0\ 1\ 1 \longrightarrow 1\ 1\ 0\ 0\ 0\ 0\ 1\ 1$$

（2）交换突变（Swap Mutation）。将交换突变应用于基于二进制或整数的染色体时，将随机选择两个基因并交换其值。

$$1\ 2\ 3\ \boxed{4}\ 5\ 6\ 7\ \boxed{8} \longrightarrow 1\ 2\ 3\ 8\ 5\ 6\ 7\ 4$$

（3）反转突变（Reverse Mutation）。将反转突变应用于基于二进制或整数的染色体时，将随机选择一个基因序列，并且将该序列中的基因顺序颠倒。

$$1\ 2\ 3\ 4\ \boxed{5\ 6\ 7\ 8} \longrightarrow 1\ 2\ 3\ 4\ 8\ 7\ 6\ 5$$

（4）倒换突变（Inversion Mutation）。将倒换突变应用于基于二进制或整数的染色体时，将随机选择一个基因序列，并将该序列中的基因顺序打乱。

$$1\ 2\ 3\ 4\ \boxed{5\ 6\ 7\ 8} \longrightarrow 1\ 2\ 3\ 4\ 5\ 7\ 6\ 8$$

7. 遗传算法应用实例

为更好地理解遗传算法的运算过程，下面采用手工计算来简单模拟遗传算法的主要步骤：

【例2-5】求下列二元函数的最大值：

$$f(x_1, x_2) = x_1^2 + x_2^2$$

$$\text{s.t.}\quad \begin{aligned} x_1 &\in \{1,2,3,4,5,6,7\} \\ x_2 &\in \{1,2,3,4,5,6,7\} \end{aligned}$$

【解】

（1）个体编码。

本例用无符号二进制整数来表示，因为 x_1、x_2 是 0 和 7 之间的整数，分别用 3 位无符号二进制整数来表示，将它们连接在一起，组成 6 位无符号二进制数，形成个体的基因型，表示一个可行解。例如，基因型 X=100001 所对应的表现型是 x=[4,1]。个体的表现型和基因型之间可以通过编码和解码程序相互转换。

（2）设定种群规模，编码染色体，产生初始种群。

将初始种群规模设定为 4，用 6 位无符号二进制数编码染色体，每个个体可通过随机方法产生，如 101011、011011、111001、011101，分别对应的表现型为 [5,3]、[3,3]、[7,1]、[3,5]。

（3）适应度计算。

目标函数取非负值，并且以求函数最大值为优化目标，故可直接利用目标函数值作为个体的适应度值。

适应度函数：

$$f(x) = x_1^2 + x_2^2$$

个体的适应度值为

$$f(5,3) = 34 \quad f(3,3) = 18 \quad f(7,1) = 50 \quad f(3,5) = 34$$

（4）选择算子。

一般要求适应度值较高的个体有更多的机会遗传到下一代。本例中，我们采用与适应度成正比的概率来确定各个个体复制到下一代群体中的数量。

1）计算出每个个体的相对适应度值，它即为每个个体被遗传到下一代群体的概率，全部概率和为1。

2）采用轮盘赌选择方法，产生一个0和1之间的随机数，依据该随机数出现的概率区域位置来确定各个个体被选中的次数。

轮盘赌选择计算结果见表2-4。

表2-4 轮盘赌选择计算结果

个体编号	初始群体	表现型	适应度值	占比	选择次数	选择结果
1	101011	[5,3]	34	0.25	1	101011
2	011011	[3,3]	18	0.13	0	111001
3	111001	[7,1]	50	0.37	2	111001
4	011101	[3,5]	34	0.25	1	011101
总和			136	1		

（5）交叉运算。本例采用单点交叉的方法，先对群体进行随机配对，其次随机设置交叉点位置，最后再相互交换配对染色体之间的部分基因。交叉运算结果见表2-5。

表2-5 交叉运算结果

个体编号	选择结果	配对情况	交叉点位置	交叉结果	新的适应度值
1	101011			101001	26
2	111001	1-2	1-2：5	111011	58
3	111001	3-4	3-4：4	111101	74
4	011101			011001	10

从表中可以看出，其中新产生的个体"111011"和"111101"的适应度值较原来两个个体的适应度值都要高。

（6）变异运算。本例中，我们采用位翻转突变的方法来进行变异运算，首先确定出各个个体的基因变异位置，表2-6所示为随机产生的变异点位置，其中的数字表示变异点设置在该基因座处；然后依照某一概率将变异点的原有基因值取反。变异运算结果见表2-6。

表2-6 变异运算结果

个体编号	交叉结果	变异点	变异结果（子代群体）	适应度值	占比
1	101001	2	111001	50	19%
2	111011	4	111111	98	37%
3	111101	6	111100	65	25%
4	011001	1	111001	50	19%

从表中可以看出，群体经过一代进化之后，其适应度的最大值、平均值都得到了明显改进。显然，在这一代种群中已经出现了适应度最高的染色体"111111"。因此，遗传操作终止，将染色体"111111"作为最终结果输出，即得到所求的最优解：98。

需要说明的是，表中有些栏的数据是随机产生的。这里为了更好地说明问题，特意选择了一些较好的数值以便能够得到较好的结果，而在实际运算中有可能需要一定的循环次数才能达到这个最优结果。

2.4.2　粒子群算法

粒子群算法（Particle Swarm Optimization，PSO）由美国社会心理学家 Kennedy 和电气工程师 Eberhart 于 1995 年提出，属于进化算法的一种，是通过模拟鸟群捕食行为设计的。粒子群中的每一个粒子都代表一个问题的可能解，通过粒子个体的简单行为、群体内的信息交互实现问题求解的智能性。由于 PSO 操作简单、收敛速度快，因此在函数优化、图像处理、大地测量等众多领域都得到了广泛应用。

粒子群算法与遗传算法类似，需要初始化种群、计算适应度值、通过进化进行迭代等。但是与遗传算法不同的是，它没有选择、交叉、变异等操作，编码也比遗传算法简单，因此与遗传算法相比，PSO 的优势在于很容易编码，需要调整的参数也很少。粒子群算法更多的是体现在追踪单个粒子和共享集体最优信息来实现向最优空间搜索，正由于它不同于遗传算法那样去忽略个体的一些内在联系，所以往往会陷入局部最优。

1. 基本原理

PSO 中，每个优化问题的潜在解都是搜索空间中的一只鸟，称为粒子。所有的粒子都有一个根据目标函数确定的适应度值，每个粒子在解空间中运动，通过一个速度决定它们"飞行"的方向和距离。然后粒子就追随当前的最优粒子在解空间中搜索，直到最终得到最优解。

PSO 初始化为一群随机粒子（随机解），然后通过迭代找到最优解。在每一次的迭代中，粒子通过跟踪两个极值来更新自己：一个是粒子本身所找到的最优解，这个解称为个体极值；另一个是整个种群目前找到的最优解，这个极值是全局极值。

数学描述如下：假设在一个 N 维的目标搜索空间中，有 M 个粒子组成一个群落，其中第 i 个粒子表示为一个 N 维的向量，粒子在 N 维空间的位置表示为矢量：

$$x_i = (x_1, x_2, x_3, ..., x_N)$$

飞行速度表示为矢量：

$$v_i = (v_1, v_2, v_3, ..., v_N)$$

粒子 i 的速度和位置更新公式如下，计算示意图如图 2-27 所示：

$$v'_i = w \times v_i + c_1 \times rand() \times (pbest_i - x_i) + c_2 \times rand() \times (gbest - x_i) \tag{2-34}$$

$$x'_i = x_i + v'_i$$

式中，c_1、c_2 为学习因子，通常 $c_1=c_2=2$；$rand()$ 为介于 0 和 1 之间的随机数；w 表示惯性因子，非负，调节对解空间的搜索范围，其值越大，全局寻优能力越强，局部寻优能力越弱，其值越小，全局寻优能力越弱，局部寻优能力越强，动态 w 可在 PSO 搜索过程中线性变化，也可根据 PSO 性能的某个测度函数动态改变；$pbest_i$ 代表第 i 个粒子搜索到的最优值，$gbest$ 代表整个集群搜索到的最优值。

由式（2-34）可以看出，当粒子 i 离 $pbest$ 或 $gbest$ 距离较远时，速度 v'_i 会变得较大，粒子的运动轨迹为不收敛状态，因此粒子的运动速度会限制在 $[-v_{max}, v_{max}]$ 范围内。当 $v_i > v_{max}$ 时，$v_i = v_{max}$；当 $v_i < -v_{max}$ 时，$v_i = -v_{max}$。

粒子速度和位置更新公式可以分为三个部分。第一部分为记忆项，表示粒子当前速度对粒子飞行的影响，用惯性因子来控制前面的速度对当前速度的影响。第二部分为自身认识项，代表了粒子的自身经验，一个样本自身有许多代，每一代都有一个参数，这些参数中必有一个最优值，因此 *pbest* 就是历史上粒子自身的最优值。若 $c_1=0$，则表示粒子没有认知能力，在粒子的相互作用下，容易陷入局部极值点。第三部分为群体认知项，代表了群体经验对粒子飞行轨迹的影响，表示粒子间的信息共享与相互合作。若 $c_2=0$，则粒子间没有社会信息共享，变成一个多个起点的随机搜索。

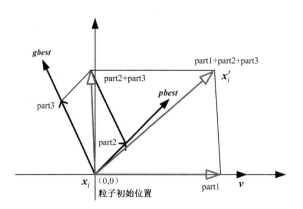

图 2-27　粒子速度和位置更新公式计算示意图

标准粒子群流程如下：

（1）初始化一群粒子，群体规模设为 N，初始化随机位置和速度。

（2）根据目标函数评价每个粒子的适应度。

（3）找出每个粒子到目前为止搜索到的最优解，这个最优解为 *pbest*。

（4）找出所有粒子到目前为止搜索到的整体最优解，这个最优解为 *gbest*。

（5）根据公式调整粒子的位置和速度。

（6）未达到结束条件转向步骤（2）。

迭代终止条件根据具体问题一般选为达到最大迭代次数或适应度值误差达到预设要求。

粒子群算法流程图如图 2-28 所示。

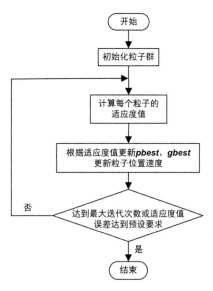

图 2-28　粒子群算法流程图

2. 粒子群算法应用实例

【例 2-6】已知函数 $y = f(x_1, x_2) = x_1^2 + x_2^2$，其中 $-10 < x_1, x_2 < 10$，应用粒子群算法求解 y 的最小值。

【解】

（1）对粒子群进行位置和速度的随机初始化。

种群大小：算法中粒子的数量，取 $m=3$，则有

$$p_1 = \begin{cases} \boldsymbol{v}_1 = (3,2) \\ \boldsymbol{x}_1 = (7,-6) \end{cases} \quad \begin{cases} f_1 = 7^2 + (-6)^2 = 49 + 36 = 85 \\ \boldsymbol{pbest}_1 = \boldsymbol{x}_1 = (7,-6) \end{cases}$$

$$p_2 = \begin{cases} \boldsymbol{v}_2 = (-3,-2) \\ \boldsymbol{x}_2 = (-6,8) \end{cases} \quad \begin{cases} f_1 = (-6)^2 + 8^2 = 36 + 64 = 100 \\ \boldsymbol{pbest}_2 = \boldsymbol{x}_2 = (-6,8) \end{cases}$$

$$p_3 = \begin{cases} \boldsymbol{v}_3 = (5,3) \\ \boldsymbol{x}_3 = (-7,-8) \end{cases} \quad \begin{cases} f_1 = (-7)^2 + (-8)^2 = 49 + 64 = 113 \\ \boldsymbol{pbest}_3 = \boldsymbol{x}_3 = (-7,-8) \end{cases}$$

至此，3 个粒子的初始位置和初始速度都已确定，同时根据目标函数 $f(x)$ 计算出了每个粒子的适应度值，从适应度值上我们可以得出群体历史最优解和个体历史最优解 $\boldsymbol{gbest} = \boldsymbol{pbest}_1 = (7,-6)$。

（2）更新粒子位置和速度：设 $w = 0.5$，$c_1 = c_2 = 2$，根据上面的速度位置更新函数，根据规则，当每个粒子的速度和最优粒子位置超过限制时将强行拉回边界，可以得到更新后的速度和位置如下：

$$p_1 = \begin{cases} \boldsymbol{v}_1' = w \times \boldsymbol{v}_1 + c_1 \times r_1 \times (\boldsymbol{pbest}_1 - \boldsymbol{x}_1) + c_2 \times r_2 \times (\boldsymbol{gbest}_1 - \boldsymbol{x}_1) \\ \Rightarrow \boldsymbol{v}_1' = \begin{cases} 0.5 \times 3 + 0 + 0 = 1.5 \\ 0.5 \times 2 + 0 + 0 = 1 \end{cases} \\ \Rightarrow \boldsymbol{v}_1' = (1.5,1) \\ \boldsymbol{x}_1' = \boldsymbol{x}_1 + \boldsymbol{v}_1' = (7,-6) + (1.5,1) = (8.5,-5) \end{cases}$$

$$p_2 = \begin{cases} \boldsymbol{v}_2' = w \times \boldsymbol{v}_2 + c_1 \times r_1 \times (\boldsymbol{pbest}_2 - \boldsymbol{x}_2) + c_2 \times r_2 \times (\boldsymbol{gbest}_1 - \boldsymbol{x}_2) \\ \Rightarrow \boldsymbol{v}_2' = \begin{cases} 0.5 \times (-3) + 0 + 2 \times 0.4 \times [7 - (-6)] = 8.9 \\ 0.5 \times (-2) + 0 + 2 \times 0.2 \times [(-6) - 8] = -6.6 \end{cases} \\ \Rightarrow \boldsymbol{v}_2' = (8.9,-6.6) \\ \boldsymbol{x}_2' = \boldsymbol{x}_2 + \boldsymbol{v}_2' = (-6,8) + (8.9,-6.6) = (2.9,1.4) \end{cases}$$

$$p_3 = \begin{cases} \boldsymbol{v}_3' = w \times \boldsymbol{v}_3 + c_1 \times r_1 \times (\boldsymbol{pbest}_3 - \boldsymbol{x}_3) + c_2 \times r_2 \times (\boldsymbol{gbest}_1 - \boldsymbol{x}_3) \\ \Rightarrow \boldsymbol{v}_3' = \begin{cases} 0.5 \times 5 + 0 + 2 \times 0.05 \times [7 - (-7)] = 3.9 \\ 0.5 \times 3 + 0 + 2 \times 0.8 \times [(-6) - (-8)] = 4.7 \end{cases} \\ \Rightarrow \boldsymbol{v}_3' = (3.9,4.7) \\ \boldsymbol{x}_3' = \boldsymbol{x}_3 + \boldsymbol{v}_3' = (-7,-8) + (3.9,4.7) = (-3.1,-3.3) \end{cases}$$

其中，r_1、r_2 为 [0,1] 区间中的随机数。

（3）根据新位置继续计算适应度值，根据适应度值替换群体历史最优粒子和个体历史最优粒子，则有

$$f_1' = 8.5^2 + (-5)^2 = 97.25 > 85$$

$$\boldsymbol{pbest}_1 = (7,-6)$$

$$f_2' = 2.9^2 + 1.4^2 = 10.37 < 100$$

$$\boldsymbol{pbest}_2 = (2.9,1.4)$$

$$f_3' = (-3.1)^2 + (-3.3)^2 = 20.5 < 113$$

$$\boldsymbol{pbest}_3 = (-3.1,-3.3)$$

$$gbest = pbest_2 = (2.9,1.4)$$

（4）直至达到最大迭代次数或者适应度值误差达到预设要求时算法停止。

3. 粒子群算法的拓扑结构

PSO 的拓扑结构是指整个群体中所有粒子之间相互连接的方式，而 PSO 的邻域结构是指单个粒子如何与其他粒子相连。邻域结构是决定粒子群算法效果的一个很重要的因素，不同邻域结构的粒子群算法的效果会有很大差别。下面介绍 5 种常见的基本拓扑结构。

（1）环形结构。最早产生的拓扑结构，所有粒子首尾相连，形成一个环状结构，该结构中每个粒子与其相邻的两个粒子进行信息交换，从而使信息在粒子间得到较好的分享，有效保证种群的多样性。这种结构信息传递得比较慢，收敛速度较慢，但是也较不容易陷入局部极值点，如图 2-29 所示。

（2）星形（轮形）结构。该结构中，所有粒子全部相连，每个粒子都可以同除自己以外的其他粒子通信，以共享整个群体的最优解。该结构使信息传播的速度得到了大幅提高，收敛速度也更快，但是也较容易陷入局部极值点，如图 2-30 所示。

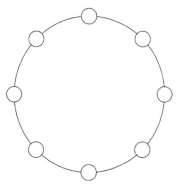

图 2-29　环形结构

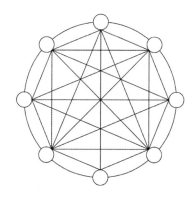

图 2-30　星形（轮形）结构

（3）金字塔结构。三角形线框的金字塔结构，即四面体结构，粒子分布在四面体的 4 个顶点上，所有这样的四面体相互连接起来，这样使粒子之间的信息得到更全面的分享，如图 2-31 所示。

（4）四类结构。整个粒子群由 4 个类组成，每一类中的粒子采用两两相连的方式进行信息传递，使信息在小范围内得到有效的利用，各个类间相互完全通信，使信息在整个群体中得到分享，如图 2-32 所示。

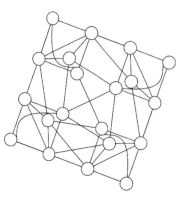

图 2-31　金字塔结构

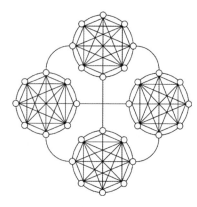

图 2-32　四类结构

（5）冯·诺依曼结构。在该拓扑结构中，粒子采用四方网格的形式把粒子与它上、下、左、右的 4 个粒子联系起来，形成立体网状结构，在对每个区域进行充分搜索的同时加强了粒子间的信息交流，使粒子更容易避开局部极值点，找到最优解，如图 2-33 所示。

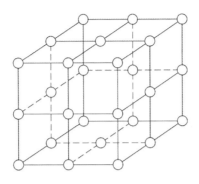

图 2-33   冯·诺依曼结构

蚁群算法的基本原理

2.4.3 蚁群算法

蚁群系统（Ant System（AS）或 Ant Colony System（ACS））是由意大利学者 Marco Dorigo 于 20 世纪 90 年代初首先提出来的。他在研究蚂蚁觅食的过程中，发现蚁群整体会体现一些智能的行为，例如蚁群可以在不同的环境下寻找最短到达食物源的路径。后经进一步研究发现，这是因为蚂蚁会在其经过的路径上释放一种可以称之为"信息素"的物质。蚁群内的蚂蚁对"信息素"具有感知能力，它们会沿着"信息素"浓度较高的路径行走，而每只路过的蚂蚁都会在路上留下"信息素"，这就形成一种类似正反馈的机制，这样经过一段时间后，整个蚁群就会沿着最短路径到达食物源了。

由上述蚂蚁觅食模式演变来的算法就是蚁群算法。这种算法具有分布计算、信息正反馈和启发式搜索的特征，本质上是进化算法中的一种启发式全局优化算法。

1. 蚁群算法的基本思想

蚁群算法的基本思想来源于自然界蚂蚁觅食的最短路径原理，根据昆虫科学家的观察，发现自然界的蚂蚁虽然视觉不发达，但它们可以在没有任何提示的情况下找到从食物源到巢穴的最短路径，并在周围环境发生变化后自适应地搜索新的最佳路径。

蚂蚁在寻找食物源的时候，能在其走过的路径上释放一种称为"信息素"的激素，使一定范围内的其他蚂蚁能够察觉到。当路径上通过的蚂蚁越来越多时，信息素也就越来越多，蚂蚁们选择这条路径的概率也就越高，结果导致这条路径上的信息素又增多，蚂蚁走这条路的概率又增加，循环往复。这种选择过程被称为蚂蚁的自催化行为。对于单只蚂蚁来说，它并没有要寻找最短路径，只是根据概率进行选择；而对于整个蚁群系统来说，它们却达到了客观上寻找最优路径的效果，这就是群体智能。

如图 2-34 所示，蚂蚁 1 和蚂蚁 2 寻找食物的路径不同，蚂蚁 1 选择 $A \to B \to C$ 这条路，蚂蚁 2 选择 $A \to C$ 这条路，当蚂蚁 2 找到食物时，蚂蚁 1 刚走到 B 点，在蚂蚁 2 到达食物源返回时，会选择右边这条（蚂蚁在行走过程中会释放一种称为"信息素"的物质，用来标识自己的行走路径，此路径的信息素浓度高）路，蚂蚁 2 返回 A 点时，蚂蚁 1 刚找到食物，因此 $A \to C$ 路径的信息素浓度是 $A \to B \to C$ 路径信息素浓度的 2 倍，久而久之，右边这条路的信息素浓度逐渐增加，所有蚂蚁都会选择这条更短的路径。

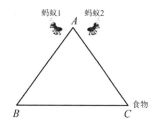 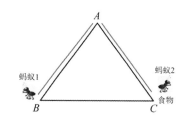 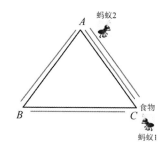

图 2-34 蚁群觅食

2. 蚁群算法的特点

（1）自组织的算法：自组织就是在没有外界的作用下，组织力或组织指令来自于系统的内部，系统熵减小的过程也就是系统从无序到有序的变化过程。

（2）并行的算法：每只蚂蚁搜索的过程彼此独立，仅通过信息素进行通信，同时开始进行独立的解搜索，增加了算法的可靠性，也使算法具有较强的全局搜索能力。

（3）正反馈的算法：由于较短路径上蚂蚁的往返时间比较短，单位时间内经过该路径的蚂蚁较多，信息素的积累速度比较长路径快。因此，当后续蚂蚁到达路口时，就能感知先前蚂蚁留下的信息素，并倾向于选择一条较短的路径前行。这种正反馈机制使越来越多的蚂蚁在巢穴与食物之间的最短路径上行进。由于其他路径上的信息素会随着时间挥发，故最终所有的蚂蚁都在最优路径上行进。

3. 蚁群算法的基本步骤

这里以 TSP 问题为例，算法设计的流程如下：

（1）对相关参数进行初始化，包括蚁群规模、信息素因子、启发函数因子、信息素挥发因子、信息素常数、最大迭代次数等，将数据读入程序并进行预处理，如将城市的坐标信息转换为城市间的距离矩阵。

（2）随机将蚂蚁放于不同的出发点，对每只蚂蚁计算其下一个访问的城市，直到有蚂蚁访问完所有城市。

（3）计算各蚂蚁经过的路径长度，记录当前迭代次数的最优解，同时对路径上的信息素浓度进行更新。

（4）判断是否达到最大迭代次数，若不是，则返回步骤（2）；若是，则结束程序。

（5）输出结果，并根据需要输出寻优过程中的相关指标，如运行时间、收敛迭代次数等。

蚁群算法流程图如图 2-35 所示。

4. 蚁群算法的关键参数

蚁群算法中主要有下述 6 个参数需要设定。

（1）蚁群规模。

设 n 表示城市数量，m 表示蚂蚁数量。m 很重要，因为当 m 过大时，会导致搜索过的路径上的信息素浓度变化趋于平均，这样就不容易找出较短的路径了；当 m 过小时，易使未被搜索到的路径的信息素浓度减小到 0，这样可能会出现早熟，即没找到全局最优解。一般来说，在时间等资源条件紧迫的情况下，蚂蚁数设定为城市数的 1.5 倍较好。

（2）信息素因子。

信息素因子反映了蚂蚁在移动过程中所积累的信息量在指导蚁群搜索中的相对重要程度，其值过大，蚂蚁选择以前走过的路径的概率就越大，搜索随机性减弱；其值过小，等同于贪婪算法,使搜索过早陷入局部最优。实验发现,信息素因子选择 [1,4] 区间性能较好。

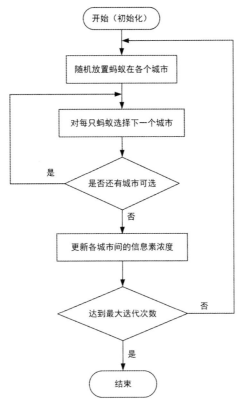

图 2-35 蚁群算法流程图

（3）启发函数因子。

启发函数因子反映了启发式信息在指导蚁群搜索过程中的相对重要程度,其大小反映的是蚁群寻优过程中先验性和确定性因素的作用强度。其值过大,虽然收敛速度会加快,但容易陷入局部最优；其值过小,容易陷入随机搜索,寻找不到最优解。实验发现,启发函数因子的取值范围为 [0,5]。

（4）信息素挥发因子。

信息素挥发因子表示信息素的消失水平,它的大小直接关系到蚁群算法的全局搜索能力和收敛速度。实验发现,当信息素挥发因子的取值范围为 [0.2,0.5] 时综合性能较好。

（5）信息素常数。

这个参数为信息素浓度,表示蚂蚁循环一周时释放在路径上的信息素总量,其作用是充分利用有向图上的全局信息反馈量,使算法在正反馈机制作用下以合理的演化速度搜索到全局最优解。其值越大,蚂蚁在已遍历路径上的信息素积累越快,有助于快速收敛。实验发现,当信息素常数的取值范围为 [10,1000] 时综合性能较好。

（6）最大迭代次数。

最大迭代次数值过小,可能导致算法还没收敛就已结束；过大则会导致资源浪费。一般来说,最大迭代次数可以取 100 ～ 500 次。建议先取 200,然后根据执行程序查看算法收敛的轨迹来修改取值。

5. 构建路径

（1）m 只蚂蚁分布到 n 个城市,每只蚂蚁选择下一个城市。每只蚂蚁都随机选择一个城市作为其出发城市,并维护一条路径的记忆向量,用来存放该蚂蚁依次经过的城市。蚂蚁在构建路径的每一步中，用轮盘赌选择方法选择下一个要到达的城市（为了避免算法失去随机性，在选择路径时使用轮盘赌选择方法来选择。将每条路径的概率看作是轮盘的一个扇面，旋转轮盘，指针停在哪一个扇面上就选择对应概率的路径，通过使用一个 [0,1] 之间的随机数 *rand* 来模拟指针停止时指向的扇面）。随机概率的计算公式为

$$P_{ij}^k = \begin{cases} \dfrac{\tau_{ij}^\alpha(t) * \eta_{ij}^\beta(t)}{\displaystyle\sum_{s \in allowed_k} \tau_{ij}^\alpha(t) * \eta_{ij}^\beta(t)}, & j \in allowed_k \\ 0, & 其他 \end{cases}$$

式中，P_{ij}^k 为第 k 只蚂蚁从 i 选择 j 的概率，i、j 分别为起点和终点；$\tau_{ij}(t)$ 为 t 时刻由 i 到 j 的信息素浓度；$\eta_{ij}(t) = \dfrac{1}{d_{ij}}$ 是 i 和 j 两点之间路径的倒数，称为启发函数，用于表示蚂蚁从 i 到 j 的能见度，两点距离越短、信息素浓度越大的路径被选择的概率越大；$allowed_k$ 为尚未访问过的节点的集合；α 为信息素因子，作为信息素浓度的指数，β 为启发函数因子，作为启发函数的指数，它们分别决定了信息素浓度以及转移期望对蚂蚁 k 从 i 到 j 的贡献程度。

（2）每只蚂蚁释放的信息素与信息素的挥发。信息素更新是蚁群算法的核心。算法在初始期间有一个固定的浓度值，在每一次迭代完成，所有出去的蚂蚁回来后，会对所走过的路径进行计算，然后更新相应边的信息素浓度。很明显，这个数值是和蚂蚁所走的路径的长度有关系的，经过一次次的迭代，近距离的线路的浓度会很高，从而得到近似最优解。

每一轮过后，问题空间中的所有路径上的信息素都会发生挥发，所有的蚂蚁根据自己构建的路径长度在它们本轮经过的边上释放信息素，公式如下：

$$\tau_{ij}(t+1) = \tau_{ij}(t) * (1-\rho) + \Delta\tau_{ij}^k, \quad 0 < \rho < 1$$

$$\Delta\tau_{ij} = \sum_{k=1}^m \Delta\tau_{ij}^k$$

式中，$\tau_{ij}(t+1)$ 表示第 $t+1$ 次循环后 i 到 j 上的信息素浓度；ρ 为信息素挥发因子，$1-\rho$ 即为信息素残留系数；$\Delta\tau_{ij}^k$ 为第 k 只蚂蚁在 i 到 j 所留下的信息素浓度，$\Delta\tau_{ij}^k$ 的定义如下：

$$\Delta\tau_{ij}^k = \begin{cases} \dfrac{Q}{c_k} & if\ the\ k^{th}\ ant\ tranverses(i,j) \\ 0, & 其他 \end{cases}$$

式中，c_k 是第 k 只蚂蚁走完整条路后所得到的总路径长度，Q 为初始化时的信息素常量。

（3）迭代与停止的条件。可以选择合适的迭代次数后停止，输出最优路径，也可以看是否满足指定最优条件，找到满足的解后停止。这里算法每一次迭代的意义是：每次迭代的 m 只蚂蚁都完成了自己的路径，且回到原点后的整个过程。

6. 蚁群算法应用举例

【2-7】4 个城市的 TSP 问题。4 个城市的距离如图 2-36 所示。

假设蚂蚁种群规模为 3，信息素因子 α 为 1，启发函数因子 β 为 2，信息素挥发因子 $\rho=0.5$。

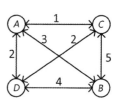

图 2-36　4 个城市的距离

【解】

（1）使用贪婪算法得到路径为 $A \to C \to D \to B \to A$，则初始化得到每条边上的信息

素浓度 $\tau_0 = \dfrac{3}{1+2+4+3} = 0.3$。

最初信息素浓度矩阵为

$$\boldsymbol{\tau}_0 = \begin{pmatrix} 0 & 0.3 & 0.3 & 0.3 \\ 0.3 & 0 & 0.3 & 0.3 \\ 0.3 & 0.3 & 0 & 0.3 \\ 0.3 & 0.3 & 0.3 & 0 \end{pmatrix}$$

（2）为每只蚂蚁选择下一个访问的城市。以蚂蚁 1 为例，当前城市位于 A，可访问的城市为 B、C、D，计算每只蚂蚁访问各个城市的概率：

$$P_{AB}^1 = \frac{\tau_{AB}(t) * \eta_{AB}^2(t)}{\tau_{AB}(t) * \eta_{AB}^2(t) + \tau_{AC}(t) * \eta_{AC}^2(t) + \tau_{AD}(t) * \eta_{AD}^2(t)}$$
$$= \frac{0.3 * (1/3)^2}{0.3 * (1/3)^2 + 0.3 * (1/1)^2 + 0.3 * (1/2)^2} = 0.082$$

$$P_{AC}^1 = \frac{\tau_{AC}(t) * \eta_{AC}^2(t)}{\tau_{AB}(t) * \eta_{AB}^2(t) + \tau_{AC}(t) * \eta_{AC}^2(t) + \tau_{AD}(t) * \eta_{AD}^2(t)}$$
$$= \frac{0.3 * (1/1)^2}{0.3 * (1/3)^2 + 0.3 * (1/1)^2 + 0.3 * (1/2)^2} = 0.73$$

$$P_{AD}^1 = \frac{\tau_{AD}(t) * \eta_{AD}^2(t)}{\tau_{AB}(t) * \eta_{AB}^2(t) + \tau_{AC}(t) * \eta_{AC}^2(t) + \tau_{AD}(t) * \eta_{AD}^2(t)}$$
$$= \frac{0.3 * (1/2)^2}{0.3 * (1/3)^2 + 0.3 * (1/1)^2 + 0.3 * (1/2)^2} = 0.18$$

采用轮盘赌选择方法选择下一个访问的城市，假设产生的随机数为 0.06，蚂蚁 1 会选择城市 B。采用同样的方法为蚂蚁 2 和蚂蚁 3 选择下一个访问的城市，假设蚂蚁 2 选择城市 D，蚂蚁 3 选择城市 A。

（3）继续为每只蚂蚁选择下一个访问的城市。以蚂蚁 1 为例，当前城市位于 B，可访问的城市为 C 和 D，计算蚂蚁 1 访问 C 和 D 城市的概率：

$$P_{BC}^1 = \frac{\tau_{BC}(t) * \eta_{BC}^2(t)}{\tau_{BC}(t) * \eta_{BC}^2(t) + \tau_{BD}(t) * \eta_{BD}^2(t)} = \frac{0.3^1 * (1/5)^2}{0.3 * (1/5)^2 + 0.3 * (1/4)^2} = 0.39$$

$$P_{BD}^1 = \frac{\tau_{BD}(t) * \eta_{BD}^2(t)}{\tau_{BC}(t) * \eta_{BC}^2(t) + \tau_{BD}(t) * \eta_{BD}^2(t)} = \frac{0.3 * (1/4)^2}{0.3^1 * (1/5)^2 + 0.3 * (1/4)^2} = 0.61$$

采用轮盘赌选择方法选择下一个访问的城市，假设产生的随机数为 0.8，蚂蚁 1 会选择城市 D，同时假设蚂蚁 2 选择城市 C，蚂蚁 3 选择城市 D。此时，三只蚂蚁所走过的路径如下：

蚂蚁 1：$A \to B \to D \to C \to A$

蚂蚁 2：$B \to D \to C \to A \to B$

蚂蚁 3：$C \to A \to D \to B \to C$

（4）信息素更新。计算每只蚂蚁走过的路径长度：$c_1 = 3+4+2+1 = 10$，$c_2 = 4+2+1+3 = 10$，$c_3 = 2+1+5+4 = 12$。更新每条路径的信息素浓度：

$$\tau_{AB} = \tau_{AB}(t) * (1 - \rho) + \Delta\tau_{ij} = 0.5 * 0.3 + (0.3/10 + 0.3/10) = 0.21$$

$$\tau_{AD} = \tau_{AD}(t) * (1-\rho) + \Delta\tau_{ij} = 0.5 * 0.3 + (0.3/12) = 0.175$$

...

（5）如果满足结束条件，则输出全局最优解并结束程序，否则转向步骤（2）继续执行。

2.4.4 混合蛙跳算法

Eusuff 和 Lansey 于 2003 年首次提出了混合蛙跳算法（Shuffled Frog Leaping Algorithm，SFLA），该算法结合模因算法和粒子群算法两者的优点，具有概念简单、参数少、计算速度快、全局寻优能力强和易于实现等特点。

混合蛙跳算法通过局部精确搜索和全局信息交流相结合的方式寻优，算法朝着全局最优方向更新进化，具有很强的全局搜索能力。混合蛙跳算法通过模拟青蛙觅食过程解决实际问题，其寻优过程模拟的是一群青蛙在觅食空间通过跳跃找寻食物的过程。每只青蛙的位置相当于一个可行解，每只青蛙都携带信息，相互之间可以进行信息交流。觅食空间相当于问题的可行空间。空间随机分布着食物，青蛙朝着找到食物青蛙的方向跳跃，形成一定数目的子群。每个子群中青蛙的数量相同。子群内进行局部搜索，到达一定程度后，所有青蛙混合，进行全局搜索，然后再分子群进行局部搜索，到达一定程度，所有青蛙重新混合，进行全局搜索。依此循环，直至达到算法终止条件。

1. 生成初始蛙群并划分模因组

混合蛙跳算法首先随机生成由 F 只青蛙组成的初始蛙群，第 i 只青蛙记为 $X(i) = (X_i^1, X_i^2, \cdots, X_i^d)$，将初始蛙群根据每只青蛙的适应度值进行排序，划分成不同族群，每个族群含有 n 只青蛙，适应度值最好的青蛙进入族群 1，排名第二的青蛙进入族群 2，…，排名第 m 的青蛙进入族群 m。m 只青蛙过后，第 $m+1$ 只青蛙再次重复上述步骤，直到所有青蛙都被安排进入族群。根据族群的划分方法可以看出，适应度值较好的个体有较大的概率进入排名靠前的族群。

2. 局部搜索策略

局部搜索策略主要针对每个族群中的最差个体进行更新。算法记录当前族群的适应度值最优个体和适应度值最差个体，将最差个体按照步长更新公式进行更新：

$$S_i = r(P_b - P_w) \tag{2-35}$$

$$P_w(k+1) = P_w(k) + S_i \tag{2-36}$$

式（2-35）和式（2-36）中，$r \in [0,1]$ 的随机数，P_b 为组内最优个体，P_w 为组内最差个体，S_i 为蛙跳步长。

最差个体的更新结果如下：如果更新后的青蛙个体的适应度值优于原来个体的适应度值，那么生成的新个体取代 P_b；如果更新后的青蛙个体的适应度值仍很差，那么以最优个体 P_b 代替。局部搜索策略一直执行，直到达到预先设定的局部迭代次数为止。混合蛙跳算法的局部搜索过程主要是为了剔除种群中的较差个体，增加种群的优良个体数目，提高粒子局部搜索性能。随着蛙群的不断进化，算法朝着最优解的方向移动。

3. 全局搜索策略

随着局部搜索策略的进行，算法的探索行为日趋成熟，当达到局部迭代次数之后，所有族群重新进行混合，交换族群间信息。然后所有青蛙再次按照适应度值被重新排序，重新进行分组。重复局部搜索策略。这种迭代进化一直持续到算法达到全局迭代次数停止，算法输出全局最优解即为最终解。

4. 混合蛙跳算法的基本步骤

在迭代中，混合蛙跳算法可以分为全局搜索和局部搜索两个过程。

（1）全局搜索。

1）设置 SFLA 参数。青蛙群体总数为 F，子群数量为 m，每个族群的青蛙数为 n，其中 $F=m×n$，种群最大迭代次数为 N，最大、最小步长为 S_{max}、S_{min}。

2）初始化。在 d 维空间中，随机生成 F 只青蛙 $X(1)$，$X(2)$，…，$X(F)$，记录每只青蛙的当前位置，第 i 只青蛙记为 $X(i)=(X_i^1,X_i^2,\cdots,X_i^d)$。

3）排序。计算各只青蛙的适应度值 $f(i)$。将 $f(i)$ 从小到大排序，生成数组 $X=\{X(i),f(i),i=1,2,\dots,F\}$，记种群中适应度值最好的青蛙为 P_g。

4）分组。将种群分成 m 个子群，每个子群含有 n 只青蛙。找出各个子群的最优解 P_b、最差解 P_w 以及整个种群的全局最优解 P_g。例如，有 6 个种群、22 只青蛙（$f(1)\sim f(22)$，按适应度值从大到小排列），每个子群的分组结果见表 2-7。

表 2-7 每个子群的分组结果

种群 1	种群 2	种群 3	种群 4	种群 5	种群 6
$f(1)$	$f(2)$	$f(3)$	$f(4)$	$f(5)$	$f(6)$
$f(7)$	$f(8)$	$f(9)$	$f(10)$	$f(11)$	$f(12)$
$f(13)$	$f(14)$	$f(15)$	$f(16)$	$f(17)$	$f(18)$
$f(19)$	$f(20)$	$f(21)$	$f(22)$		

种群 1 的青蛙有 $\{f(1),f(7),f(13),f(19)\}$，种群 2 的青蛙有 $\{f(2),f(8),f(14),f(20)\}$，依此类推。记录每个子群内的最优解 P_b、最差解 P_w。

每个种群中最差的青蛙会首先向着当前种群中的最优位置的青蛙跳动，即该种群中的 $f(19)$ 会向着 $f(1)$ 跳动，$f(20)$ 向着 $f(2)$ 跳动，$f(21)$ 向着 $f(3)$ 跳动，$f(22)$ 向着 $f(4)$ 跳动，$f(17)$ 向着 $f(5)$ 跳动，$f(18)$ 向着 $f(6)$ 跳动。如果 $f(19)$、$f(20)$、$f(21)$、$f(22)$、$f(17)$、$f(18)$ 这 6 只青蛙没有找到优于自己当前位置的位置，则它们会向着全局最优位置的青蛙 $f(1)$ 跳动；如果新的位置仍然差于自己的原位置，则该青蛙跳到一个随机的位置。

（2）局部搜索。

1）根据模因算法对每个子群进行更新。在每一轮的进化中，改善最坏青蛙的最差解 P_w。

①初始化参数。记子群最大进化次数为 M，子群计数为 g，每个种群迭代次数为 n。

②$g=g+1$。

③$n=n+1$。

④根据式（2-35）和式（2-36）更新最差青蛙的位置。

⑤如果更新后的青蛙优于当前青蛙，则用新产生的青蛙取代之，反之用 P_g 代替 P_b，重复上述过程。

⑥如果依旧不能产生优于当前适应度值的青蛙，则随机产生一个新解代替子群中的最差解 P_w。

⑦若 $n<M$，则返回到步骤③。

⑧若 $g<m$，则返回到步骤②。

2）信息共享。将所有青蛙重新混合、排序、分组，更新种群中最好的青蛙 P_g。

3）输出判定。判断是否达到种群进化最大迭代次数 M 或者要求的收敛精度。满足要求，输出 P_g；若不满足要求，则返回到步骤 4）。

5. 混合蛙跳算法流程图

混合蛙跳算法的流程图如图 2-37 所示。

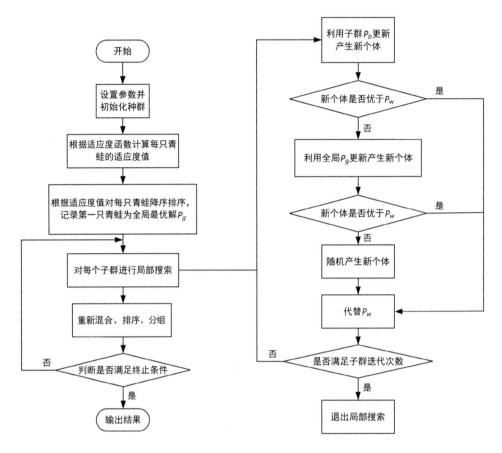

图 2-37　混合蛙跳算法的流程图

6. 混合蛙跳算法的参数表示

混合蛙跳算法的参数包括种群规模 F、子群数量 m、子群个体数 n、最大步长 S_{max} 和种群迭代次数 N。我们知道，算法的性能提升是所有参数协同作用产生的结果，合理的参数设置方案将显著提高算法的优化性能。

（1）种群规模 F。F 的设置需要考虑求解问题的精度、复杂度、时间和算法运算环境等因素，并不是越大越好，也不是越小越好。在其他参数不变的情况下，F 的取值增大，在搜索空间的搜索密度就提高，算法的运行时间会延长；相反，F 的取值减小，在搜索空间的搜索密度就降低，算法的运行时间会缩短。

（2）子群数量 m。子群数量 m 的选择主要是根据子群中的青蛙数 n（$F=m×n$）来确定。如果子群中的青蛙个数 n 太小，则子群内个体无法进行充分地学习和更新，也就无法有效提高子群解的质量，降低了子群对全局最优解的贡献作用。如果子群中的青蛙个数 n 太大，则子群内个体得到了充分的学习和更新，同时子群解的质量也得到了有效提高，但子群之间不能很好地进行信息交流，会降低全局搜索的能力，不便于找到全局最优解。因此，只有 m 取值合理，算法才能更好地进行局部搜索和全局搜索。

（3）最大步长 S_{max}。S_{max} 表示算法更新时个体在某一维度上的最大移动长度，实际上是控制 SFLA 全局搜索能力的一个约束条件。将 S_{max} 设置为一个较小值会降低全局搜索能力，从而使算法更倾向于局部搜索。同时一个较大的 S_{max} 可能会导致缺少实际的优化，导致算法错过最优解。

（4）全局迭代次数 N。N 的取值与具体优化问题的规模、寻优精度和算法运行时间等因素有关。如果优化问题的规模较大，寻优精度较高，则 N 的取值就比较大，但是算法的运行时间会加长。在其他参数不变的情况下，随着 N 的取值持续增大，算法运行时间会持续延长，但是优化精度并不一定会持续提高，会无限逼近某一个极限值。因此，N 的取值在综合考虑实际优化问题的规模和要求后确定。

本章小结

本章主要介绍人工智能时代背景下以"计算"为手段实现智能行为的几大类算法。

（1）人工神经网络：神经元模型、人工神经网络模型、BP 神经网络学习算法、RBF 神经网络算法。

（2）深度神经网络：卷积神经网络、循环神经网络、生成对抗网络。

（3）模糊控制算法：基于模糊集合和隶属函数的模糊系统。

（4）进化计算算法：以遗传算法、粒子群算法、蚁群算法和混合蛙跳算法为主流的智能优化算法。

以上这些计算智能算法都有一个共同的特征，即通过模仿人类智能的某一个（某一些）方面而达到模拟人类智能，实现将生物智慧、自然界的规律计算机程序化，设计最优化算法的目的。

习题 2

1. 请在百度深度学习平台"飞桨"下完成基于深度学习的手写数字任务。
2. 请查询资料后简述深度强化学习的最新研究动态。
3. 简述模糊逻辑。
4. 遗传算法中常用的选择算子有哪些？简述其选择原则。
5. 比较遗传算法和粒子群算法的优缺点。
6. 讨论在信息素释放公式中挥发因子的重要性。
7. 简述蚁群算法的特点。
8. 试用混合蛙跳算法解决 TSP 问题。

第3章 机器学习

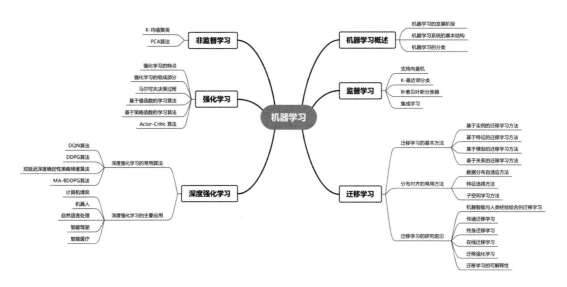

本章导读

机器学习是人工智能的重要内容，它是对人类生活、学习过程的一个模拟。而在这整个过程中，最关键的是数据。任何通过数据训练的学习算法的相关研究都属于机器学习。在本章中，对机器学习最常用的机器学习分类方法，如监督学习、非监督学习、强化学习、深度强化学习和迁移学习进行讲解。

本章要点

- 监督学习
- 非监督学习
- 强化学习
- 深度强化学习
- 迁移学习

3.1 机器学习概述

机器学习是一门从数据中研究算法的多领域交叉学科，研究计算机如何模拟或实现人类的学习行为，根据已有的数据或以往的经验进行算法选择、构建模型、预测新数据，并重新组织已有的知识结构使之不断改进自身性能的学科。

3.1.1 机器学习的发展阶段

机器学习的发展可分为下述六个阶段。

第一阶段：神经网络模型研究阶段。20世纪50年代中期到60年代中期,称为热烈时期。在这个时期,所研究的是"没有知识"的学习,即"无知"学习,研究目标是各类自织系统和自适应系统,主要研究方法是不断修改系统的控制参数以改进系统的执行能力,不涉及与具体任务有关的知识。指导该阶段研究的理论基础是 Donald Hebb 于1949年提出的赫布理论——解释了学习过程中大脑神经元所发生的变化,标志着机器学习领域迈出的第一步。

第二阶段：符号概念获取研究阶段。20世纪60年代中期至70年代中期,称为冷静时期。由于神经网络无法处理线性不可分问题,神经网络研究陷入了长达十多年的停滞,因此该阶段的研究目标从神经网络模型转向了模拟人类的概念学习过程,并采用逻辑结构或图结构作为机器内部描述。机器能够采用符号来描述概念（符号概念获取）,并提出关于学习概念的各种假设。

第三阶段：基于知识的学习系统研究阶段。20世纪70年代中期至80年代中期,称为复兴时期。在这个时期,人们从学习单个概念扩展到学习多个概念,探索不同的学习策略和各种学习方法。机器的学习过程一般都建立在大规模的知识库上,实现知识强化学习。令人鼓舞的是,该阶段已开始把学习系统与各种应用结合起来,并取得很大的成功,促进了机器学习的发展。在出现第一个专家学习系统之后,示例归约学习系统成为研究主流,自动知识获取成为机器学习的应用研究目标。

第四阶段：连接学习研究阶段。这一阶段始于1986年。由于多位神经网络学者相继提出了使用隐节点和反向传播算法解决线性不可分问题,使连接机制学习重新兴起,向传统的符号学习发起挑战。

第五阶段：支持向量机快速发展阶段。这一阶段始于1995年。Vapnik 和 Cortes 提出了支持向量机（Support Vector Machines, SVM）,这种算法不仅有坚实的理论基础,而且有出色的实验结果。从那之后,机器学习领域便分成了两大流派,即神经网络和支持向量机。但自2000年以后,由于神经网络存在梯度消失问题,故在这场竞争中逐渐处于下风。而 SVM 的优势是具有凸优化、大边际理论、核函数方面的知识基础,因此,它能从不同的学科理论中汲取养分,从而加快自身的发展进程。

第六阶段：深度学习的爆发阶段。这一阶段始于2006年。Geoffrey Hinton 和他的学生 Ruslan Salakhutdinov 正式提出了深度学习（Deep Learning）的概念。2012年,在著名的 Image Net 图像识别大赛中,Geoffrey Hinton 领导的小组采用深度学习模型 AlexNet 一举夺冠。AlexNet 采用 ReLU 激活函数,从根本上解决了梯度消失问题,并采用 GPU 极大地提高了模型的运算速度。同年,由斯坦福大学的吴恩达教授和世界顶尖计算机专家 Jeff Dean 共同主导的深度神经网络——DNN 技术在图像识别领域取得了惊人的成绩,在 Image Net 评测中成功把错误率从26%降低到了15%。深度学习算法在世界大赛中脱颖而出,也再一次吸引了学术界和工业界对深度学习领域的关注。2017年,基于强化学习算法的 AlphaGo 升级版 AlphaGo Zero 横空出世。其采用"从零开始""无师自通"的学习模式,以100:0的比分轻而易举打败了之前的 AlphaGo。因此,自2017年以来,深度学习得到了突飞猛进的发展。

3.1.2 机器学习系统的基本结构

机器学习系统的基本结构如图3-1所示。环境表示外部信息的来源,它将为系统的学习提供有关信息。知识库代表系统已经具有的知识。学习环节为系统的学习机构，它通过对环境的感知取得外部信息，然后经分析、综合、类比、归纳等思维过程获得知识，生成新的知识或改进知识库的组织结构。执行环节表示利用学习后得到的新知识库执行一系列任务，并将运行结果报告给学习环节，以完成对新知识库的评价，然后指导进一步的学习工作，是该模型的核心。

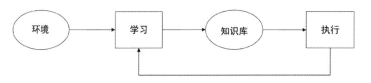

图 3-1　机器学习系统的基本结构

在具体的应用中，环境、知识库和执行部分决定了具体的工作内容，学习部分所需要解决的问题完全由上述三部分确定。下面分别叙述这三部分对设计机器学习系统的影响。

影响机器学习系统设计的最重要的因素是环境向系统提供的信息。例如，环境信息通过图像传入学习系统，如果传送的图像为包含大量杂乱无用信息的，那么机器学习系统需要在获得足够数据之后删除不必要的细节，进行总结推广，形成指导动作的一般原则，放入知识库。因此，学习部分的任务比较繁重，设计起来较为困难。

因为机器学习系统获得的信息往往是不完全的，所以机器学习系统所进行的推理并不完全是可靠的，它总结出来的规则可能正确，也可能不正确。这要通过执行效果加以检验。正确的规则能使系统的效能提高，应予保留；不正确的规则应予修改或从数据库中删除。

知识库是影响机器学习系统设计的第二个因素。知识的表示有多种形式，如特征向量、一阶逻辑语句、产生式规则、语义网络和框架等。这些表示方式各有特点，在选择时要兼顾以下 4 个方面：表达能力强、易于推理、容易修改知识库、知识表示易于扩展。

对于知识库最后需要说明的一个问题是，机器学习系统不能在全然没有任何知识的情况下凭空获取知识，每一个机器学习系统都要求具有某些知识理解环境提供的信息，分析比较，作出假设，检验并修改这些假设。因此，更确切地说，机器学习系统是对现有知识的扩展和改进。

执行部分是整个机器学习系统的核心，因为该部分的动作就是学习部分力求改进的动作。同执行部分有关的问题有 3 个：复杂性、反馈和透明性。

3.1.3　机器学习的分类

机器学习算法有很多，包括分类、回归、聚类、推荐等，具体算法如线性回归、逻辑回归、朴素贝叶斯、随机森林、支持向量机、神经网络等。在机器学习算法中，没有最好的算法，只有"更适合"解决当前任务的算法。机器学习算法的分类方式有很多种，

如果按照学习方式则可分为监督式学习、非监督式学习、强化学习、深度强化学习和迁移学习。

1. 监督式学习

在监督式学习下，输入数据被称为"训练数据"，每组训练数据有一个明确的标识或结果,如对小狗图片识别中的"小狗图片"和"非小狗图片",对手写数字识别中的"1""2"

"3"数字的识别等。在建立预测模型的时候，监督式学习建立一个学习过程，将预测结果与"训练数据"的实际结果进行比较，不断地调整预测模型，直到模型的预测结果达到一个预期的准确率，如图 3-2 所示。

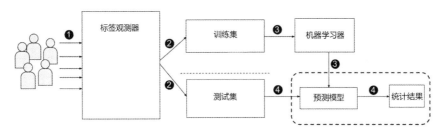

图 3-2　监督式学习过程

监督式学习的常见应用场景包括分类问题和回归问题，常见算法包括逻辑回归（Logistic Regression，LR）和反向传递神经网络（Back Propagation Neural Network，BP）。

2. 非监督式学习

在非监督式学习中，数据并不被特别标识，学习模型是为了推断出数据的一些内在结构。

有别于监督式学习网络，非监督式学习网络在学习时并不知道其分类结果是否正确，亦即没有受到监督式增强（告诉它何种学习是正确的）。其特点是仅对此种网络提供输入范例，而它会自动从这些范例中找出其潜在类别规则。当学习完毕并经过测试后，也可以将之应用到新的案例上。常见的应用场景包括关联规则的学习和聚类等，常见算法包括 Apriori 算法和 K-means 算法。

另外，很多深度学习算法都属于无监督式学习，算法会收到某个数据集，但对于如何处理该数据集却未获得明确的指示。训练数据集是没有特定预期结果或正确答案的示例的集合。然后深度神经网络尝试通过提取有用的特征并分析其结构来自动发现数据结构。

由于数据中不存在"真值"元素，因此很难衡量使用非监督式学习训练的算法的准确性。但在许多研究领域中，有标记数据是很难获取的。在这些情况下，允许深度学习模型完全自由地寻找相关规律，可以产生较高质量的结果。

3. 强化学习

如图 3-3 所示，强化学习是指通过让智能体（Agent）不断地对所处环境（Environment）进行探索和开发并根据反馈的奖励（Reward）进行的一种经验学习。例如，在双足行走的机器人中，当机器人往前行走时，奖励就给予正反馈，退后或者摔倒就给予负反馈。

因此，强化学习算法的工作就是弄清楚怎样随着时间选择动作，以使总奖励最大。很明显，这种思想不同于有监督和无监督，因此认为强化学习是机器学习的一个新范式。

4. 深度强化学习

深度强化学习将深度学习的感知能力和强化学习的决策能力相结合，直接通过高维感知输入的学习来控制智能体（Agent）的行为，为解决复杂系统的感知决策问题提供了思路。

5. 迁移学习

在某些机器学习场景中，由于直接对目标域从头开始学习的成本太高，因此我们期望运用已有的相关知识来辅助尽快地学习新知识。迁移学习通俗来讲就是学会举一反三的能力，通过运用已有的知识来学习新的知识。其核心是找到已有知识和新知识之间的相似性，通过这种相似性的迁移达到迁移来学习的目的。

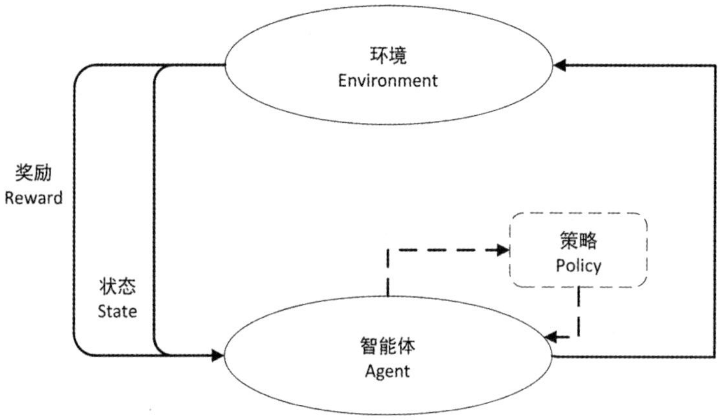

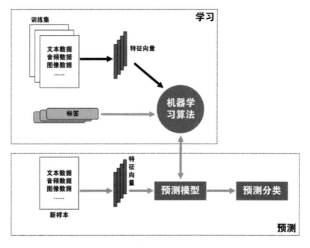

图 3-3　强化学习流程

监督学习

3.2　监 督 学 习

监督学习是指从给定的训练数据集中学习出一个函数（模型参数），当新的数据到来时，可以根据这个函数预测结果。监督学习的训练集要求包括输入和输出，也可以说是特征和目标。通过已有的训练样本（即已知数据及其对应的输出）去训练得到一个最优模型（这个模型属于某个函数的集合，"最优"表示某个评价准则下是最佳的），再利用这个模型将所有的输入映射为相应的输出，对输出进行简单的判断从而实现分类的目的，也就具有了对未知数据分类的能力。监督学习的目标往往是让计算机去学习我们已经创建好的分类系统（模型）。

传统机器学习的有监督学习算法有 *K-* 最近邻算法、决策树、朴素贝叶斯、逻辑回归、支持向量机等。

常见的有监督学习算法有回归分析和统计分类。在回归问题中，我们会预测一个连续值。也就是说，我们试图将输入变量和输出用一个连续函数对应起来；而在分类问题中，我们会预测一个离散值，我们试图将输入变量与离散的类别对应起来。

监督学习的流程大致分为两个部分：学习和预测，如图 3-4 所示。

图 3-4　监督学习的流程

首先准备输入数据，这些数据可以是文本、图片，也可以是音频、视频等，然后从数据中抽取所需的特征，形成特征向量。

接着，把这些特征向量和输入数据的标签信息送入学习模型（具体来说就是某个机器学习算法），经过反复训练"打磨"出一个可用的预测模型，再采用同样的特征抽取方法作用于新样本，得到新样本的特征向量。

最后，把这些新样本的特征向量作为输入，使用预测模型实施预测，并给出新样本的预测标签信息。

3.2.1　支持向量机

支持向量机（Support Vector Machine，SVM）本来是一种线性分类和非线性分类都支持的二元分类算法，但经过演变，现在也支持多分类问题，同时也能应用到回归问题。

SVM 学习的基本思想是求解能够正确划分训练数据集并且几何间隔最大的分离超平面。如图 3-5 所示，$w \cdot x + b = 0$ 即为分离超平面，对于线性可分的数据集来说，定义超平面关于样本点 (x_i, y_i) 的几何间隔为

$$\gamma_i = y_i \left(\frac{w}{\|w\|} x_i + \frac{b}{\|w\|} \right)$$

这样的超平面有无穷多个，但是几何间隔最大的分离超平面却是唯一的。

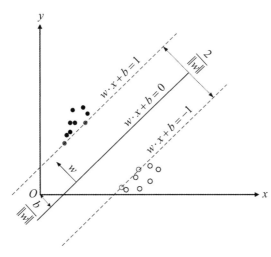

图 3-5　支持向量与间隔

从图中可以发现，只要我们能保证距离超平面最近的那些点离超平面尽可能远，就能保证所有的正反例离这个超平面尽可能的远。因此，我们定义这些距离超平面最近的点为支持向量（如图中虚线所穿过的点），并且定义正负支持向量的距离为 $\frac{2}{\|w\|}$。

SVM 的优点是可以高效处理高维度特征空间的分类问题。这在实际应用中意义深远。例如，在文章分类问题中，单词或词组组成了特征空间，特征空间的维度高达 10^6 以上；同时为了节省内存，尽管训练样本点可能有很多，但当 SVM 作决策时，仅依赖有限个样本（即支持向量），因此计算机内存仅需要存储这些支持向量，这大大降低了内存占用率。实际应用中的分类问题往往需要非线性的决策边界。通过灵活运用核函数，SVM 可以很容易地生成不同的非线性决策边界，这保证它在不同问题上都可以有出色的表现（当然，对于不同的问题，如何选择最适合的核函数是一个需要使用者解决的问题）。

3.2.2 *K*- 最近邻分类

K- 最近邻（*K*-NearestNeighbor，*K*NN）分类算法是数据挖掘分类技术中最简单的方法之一。所谓 *K*- 最近邻，是指 *K* 个最近的邻居，即每个样本都可以用它最接近的 *K* 个邻居来代表。Cover 和 Hart 在 1968 年提出了最初的邻近算法。KNN 是一种分类算法，它没有显式的学习过程，也就是说没有训练阶段，数据集事先已有了分类和特征值，待收到新样本后直接进行处理。

图 3-6 中有两种类型的样本数据，一种用正方形表示，另一种用三角形表示，中间的圆形代表待分类数据。

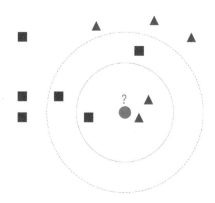

图 3-6　*K*- 最近邻分类实例

如果 *K*=3，那么离圆形最近的有两个三角形和一个正方形，这三个点进行投票，于是待分类数据就属于三角形。而如果 *K*=5，那么离圆形最近的有两个三角形和三个正方形，对这五个点进行投票，于是待分类数据就属于正方形。也就是说，3- 最近邻算法和 5- 最近邻算法得到了完全不同的结果。

因此，*K* 值的选取非常重要，当 *K* 的取值过小时，一旦有噪声成分存在，将会对预测产生较大影响。例如，*K*=1 时，一旦最近的一个点是噪声，那么就会出现偏差，*K* 值的减小意味着整体模型变得复杂，容易发生过拟合；当 *K* 的值取得过大时，相当于用较大邻域中的训练实例进行预测，学习的近似误差会增大。这时与输入目标点较远的实例也会对预测产生作用，使预测发生错误。*K* 值的增大意味着整体模型变得简单；同时 *K* 的值要尽量取奇数，以保证计算结果最后会产生一个较多的类别，如果取偶数则可能会产生相等的情况，不利于预测。

3.2.3 朴素贝叶斯分类器

朴素贝叶斯（Naive Bayes，NB）分类法是基于贝叶斯定理与特征条件独立假设的分类方法。对于给定的训练数据集，首先基于特征条件独立假设学习输入 / 输出的联合概率分布，然后基于此模型，对给定的输入 x，利用贝叶斯定理求出后验概率最大的输出 y，即为对应的类别。

朴素贝叶斯分类的流程可由图 3-7 表示，分为下述三个阶段。

第一阶段：准备工作阶段。这个阶段的任务是为朴素贝叶斯分类做必要的准备，主要工作是根据具体情况确定特征属性。设 $x = \{x_1, x_2, \cdots, x_m\}$，其中 x_i 为 x 的特征属性，并对每个特征属性进行适当划分。构建类别集合 $c = \{y_1, y_2, \cdots, y_m\}$，由人工对一部分待分类项进行分类，形成训练样本集合。这一阶段的输入是所有待分类数据，输出是特征属性和训练样本。该阶段是整个朴素贝叶斯分类中唯一需要人工完成的阶段，其质量对整个过程将产生重要影响。朴素贝叶斯分类器的质量很大程度上由特征属性、特征属性划分及训练样本质量决定。

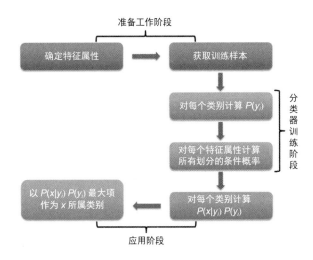

图 3-7　朴素贝叶斯分类的流程

第二阶段：分类器训练阶段。这个阶段的任务是生成朴素贝叶斯分类器，主要工作是计算每个类别在训练样本中出现的频率 $P(y_i)$ 及每个特征属性划分对每个类别的条件概率估计，即 $P(a_1|y_1),P(a_2|y_1),\cdots,P(a_m|y_1)$；$P(a_1|y_2),P(a_2|y_2),\cdots,P(a_m|y_2)$；$\cdots P(a_1|y_n)$，$P(a_2|y_n),\cdots,P(a_m|y_n)$。

第三阶段：应用阶段。这个阶段的任务是使用朴素贝叶斯分类器对待分类项进行分类，其输入是朴素贝叶斯分类器和待分类项，输出是待分类项与类别的映射关系。对每个

类别计算 $P(x|y_i)P(y_i)=P(a_1|y_i),P(a_2|y_i),\cdots,P(a_m|y_i)P(y_i)=P(y_i)\prod_{j=1}^{m}P(a_j|y_i)$，最终利

用贝叶斯定理计算后验概率 $P(y_i|x)=\dfrac{P(x|y_i)P(y_i)}{P(X)}$。

举一个简单的例子，假设我们获得了这样一个某地区关于气象的数据集（见表3-1），我们利用该数据训练一个朴素贝叶斯模型，然后对表3-2所示的测试情况作出决策。

表 3-1　气象数据训练集

序号	天气 x_1	气温 x_2	湿度 x_3	风 x_4	类别 y	序号	天气 x_1	气温 x_2	湿度 x_3	风 x_4	类别 y
1	晴	热	高	无	y_2	8	晴	适中	高	无	y_2
2	晴	热	高	有	y_2	9	晴	冷	正常	无	y_1
3	多云	热	高	无	y_1	10	雨	适中	正常	无	y_1
4	雨	适中	高	无	y_1	11	晴	适中	正常	有	y_1
5	雨	冷	正常	无	y_1	12	多云	适中	高	有	y_1
6	雨	冷	正常	有	y_2	13	多云	热	正常	无	y_1
7	多云	冷	正常	有	y_1	14	雨	适中	高	有	y_2

表 3-2　气象数据验证集

天气	气温	湿度	风	类别
晴	冷	高	有	?

先验概率：

$P(y_1)=9/14$　　　　　$P(y_2)=5/14$

条件概率：

$P(\text{晴天}\mid y_1)=2/9$	$P(\text{多云}\mid y_1)=4/9$	$P(\text{雨}\mid y_1)=3/9$
$P(\text{晴天}\mid y_2)=3/5$	$P(\text{多云}\mid y_2)=0$	$P(\text{雨}\mid y_2)=2/5$
$P(\text{热}\mid y_1)=2/9$	$P(\text{适中}\mid y_1)=4/9$	$P(\text{冷}\mid y_1)=3/9$
$P(\text{热}\mid y_2)=2/5$	$P(\text{适中}\mid y_2)=2/5$	$P(\text{冷}\mid y_2)=1/5$
$P(\text{高}\mid y_1)=3/9$	$P(\text{正常}\mid y_1)=6/9$	
$P(\text{高}\mid y_2)=4/5$	$P(\text{正常}\mid y_2)=1/5$	
$P(\text{有风}\mid y_1)=3/9$	$P(\text{无风}\mid y_1)=6/9$	
$P(\text{有风}\mid y_2)=3/5$	$P(\text{无风}\mid y_2)=2/5$	

利用朴素贝叶斯定理计算

$$P(y_1\mid X)=\frac{P(X\mid y_1)P(y_1)}{P(X)}=\frac{P(x_1\mid y_1)P(x_2\mid y_1)P(x_3\mid y_1)P(x_4\mid y_1)P(y_1)}{P(X)}$$

$$=\frac{\frac{2}{9}\times\frac{3}{9}\times\frac{3}{9}\times\frac{3}{9}\times\frac{9}{14}}{P(X)}=\frac{0.0053}{P(X)}$$

$$P(y_2\mid X)=\frac{P(X\mid y_2)P(y_2)}{P(X)}=\frac{P(x_1\mid y_2)P(x_2\mid y_2)P(x_3\mid y_2)P(x_4\mid y_2)P(y_2)}{P(X)}$$

$$=\frac{\frac{3}{5}\times\frac{1}{5}\times\frac{4}{5}\times\frac{3}{5}\times\frac{5}{14}}{P(X)}=\frac{0.0206}{P(X)}$$

$$P(y_1\mid X)+P(y_2\mid X)=1$$

推出

$$P(y_1\mid X)=20.46\%<P(y_2\mid X)=79.54\%$$

因此判断不去打球。

朴素贝叶斯模型发源于古典数学理论，有着坚实的数学基础和稳定的分类效率。对大数量训练和查询时具有较高的速度。即使使用超大规模的训练集，针对每个项目通常也只会有相对较少的特征数，并且对项目的训练和分类也仅是特征概率的数学运算而已。对小规模的数据表现很好，能处理多分类任务，适合增量式训练。对缺失数据不太敏感，算法也比较简单，常用于文本分类。但由于使用了样本属性独立性的假设，因此，如果样本属性有关联则其效果不好。

3.2.4　集成学习

1. Bagging

Bagging 是通过结合几个模型降低泛化误差的技术。从训练集进行子抽样组成每个基模型所需要的子训练集，对所有基模型预测的结果进行综合从而产生最终的预测结果：Bagging 的个体弱学习器的训练集是通过随机采样得到的。Bagging 集成方法如图 3-8 所示，通过 T 次随机采样，可以得到 T 个采样集，对于这 T 个采样集可以分别独立地训练出 T 个弱学习器，再对这 T 个弱学习器通过集合策略得到最终的强学习器。对于这里的随机采样，一般采用自助采样法（Bootstrap Sampling），即对于 m 个样本的原始训练集，每次先随机采集一个样本放入采样集，接着把该样本放回，也就是说在下次采样时该样本仍有可能被采集到，这样采集 m 次，最终可以得到 m 个样本的采样集。由于是随机采样，因此每次的采样集和原始训练集不同，并且和其他采样集也不同，这样可以得到多个不同的弱学习器。

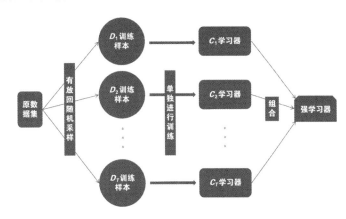

图 3-8　Bagging 集成方法

对分类问题：将上步得到的 T 个模型采用投票的方式得到分类结果；对回归问题，计算上述模型的均值作为最后的结果（所有模型的重要性相同）。

2. Boosting

Boosting（提升方法）是一族可将弱学习器提升为强学习器的算法。Boosting 集成方法如图 3-9 所示：先从初始训练集训练出一个弱学习器 1，再根据弱学习器 1 的表现对训练样本分布进行调整，提高被错误分类的样本的权重，降低被正确分类的样本的权重，使得先前弱学习器 1 做错的训练样本在后续受到更多的关注，然后基于调整后的样本分布来训练下一个弱学习器 2；如此重复进行，直至弱学习器数目达到事先指定的值 T，最后将这 T 个弱学习器进行加权结合。

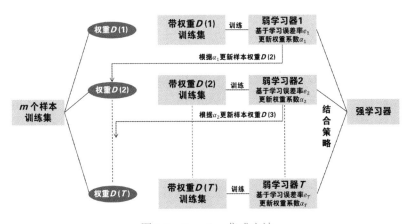

图 3-9　Boosting 集成方法

3. Stacking

Stacking 与 Bagging、Boosting 主要存在两方面的差异。一方面，Stacking 通常考虑的是异质弱学习器（不同的学习算法被组合在一起），而 Bagging 和 Boosting 主要考虑的是同质弱学习器；另一方面，Stacking 学习用元模型组合基础模型，而 Bagging 和 Boosting 则根据确定性算法组合弱学习器。

在 Stacking 集成方法中，我们把个体学习器称为初级学习器，用于组合的学习器称为次级学习器或元学习器，次级学习器用于训练的数据称为次级训练集。次级训练集是在训练集上用初级学习器得到的。

Stacking 集成算法可以理解为一个两层的集成，第一层含有多个基础分类器，把预测的结果（元特征）提供给第二层，而第二层的分类器通常是逻辑回归，它把第一层分类器的结果当作特征拟合输出预测结果。

如图 3-10 所示，Stacking 集成方法大致可以描述为：将整个数据集 Data 分成训练集（TrainData）和测试集（TestData）。

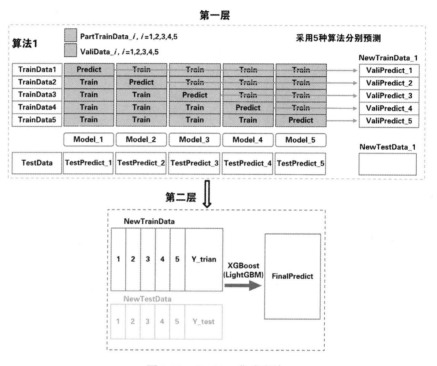

图 3-10　Stacking 集成方法

（1）第一层模型。

训练集 TrainData 进行 5 折交叉校验（TrainData_i，i=1，2，3，4，5），其中 4 折作为训练集（PartTrainData_i，i=1，2，3，4，5），1 折作为验证集（ValiData_i，i=1，2，3，4，5）。

使用训练集训练出模型 Model_i（i=1，2，3，4，5），用该模型预测 ValiData_i，得到一个 1 折一维预测序列 ValiPredict_i（i=1，2，3，4，5）；同时，使用 Model_i 预测测试集 TestData，得到一个一维预测序列 TestPredict_i。如此循环，直到遍历完所有的组合。最终得到 5 个 ValiPredict_i 和 5 个 TestPredict_i，将 5 个 ValiPredict_i 列向合并成一个一维预测序列 NewTrainData_j（长度与 TrainData 长度一致），同时对 5 个 TestPredict_i 求平均值得到一个基于测试集的预测序列 NewTestData_j（长度与 Test Data 长度一致）。

采用 5 种不同的算法，最终得到 5 个 NewTrainData_j 和 5 个 NewTestData_j，将 5 个 NewTrainData_j 和 5 个 NewTestData_j 分别进行行向合并，得到一个新的 5 维训练数据集 NewTrainData（加上训练数据 Y 后是 6 维）和一个新的 5 维测试数据集 NewTestData（加上测试数据 Y 后是 6 维）。

（2）第二层模型。

使用第一层得到的新训练集 NewTrainData 和新测试集 NewTestData，进一步训练得出一个 XGBoost（或 LightGBM）模型，从而得到最终的预测分数。这种方法可以避免过拟合，不仅可以学习出特征之间组合的信息，而且能提高预测的准确率。

通常情况下，Stacking 中第一层的模型最好是强模型，以追求对训练数据的充分学习（如 XGBoost、GBDT、决策树、神经网络、SVM 等）。由于不同的模型在原理和训练集上有所差别，故第一层模型可以认为是从原数据集中自动提取有效特征的过程。在第一层模型中，由于使用了复杂的非线性变化提取特征，故 Stacking 更容易产生过拟合的情况。为了降低过拟合的风险，第二层模型倾向于使用简单的模型，如逻辑回归、Lasso 回归等广义线性模型。从以上分析可以看出，Stacking 能够成功的关键在于第一层模型能针对原始训练数据得出有差异性（相关性低）且预测能力好的输出值，这样通过第二层模型的进一步学习后，能够在多个第一层模型中取长补短，提升预测的准确度和稳定性。

3.3 非监督学习

非监督学习

非监督学习和监督学习最大的不同是监督学习中的数据带有一系列标签。在非监督学习中，我们需要用某种算法去训练无标签的训练集从而能让我们找到这组数据的潜在结构。非监督学习大致可以分为聚类和降维两大类。

3.3.1 K- 均值聚类

K- 均值聚类（K-means）就是将数据聚类分成不同的组。首先选择 K 个随机点作为聚类中心；接着对数据集中的每一个数据，按照距离 K 个中心点的距离，将各个数据与距离最近的中心点关联起来，同时将与同一个中心点关联的所有点聚成一类；然后再计算每一组的平均值，将该组所关联的中心点移动到平均值的位置；之后进行迭代，直到收敛。尽管 K- 均值聚类是一个简单高效的聚类算法，但它仍然存在缺点：一是它不能保证定位到聚类中心的最佳方案；二是 K- 均值聚类无法指出应该使用多少个类别。

下面通过图 3-11 来直观地说明聚类过程。图（a）为初始数据集合，我们假设 K = 2。图（b）中，我们随机选择 K 类对应红蓝两个类别，即图中的红色叉和蓝色叉，之后计算所有数据到两个叉的距离，记录每个数据离得最近的叉数据的类别。图（c）中，我们得到了第一次迭代后所有数据点的类别。在这之后，更新现在的红点和蓝点的新质心，可以发现新的质心位置发生了改变。如图 3-11 所示，图（e）和图（f）重复图（c）和图（d）的过程。也就是说，将所有的数据点类别标记为最近的质心所属的类别，从而找到新的质心。最后，我们得到了两个类，如图 3-11（f）所示。

（a）初始数据集

（b）随机选择聚类中心

（c）第一次迭代结果

图 3-11　K- 均值聚类过程

（d）更新聚类中心　　　　（e）第二次迭代结果　　　　（f）再次更新聚类中心

图 3-11　K-均值聚类过程（续图）

3.3.2　PCA 算法

最为常用的降维算法是主成分分析（Principal Components Analysis，PCA）。PCA 指通过线性变换将原始数据变换为一组各维度线性无关的表示，可以用于提取数据的主要特征分量。

它的大致步骤是先将数据进行中心化处理，计算出训练集中所有样本的均值；再将训练集中的每个样本减去均值得到新的数据集；接着计算出新数据集的协方差矩阵和该协方差矩阵的特征值及其对应的特征向量；然后将特征值由大到小排列，选取前 K 个特征值并将这些特征值分别作为列向量组成特征向量矩阵；最后将样本点投影到目标空间上。

PCA 算法流程如下：

（1）将原始数据按列组成 n 行 m 列的数据矩阵 X。

（2）将 X 的每一行（代表一个属性字段）进行零均值化，即减去这一行的均值。

（3）求出协方差矩阵 $C=\dfrac{1}{m}XX^{\mathrm{T}}$，$C$ 为一个对称矩阵，其对角线分别为各字段的方差，而其第 i 行第 j 列和第 j 行第 i 列元素相同，表示 i 和 j 两个字段的协方差。

（4）求出协方差矩阵的特征值及其对应的特征向量。

（5）将特征向量按对应特征值大小从上到下按行排列成矩阵，取前 K 行组成矩阵 P，$Y=PX$ 即为降维到 K 维后的数据。

【例 3-1】

$$X=\begin{bmatrix}-1 & -1 & 0 & 2 & 0\\ -2 & 0 & 0 & 1 & 1\end{bmatrix}$$

采用 PCA 将二维数据降到一维。

【解】

由于这个矩阵每行已经是零均值，所以直接按照步骤（3）求协方差矩阵，即

$$C=\frac{1}{5}\begin{bmatrix}-1 & -1 & 0 & 2 & 0\\ -2 & 0 & 0 & 1 & 1\end{bmatrix}\begin{bmatrix}-1 & -2\\ -1 & 0\\ 0 & 0\\ 2 & 1\\ 0 & 1\end{bmatrix}=\begin{bmatrix}6/5 & 4/5\\ 4/5 & 6/5\end{bmatrix}$$

协方差矩阵 C 的特征值为　　$\gamma_1=2$，$\gamma_1=2/5$

对应的特征向量为　　　　　　　　$C_1 = \begin{bmatrix} 1 \\ 1 \end{bmatrix}, \quad C_2 = \begin{bmatrix} -1 \\ 1 \end{bmatrix}$

标准化后的特征向量为　　　　$\begin{bmatrix} 1/\sqrt{2} \\ 1/\sqrt{2} \end{bmatrix}, \quad \begin{bmatrix} -1/\sqrt{2} \\ 1/\sqrt{2} \end{bmatrix}$

得到可逆矩阵 P 为

$$P = \begin{bmatrix} 1/\sqrt{2} & 1/\sqrt{2} \\ -1/\sqrt{2} & 1/\sqrt{2} \end{bmatrix}$$

从而将协方差矩阵 C 进行对角化：

$$\begin{bmatrix} 1/\sqrt{2} & 1/\sqrt{2} \\ -1/\sqrt{2} & 1/\sqrt{2} \end{bmatrix} \begin{bmatrix} 6/5 & 4/5 \\ 4/5 & 6/5 \end{bmatrix} \begin{bmatrix} 1/\sqrt{2} & -1/\sqrt{2} \\ 1/\sqrt{2} & 1/\sqrt{2} \end{bmatrix} = \begin{bmatrix} 2 & 0 \\ 0 & 2/5 \end{bmatrix}$$

用 P 的第一行乘以数据矩阵 X 就得到了降维后的表示：

$$Y = [1/\sqrt{2} \quad 1/\sqrt{2}] \begin{bmatrix} -1 & -1 & 0 & 2 & 0 \\ -2 & 0 & 0 & 1 & 1 \end{bmatrix} = [-3/\sqrt{2} \quad -1/\sqrt{2} \quad 0 \quad 3/\sqrt{2} \quad 1/\sqrt{2}]$$

降维后的投影结果如图 3-12 所示。

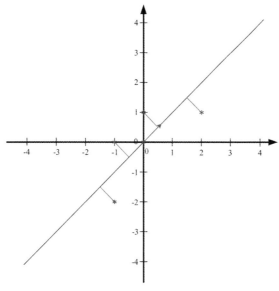

图 3-12　数据矩阵降维后的投影结果

　　PCA 本质上是将方差最大的方向作为主要特征，并且在各个正交方向上将数据"离相关"，也就是让它们在不同正交方向上没有相关性。PCA 也存在一些限制，例如它可以很好地解除线性相关，但是对于高阶相关性却没有办法。对于存在高阶相关性的数据，可以考虑 Kernel PCA，通过 Kernel 函数将非线性相关转为线性相关，同时 PCA 是一种无参数技术，即面对同样的数据，如果不考虑清洗，那么谁来做的结果都一样，没有主观参数的介入。因此，PCA 便于通用实现，但是本身无法进行个性化的优化。

　　PCA 已经被广泛应用于高维数据集的探索与可视化，同时还可以用于数据压缩、数据预处理等领域。在机器学习中的应用很广，如图像、语音、通信的分析处理。PCA 最主要的用途在于"降维"，即去除数据的冗余信息和噪声，使数据变得更加简单高效，从而提高其他机器学习任务的计算效率。

3.4　强 化 学 习

强化学习

强化学习（Reinforcement Learning，RL）是机器学习的一个重要分支，强化学习算法一直在不断进步，主要用于解决连续性决策问题。那么，什么是强化学习呢？想象一下，当学生认真写作业并且都写对时，老师会给学生发 1 朵小红花，当学生累计收到 10 朵小红花时，老师会奖励其一支笔。为了获得这支笔，学生会认真对待作业，以获得更多的小红花，这个过程就是典型的强化学习。强化学习是指智能体（学生）和环境（老师）之间通过交互，并根据交互过程中所获得的反馈信息（小红花）进行学习，以求获得整个交互过程中最大化的累计奖赏（笔）。具体来说，强化学习是由环境提供的反馈信号来评价智能体产生动作的好坏，而不是直接告诉系统如何产生正确的动作。换句话说，就是智能体仅能得到行动带来的反馈或是评价结果，通过不断尝试，记住好的结果与坏的结果对应的行为，当下一次面对同样的动作选择时，采用相应的行为获得好的结果。通过这种方式，让智能体在行动—反馈的环境中获取知识，改进行动方案，以适应环境、获取奖励，学习到达目标的方法。

3.4.1　强化学习的特点

强化学习区别于其他机器学习的主要特点有以下 4 点：

（1）强化学习是一种非监督学习。在没有任何标签的情况下，强化学习系统通过尝试做出行动并得到不同的结果，然后通过对结果好与坏的反馈来调整之前的行动，不断改进策略输出，让智能体能够学习到在什么样的情况下选择什么样的行为可以得到最好的结果。强化学习与非监督学习的区别在于，非监督学习侧重对目标问题进行类型划分或聚类，而强化学习侧重在探索与行为之间做权衡，找到达到目标的最佳方法。例如，在向用户推荐新闻文章的任务中，非监督学习会找到用户先前已经阅读过的文章并向他们推荐类似的文章，而强化学习则先向用户推荐少量的文章，并不断获得来自用户的反馈，最后构建用户可能喜欢的文章的"知识图"。

（2）强化学习的结果反馈具有时间延迟性，有时候可能走了很多步以后才知道之前某一步的选择是好还是坏，就好比下围棋，前一步的落子可能会影响后面的局势走向。相比之下，监督学习的反馈是即时的，例如在利用神经网络进行物体识别时，神经网络做出类别判定以后，系统随即给出判定结果。

（3）强化学习处理的是不断变化的序列数据，并且每个状态输入都是由之前的行动和状态迁移得到的。而监督学习的输入是独立分布的，例如每次给神经网络输入待分类的图片，其图片本身是相互独立的。

（4）智能体的当前行动会影响其后续的行动。智能体选择的下一状态不仅和当前的状态有关，也和当前采取的动作有关。

3.4.2　强化学习的组成部分

强化学习模型的核心主要包括智能体（Agent）、奖励（Reward）、状态（State）和环境（Environment）4 个部分，如图 3-13 所示。强化学习模型中的几个重要组成部分都基于一个假设，即强化学习解决的都是像投资理财的收益、迷宫里的奶酪、超级玛丽的蘑菇等可以被描述成最大化累计奖励目标的问题。

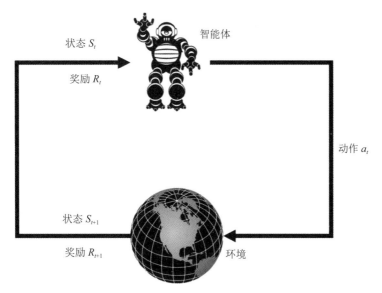

图 3-13　强化学习模型

1．智能体

智能体是强化学习模型的核心，主要包括策略（Policy）、价值函数（Valuefunction）和模型（Model）3 个部分。其中，策略可以理解为行动规则（策略在数学上可以理解为智能体会构建一个从状态到动作的映射函数），即让智能体执行什么动作；价值函数是对未来总奖励的一个预测；模型是对环境的认知框架，其作用是预测智能体采取某一动作后的下一个状态是什么。在没有模型的情况下，智能体会直接通过与环境进行交互来改进自己的行动规则，即提升策略。

2．奖励

奖励是一种可以标量的反馈信息，能够反映智能体在某一时刻的表现。

3．状态

状态又称状态空间或状态集，主要包含环境状态（Environment State）、智能体状态（Agent State）和信息状态（Information State）3 个部分。环境状态是智能体所处环境包含的信息（包括串证数据和无用数据）；智能体状态即特征数据，是需要输入智能体的信息；信息状态包括对未来行动预测所需要的有用信息，而过去的信息对未来行动预测不重要，该状态满足马尔可夫决策，这部分将在后面详细介绍。

4．环境

这里的环境可以是电子游戏的虚拟环境，也可以是真实环境。环境能够根据动作做出相应的反馈。强化学习的目标是让智能体产生好的动作，从而解决问题，而环境是接受动作、输出状态和奖励的基础。根据环境的可观测程度，可以将强化学习所处的环境分为完全可观测环境（Fully Observable Environment）和部分可观测环境（Partially Observable Environment）。前者是一种理想状况，是指智能体了解自己所处的整个环境；后者则表明智能体了解部分环境情况，不明确的部分需要智能体去探索。

通过以上介绍可以知道，强化学习的使用价值非常大，能够在智能游戏、语音识别、图像识别、无人驾驶等多个方面发挥越来越重要的作用。

3.4.3　马尔可夫决策过程

在现实生活中，人们也会面临各种决策，为了解决某一问题，有时可能需要进行一系列决策，这就涉及序列决策问题。在序列决策问题中，人们在某个时刻的决策不仅会对当前时刻的问题变化产生影响，而且会对今后问题的解决产生影响，此时人们所关注的不仅是某一时刻问题解决带来的利益，更关注的是在整个问题解决过程中每一时刻所做的决策是否能够带来最终利益的最大化。强化学习所涉及的就是序列决策问题，由此可知，序列决策问题通常是由状态集合、智能体所采取的有效动作集合、状态转移信息和目标构成。但是由于状态无法有效地表示决策所需要的全部信息，或由于模型无法精确描述状态之间的转移信息等，导致序列决策问题存在一定的不确定性，而这种不确定性可能恰恰是解决问题的关键。马尔可夫决策过程（Markov Decision Process，MDP）能对序列问题进行数学表达，有效找到不确定环境下序列决策问题的求解方法，因而是强化学习的核心基础。几乎所有的强化学习问题都可以建模为 MDP。

MDP 利用概率分布对状态迁移信息和即时奖励信息建模，通过一种"模糊"的表达方法对序列决策过程中无法精确描述状态之间的转移信息进行"精确"描述。转移信息描述的是从当前状态转移到下一个状态，这一过程是用概率表示的，具有一定的不确定性，称为状态转移概率。MDP 主要包括状态集合 S、动作集合 A、状态转移函数 P、奖励函数 R 和折扣因子 γ 五个部分。在学习马尔可夫决策过程之前，我们先来了解马尔可夫过程。

马尔可夫过程又称马尔可夫链，它是马尔可夫决策过程的基础。马尔可夫特性表明，在一个随机过程给定现在状态和所有过去状态的情况下，其未来状态的条件概率分布仅依赖于当前状态。如果一个随机过程中，任意两个状态都满足马尔可夫特性，那么这个随机过程就称为马尔可夫过程。从当前状态转移到下一状态称为转移，其概率称为转移概率，数学描述为

$$P'_{ss} = P(S_{t+1} = s' \mid S_t = s)$$

其状态转换矩阵为

$$\boldsymbol{P} = \begin{bmatrix} P_{11} & \cdots & P_{1n} \\ \vdots & & \vdots \\ P_{n1} & \cdots & P_{nn} \end{bmatrix} \tag{3-1}$$

式中，n 为状态数。下面以某课程的马尔可夫链来简单说明，如图 3-14 所示。

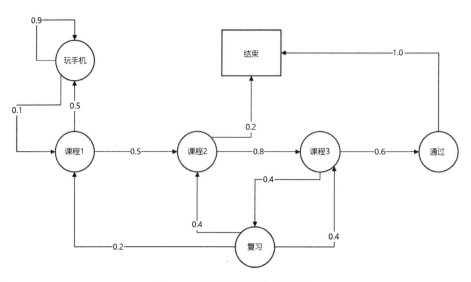

图 3-14　某课程的马尔可夫链

图 3-14 中，圆表示学生所处的状态，矩形表示终止状态，箭头表示状态之间的转移，箭头上的数字表示转移概率。可以看出，当学生处在课程 1 的状态时，有 50% 的可能会继续课程 2 的学习，但是也有 50% 的可能不认真学习而是玩手机。当学生处于玩手机的状态时，有 90% 的可能在下一时刻继续玩手机，只有 10% 的可能其思绪返回认真学习。当学生进入课程 2 的状态时，有 80% 的可能继续学习课程 3，有 20% 的可能选择结束课程。当学生参加课程 3 的学习后，有 60% 的可能通过考试结束学习，有 40% 的可能没有通过考试选择复习。而当学生处于复习状态时，有 20% 的可能选择复习课程 1，有 40% 的可能选择复习课程 2，有 40% 的可能选择复习课程 3。从上述马尔可夫链中可以看出，从课程 1 的状态开始到最终结束状态，其间的过程状态转化有很多种可能，这些都称为情景，以下列出了 4 种可能出现的情景。

（1）课程 1 → 课程 2 → 课程 3 → 通过 → 结束。

（2）课程 1 → 玩手机 → 玩手机 → 课程 1 → 课程 2 → 结束。

（3）课程 1 → 课程 2 → 课程 3 → 复习 → 课程 2 → 结束。

（4）课程 1 → 玩手机 → 玩手机 → 课程 1 → 课程 2 → 课程 3 → 复习 → 课程 1 → 玩手机 → 玩手机 → 玩手机 → 课程 1 → 课程 2 → 课程 3 → 复习 → 课程 2 → 结束。

该课程的马尔科夫链的状态矩阵为

$$
\boldsymbol{P}=\begin{bmatrix}
 & 课程1 & 课程2 & 课程3 & 通过 & 复习 & 玩手机 & 结束 \\
课程1 & & 0.5 & & & & 0.5 & \\
课程2 & & & 0.8 & & & & 0.2 \\
课程3 & & & & 0.6 & 0.4 & & \\
通过 & & & & & & & 1.0 \\
复习 & 0.2 & 0.4 & 0.4 & & & & \\
玩手机 & 0.1 & & & & & 0.9 & \\
结束 & & & & & & & 1.0
\end{bmatrix}
$$

马尔可夫过程实际上可分为马尔可夫决策过程和马尔可夫奖励过程（Markov Reward Process，MRP）。其中，MRP 是在马尔可夫过程的基础上增加了奖励函数 R 和折扣因子 γ。状态 S 下的奖励 R 是在状态集合 S 获得的总奖励，即

$$R_t = R_{t+1} + R_{t+2} + \cdots + R_T$$

折扣因子 $\gamma \in [0,1]$，体现了未来的奖励在当前时刻的价值比例。引入折扣因子的意义在于数学表达方便，可以避免陷入无限循环，同时利益具有一定的不确定性，符合人类对于眼前利益的追求。若用 G_t 表示在一个 MRP 上从 t 时刻开始往后所有奖励衰减的总和，则其计算表达式为

$$G_t = R_{t+1} + \gamma R_{t+2} + \gamma^2 R_{t+3} + \cdots = \sum_{k=0}^{\infty} \gamma^k R_{t+k+1}$$

在图 3-14 中加入奖励，即可得到该课程的 MRP 图（折扣因子 γ 设置为 1），如图 3-15 所示。

为了方便计算，可以将图 3-15 转换成表 3-3 的形式，灰色区域的数字为从所在行状态转移到所在列状态的概率，蓝色区域的数字对应各状态的即时奖励值。

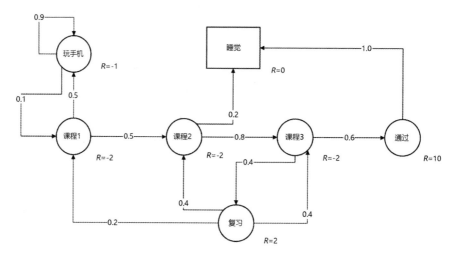

图 3-15   某课程的 MRP 图

表 3-3   课程 MRP 值

状态 S	课程 1	课程 2	课程 3	通过	复习	玩手机	结束 / 睡觉
奖励值 R	-2	-2	-2	10	2	-1	0
课程 1		0.5				0.5	
课程 2			0.8				0.2
课程 3				0.6	0.4		
通过							1.0
复习	0.2	0.4	0.4				
玩手机	0.1					0.9	
结束 / 睡觉							1.0

以上面所说的 4 种情景为例，设置在 $t=1$ 状态（$s_1=$ 课程 1）下，状态 s_1 的 MRP 分别为

$$G_1 = -2 + (-2) \times \frac{1}{2} + (-2) \times \left(\frac{1}{2}\right)^2 + 10 \times \left(\frac{1}{2}\right)^3 + 0 \times \left(\frac{1}{2}\right)^4 = -2.25 \tag{3-2}$$

$$G_2 = -2 + (-1) \times \frac{1}{2} + (-1) \times \left(\frac{1}{2}\right)^2 + (-2) \times \left(\frac{1}{2}\right)^3 + (-2) \times \left(\frac{1}{2}\right)^4 + 0 \times \left(\frac{1}{2}\right)^5 = -3.125 \tag{3-3}$$

$$G_3 = -2 + (-2) \times \frac{1}{2} + (-2) \times \left(\frac{1}{2}\right)^2 + 2 \times \left(\frac{1}{2}\right)^3 + (-2) \times \left(\frac{1}{2}\right)^4 + (-2) \times \left(\frac{1}{2}\right)^5$$
$$+ 10 \times \left(\frac{1}{2}\right)^6 + 0 \times \left(\frac{1}{2}\right)^7 = -3.28125 \tag{3-4}$$

$$G_4 = -2 + (-1) \times \frac{1}{2} + (-1) \times \left(\frac{1}{2}\right)^2 + (-2) \times \left(\frac{1}{2}\right)^3 + (-2) \times \left(\frac{1}{2}\right)^4 + (-2) \times$$
$$\left(\frac{1}{2}\right)^5 + 2 \times \left(\frac{1}{2}\right)^6 + (-2) \times \left(\frac{1}{2}\right)^7 + (-1) \times \left(\frac{1}{2}\right)^8 + (-1) \times \left(\frac{1}{2}\right)^9 + (-1) \times$$
$$\left(\frac{1}{2}\right)^{10} + (-2) \times \left(\frac{1}{2}\right)^{11} + (-2) \times \left(\frac{1}{2}\right)^{12} + (-2) \times \left(\frac{1}{2}\right)^{13} + 2 \times \left(\frac{1}{2}\right)^{14} + (-2) \times$$
$$\left(\frac{1}{2}\right)^{15} + 0 \times \left(\frac{1}{2}\right)^{16} = -3.18036 \tag{3-5}$$

谈到 MRP，需要了解一下价值函数（Value Function）。MRP 中某一状态的价值函数为从该状态开始的马尔可夫链收获的期望。价值不仅可以描述状态，也可以描述某一状态下的某个行为，特殊情况下还可以仅描述某个行为。价值函数通常记为 $V(s)$，有

$$V(s) = E[G_t \mid S_t = s] \tag{3-6}$$

使用 Bellman 方程可将上式转换为

$$V(s) = E[R_{t+1} + \gamma v(S_{t+1}) \mid S_t = s] = R_s + \gamma \sum_{s \in S} s' v(s') \tag{3-7}$$

这里可以看出，当 γ 趋于 0 时，关注的是即时奖励；当 γ 趋于 1 时，则更加关注长远利益。再看图 3-15 所示的例子，在 $t=1$ 状态（$s_1=$ 课程 1）下的值函数（假设只有这 4 条路径，且每条路径的概率为 0.25）为

$$V(s) = [-2.25 + (-3.125) + (-3.28125) + (-3.18036)] / 4 = 2.96 \tag{3-8}$$

MDP 与 MRP 有什么区别呢？ MDP 是在 MRP 的基础上引入一个行动集合 A。不同的是，MRP 中的 P 和 R 仅对应于某一时刻的状态，而 MDP 中的 P 和 R 与具体的动作（行为）a 相对应。数学描述为

$$P_{ss'}^a = P(S_{t+1} = s' \mid S_t = s, A_t = a)$$

$$R_s^a = E[R_{t+1} \mid S_t = s, A_t = a] \tag{3-9}$$

如果将图 3-15 所示的 MRP 图转化为 MDP 图，则需要将前者对应的状态改为行为，如图 3-16 所示。

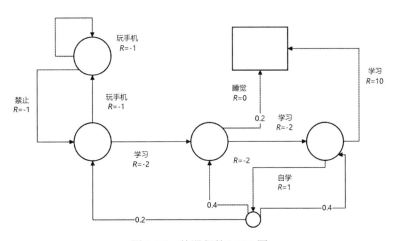

图 3-16　某课程的 MDP 图

此时没有状态名，取而代之的是智能体采取的行为。该图将通过和结束合并成终止状态，而原来复习的动作变成临时状态，被环境分配给其他 3 个状态，智能体没有权力选择去哪一个状态。另外，当采取每一个行为时，即时奖励会与之对应，同一时刻采取不同行为，即时奖励也会不一样。

前面提到，智能体主要包括策略、价值函数和模型 3 个部分，其中的策略 π 表示的是概率的集合，$\pi(a|s)$ 表示某一时刻 t 在状态 s 下采取行为 a 的概率，有

$$\pi(a \mid s) = P[A_t = a \mid S_t = s] \tag{3-10}$$

若给定一个 MDP 和一个策略 π，则当智能体处于策略 π 时，执行行为 a 后从状态 s 转移到 s' 的概率和可表示为

$$P_{ss'}^{\pi} = \sum_{a \in A} \pi(a \mid s) P_{ss'}^a \tag{3-11}$$

若在当前状态 s 下执行某一指定策略 π，则得到的即时奖励可表示为

$$R_s^\pi = \sum_{a \in A} \pi(a \mid s) R_s^a \tag{3-12}$$

该即时奖励是策略 π 下所有可能行为得到的奖励与该行为发生的概率乘积的和。

如果在此考虑状态价值函数 $V_\pi(s)$，则执行当前策略 π 时智能体处在状态 s 下所获得奖励的期望价值为

$$V_\pi(s) = E_\pi[G_t \mid S_t = s] \tag{3-13}$$

同理，如果在此考虑行为价值函数 $q_\pi(s, a)$，则执行当前策略 π 时，智能体处在当前状态 s 下执行行为 a 获得的期望价值为

$$V_\pi(s) = E_\pi[G_t \mid S_t = s] \tag{3-14}$$

由式（3-13）和式（3-14）可以看出两者之间的关系：执行某一策略 π 时，在状态 s 下可能执行所有行为的价值概率的总和即为 $V_\pi(s)$，有

$$V_\pi(s) = \sum_{a \in A} \pi(a \mid s) q_\pi(s, a) \tag{3-15}$$

因此，在状态 s 下所有策略产生的价值函数中选取使状态价值最大的价值函数，即为最优状态价值函数，有

$$v^* = \max_\pi v_\pi(s)$$

同理，一个行为价值函数也可以表示成状态价值函数的形式，即

$$q_\pi(s, a) = R_s^a + \gamma \sum_{s' \in S} P_{ss'}^a v_\pi(s') \tag{3-16}$$

从所有策略产生的行为价值函数中选取状态行为对 (s, a) 价值最大的函数，即为最优行为价值函数，其数学表达式为

$$q^*(s, a) = \max_\pi q_\pi(s, a)$$

3.4.4　基于值函数的学习算法

前面所描述的强化学习方法都是基于有模型的情况，那么对于没有模型的强化学习问题该如何求解呢？首先需要清楚一点，在无模型的情况下，策略迭代无法估计。另外，策略迭代的状态值函数 V 到行为价值函数 Q 的转换存在困难，即无模型就表示永远停留在那里，其他密室奖励为 0，可以利用 Q-Learning 算法使之达到最大奖励值。

1. 蒙特卡洛算法

蒙特卡洛算法主要利用经验平均代替随机变量来找到近似解。下面利用蒙特卡洛算法计算圆周率的例子来说明该算法。假设一个正方形中有一个内切圆，我们已经知道 $\pi/4 =$ 圆面积 / 正方形面积。但是，如果我们不知道计算公式，那么要如何利用蒙特卡洛算法计算这个值呢？可以在正方形内随机产生 n 个点，其中有 m 个点落在圆内，那么 π 就近似为 $4 \times (m/n)$。

代码如下：

```
# 设置总点数 n=1000000，圆半径 r=1.0，且圆心位于原点 (a,b)
n=1000000
r=1.0
a , b=(0,0)
x-L , x-R=a-r , a+r
y-L , y-R=b-r , b+r
m=0
Pi=0
For I in range(0,n+1)
```

```
x=np.random.uniform(x-L , x-R)
y= np.random.uniform(y-L , y-R)
if x*x+y*y<=1.0
m+=1
Pi=np.float((m/n)*4)
Print(Pi)
If _name_=="__main__";
calPi()
```

（1）蒙特卡洛预测。强化学习中利用蒙特卡洛预测可以估计任何给定策略下的值函数。具体算法流程如图 3-17 所示。

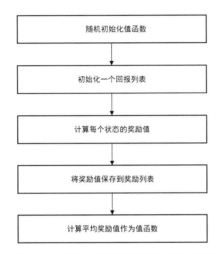

图 3-17　蒙特卡洛预测值函数算法流程

蒙特卡洛算法分为首次访问蒙特卡洛和每次访问蒙特卡洛，前者在某一策略下仅记录第一次出现的状态 s 对应的奖励值，后者是在某一策略下状态 s 出现几次就记录几次。同理，使用蒙特卡洛算法估计动作值函数与状态值函数类似，只是将记录状态对应的奖励值变成记录状态动作对应的奖励值即可。

（2）蒙特卡洛控制。在蒙特卡洛预测中已经知道了如何估计值函数，而在蒙特卡洛控制中，可以知道如何优化值函数。与前面介绍的动态规划不同，由于状态值会根据所选策略的不同而变化，而估计状态动作值比状态值直观。因此，蒙特卡洛控制不需要估计状态值，而是更注重状态动作值。

如何知道什么是最佳行为呢？要想得到某一策略下的最佳行为，必须保证探索到每个状态下的所有可能动作，进而找出最优值。具体来说就是，首先随机初始化状态行为函数和策略，同时初始化奖励列表，然后计算初始化策略下唯一状态行为相对应的奖励值并将其保存到奖励列表，再取奖励列表中所有奖励的平均值作为该状态行为函数，最后选取某一状态的最优策略，并选择该状态下具有最大状态行为奖励值的行为即可。

2. 时序差分算法

时序差分（Temporal Difference，TD）算法是强化学习应用最广泛的一种学习方法。相较于蒙特卡洛算法，时序差分算法是一种实时算法，它结合了蒙特卡洛算法和动态规划算法，可以直接从经验中学习而不必知道整个环境模型，同时又可以根据已学习到的价值函数的估计进行当前估计的更新（步步更新），而不需要等待整个情景结束。

时序差分算法中最有名的就是 Q 学习（Q-Learning）。Q 学习是指智能体学习在一个给定的状态 s 下采取一个行动后得到的奖励，环境会根据智能体的动作反馈相应的奖励值，因而该算法的主要思想就是将状态与行为构建成一张 Q 表来存储 Q 值，然后根据 Q 值来选取能够获得最大收益的动作。算法的具体步骤如下：

（1）初始化 Q 表为 0。

（2）随机初始化 Q 函数为任意值作为起点。

（3）根据 C 语言贪心算法（$\varepsilon>0$）在当前状态 s 下的所有可能行为中选择一个行为 a，并转移到下一状态。

（4）在新状态下选择 Q 值最大的行为 a，利用 Bellman 方程更新上一状态的 Q 值，计算公式为

$$Q(s,a) = Q(s,a) + a(r + \gamma \max Q(s',a) - Q(s,a))$$

（5）将新状态设置为当前状态，重复步骤（2）～（4），直到达到目标状态结束。

【例 3-2】Q-Learning 实例。假设有 5 间标号为 0 ～ 4 的密室，密室之间只能通过红色通道进出，且将外界环境作为一个整体空间，编号为 5，如图 3-18 所示。如果智能体能够从任意密室到达外界，则奖励为 10 且永远停留在那里，其他密室奖励为 0，利用 Q-Learning 算法使之达到最大奖励值。

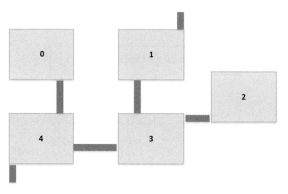

图 3-18　密室平面图

【解】

依据 Q-Learning 算法，将密室抽象为 5 个状态，选择进入哪个密室抽象为动作，即可得到奖励值表 R 为

$$R = \begin{array}{c} \\ 0 \\ 1 \\ 2 \\ 3 \\ 4 \\ 5 \end{array} \begin{bmatrix} 0 & 1 & 2 & 3 & 4 & 5 \\ -1 & -1 & -1 & -1 & 0 & -1 \\ -1 & -1 & -1 & 0 & -1 & 10 \\ -1 & -1 & -1 & 0 & -1 & -1 \\ -1 & 0 & 0 & -1 & 0 & -1 \\ 0 & -1 & -1 & 0 & -1 & 10 \\ -1 & 0 & -1 & -1 & 0 & 10 \end{bmatrix}$$

其中，-1 表示两间密室没有通道，0 表示两间密室有通道，10 表示最终状态奖励值。

实例算法流程如下：

（1）初始化密室环境和算法参数、最大训练周期数（每一场景即为一个周期）、折扣因子 γ=0.8、即时回报函数 R 和评估矩阵 Q。

（2）随机选择一个初始状态 s，若 $s=s^*$ 则结束此场景，重新选择初始状态。

（3）在当前状态 s 的所有可能行为中随机选择一个行为 a，选择每一行为的概率相等。

（4）在当前状态 s 下选取行为 a 后到达状态 s'。

（5）使用公式对矩阵 Q 进行更新。

（6）设置下一状态为当前状态，$s=s'$。若 s 未达到目标状态，则返回步骤（3）。

（7）如果算法未达到最大训练周期数，则返回步骤（2）进入下一场景，否则结束训练，此时得到训练完毕的收敛矩阵 $\boldsymbol{Q}$。

根据上述算法流程编写相关程序，对运行结果进行归一化处理，得到：

$$\boldsymbol{Q} = \begin{bmatrix} & 0 & 1 & 2 & 3 & 4 & 5 \\ 0 & 0 & 0 & 0 & 0 & 80 & 0-1 \\ 1 & 0 & 0 & 0 & 64 & 0 & 100 \\ 2 & 0 & 0 & 0 & 64 & 0 & 0 \\ 3 & 0 & 80 & 51 & 0 & 80 & 0 \\ 4 & 64 & 0 & 0 & 64 & 0 & 100 \\ 5 & 0 & 80 & 0 & 0 & 0 & 100 \end{bmatrix}$$

只要矩阵 $\boldsymbol{Q}$ 足够接近收敛状态，就表明智能体已经学习了任意状态到达目标状态的最佳路径。例如，从密室 2 开始，通过比较 $\boldsymbol{Q}$ 表可知，当智能体选择最大 Q 值时会执行进入密室 3 的动作，当处于密室 3 状态时，可以选择执行进入密室 1 或密室 4 两种动作进而进入不同的状态。

①如果选择进入密室 1 的动作，则当处于密室 1 状态时，选择最大 Q 值会执行进入外界 5 的动作，此时最优策略是 $2 \to 3 \to 1 \to 5$。

②如果选择进入密室 4 的动作，则当处于密室 4 状态时，选择最大 Q 值会执行进入外界 5 的动作，此时最优策略是 $2 \to 3 \to 4 \to 5$。

两种策略的累计回报值相等，故从密室 2 到外界 5 有两种最优策略。

3.4.5 基于策略函数的学习算法

在介绍基于策略函数的学习算法之前先要知道使用基于策略函数方法的原因。基于策略函数方法的优点有以下 3 个：

（1）基于策略函数方法是对某一策略 π 直接进行参数化表示，与值函数相比，策略函数方法的参数化更简单，收敛性更佳。

（2）利用值函数方法求最优策略时，如果遇到动作集很大或者为连续动作集的问题时，可能无法有效求解。

（3）策略函数方法常采用随机策略，随机策略可将搜索直接集成到算法中。

基于以上优点，下面学习基于策略函数的强化学习算法。首先要知道，最终目标是使奖励值最大，由此制定目标函数 $J(\theta)$，进而得到一个参数化的策略函数 $\pi_\theta(s,a) = P[a|s,\theta]$，针对不同类型的问题有不同的目标函数。

若有完整情景的环境，则可以使用初始值构建目标函数，有

$$J_1(\theta) = V^{\pi_\theta}(s_1) = E_{\pi_\theta}(G_1) \tag{3-17}$$

在连续环境下，使用平均奖励构建目标函数，有

$$J_{av}(\theta) = \sum_s d^{\pi_\theta}(s) V^{\pi_\theta}(s) \tag{3-18}$$

式中，$d^{\pi_\theta}(s)$ 是基于策略 π_θ 生成的马尔可夫链关于状态的静态分布。

使用每一步求平均奖励以构造目标函数，有

$$J_{avR}(\theta) = \sum_s d^{\pi_\theta}(s) \sum_a \pi_\theta(s,a) R_s^a \tag{3-19}$$

有了目标函数后，需要使其最大化，即寻找一组参数向量π_θ使目标函数最大。不管是上面哪一种目标函数，求解最大目标函数都要用到梯度下降法，那么这个优化过程就转化为对策略梯度$\nabla_\theta J(\theta)$的求解，即

$$\nabla_\theta J(\theta) = E\pi_\theta \left[\nabla_\theta \log \pi_\theta(s,a) Q^{\pi_\theta(\theta)}(s,a) \right] \tag{3-20}$$

如果得到的$\pi_\theta(s,a)$是离散行为，则使用 Softmax 策略；如果是连续策略问题，则使用高斯策略。

3.4.6　Actor-Critic 算法

Actor-Critic 算法（也称演员—评论家算法）是一种融合了基于策略梯度和基于近似价值函数优点的算法。该算法包括 Actor（演员）和 Critic（评论家）两部分，其中 Critic 使用时序差分实现，以更新动作值函数参数 w；而 Actor 的作用是以 Critic 所指导的方向更新策略参数 θ。

Actor 是策略函数$\pi_\theta(s,a)$，一般用神经网络实现，输入是当前状态，输出是一个动作。该网络的训练目标是最大化累计回报的期望。

Critic 是值函数$\nabla_\theta J(\theta)$，该网络可以对当前策略的值函数进行估计，也就是可以评价 Actor（策略函数）的好坏。

原始的 Actor（策略梯度法）是使用累计回报的期望作为训练依据，这样做只有等到回合结束才能更新$\pi_\theta(s,a)$的参数。

因此，Actor-Critic 算法的核心是策略梯度定理，即

$$\nabla_\theta J(\theta) \approx E\pi_\theta [\nabla_\theta \log \pi_\theta(s,a) Q_w(s,a)] \tag{3-21}$$

由于算法是一个近似的策略梯度，因而存在偏差，可能会导致无法收敛到一个合适的策略。因此，在设计$Q_w(s,a)$时需要满足以下两个条件：

（1）近似价值函数的梯度完全等同于策略函数对数的梯度。

（2）值函数参数 w 使均方差最小。

那么有

$$\nabla_\theta J(\theta) = E\pi_\theta [\nabla_\theta \log \pi_\theta(s,a) Q_w(s,a)]$$

Actor-Critic 算法的优点：可以进行单步更新，相较于传统的 PG 回合更新要快。

Actor-Critic 算法的缺点：Actor 的行为取决于 Critic 的$\nabla_\theta J(\theta)$，但是因为 Critic 本身就很难收敛，故若和 Actor 一起更新则更难收敛了。

3.5　深度强化学习

深度强化学习（Deep Reinforcement Learning，DRL）是近年来人工智能领域最受关注的方向之一，它将深度学习的感知能力和强化学习的决策能力相结合，是将深度学习与强化学习相结合的一种全新算法，实现了从感知到动作的端到端的学习。输入图像、文本、音频、视频等，通过 DRL 构建的深度神经网络的处理可以实现直接输出动作，无须手工干预。

3.5.1　深度强化学习的常用算法

传统的强化学习局限于很小的动作空间和样本空间，且一般处于离散的环境下。然而比较复杂的、更加接近实际情况的任务则往往有着很大的状态空间和连续的动作空间。实现端到端的控制也是要求能处理高维的，如图像、声音等的数据输入。而深度学习刚好可

以应对高维的数据输入，如果能将两者结合，那么将使智能体同时拥有深度学习的感知能力和强化学习的决策能力。

1. DQN 算法

2013 年和 2015 年 DeepMind 的 DQN（Deep Q Networks，深度 Q 网络）是深度强化学习算法的开端，它用一个深度网络代表价值函数，依据强化学习中的 Q-Learning 为深度网络提供目标值，对网络不断更新直至收敛。DQN 模型如图 3-19 所示。

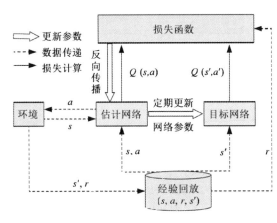

图 3-19　DQN 模型

DQN 算法的更新方式如下：

$$Q(s,a) \leftarrow Q(s,a) + \alpha(r + \gamma \max_{a'} Q(s',a') - Q(s,a)) \tag{3-22}$$

式中，s' 和 a' 分别表示下一时刻的状态和动作，r 和 γ 分别表示行为奖励和折扣因子。

DQN 算法的损失函数为

$$L(\theta) = E[(r+)]Q(s,a) + a(r + \gamma \max_{a'} Q(s',a';\theta) - Q(s,a;\theta)) \tag{3-23}$$

DQN 算法的行为策略为

$$a_t = \arg\max_a Q(\varphi(S_t),a;\theta) \tag{3-24}$$

式中，$\varphi(S_t)$ 表示状态的特征向量，θ 为网络参数。

DQN 模型中用到了两个关键技术：用来打破样本间关联性的样本池；使训练稳定性和收敛性更好的固定目标网络。

2. DDPG 算法

DQN 可以应对高维的数据输入，而对高维的动作输出则束手无策。因此，同样由 Deep Mind 提出的 DDPG（Deep Deterministic Policy Gradient，深度确定性策略梯度）算法是将深度神经网络融合进 DPG 的策略学习方法，该算法可以解决有着高维或者连续动作空间的情景，其模型如图 3-20 所示。它包含一个策略网络用来生成动作，一个价值网络用来评判动作的好坏，并吸取 DQN 算法的成功经验，同样使用了样本池和固定目标网络，是一种结合了深度网络的 Actor-Critic 方法。

DDPG 算法的网络结构分为评论家模块和演员模块，包含了 4 个神经网络。评论家模块采用时序差分误差（Temporal Difference error，TD-error）的方式更新网络参数 ω，并且定期复制 ω 到目标网络。演员模块采用 DPG 算法的方式更新网络参数 θ，并且行为策略根据其策略网络的输出结果来选择动作作用于环境。DDPG 算法与 DQN 算法相比具有良好的稳定性，而且能够处理连续动作空间任务。但是 DDPG 算法对超参数的变化很敏感，需要经过长时间的参数微调才能实现较好的算法性能，而且评论家的 Q 函数存在高估 Q

值的问题，会导致行为策略学习不充分，收敛到非最优状态。

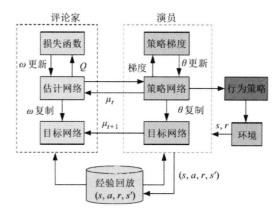

图 3-20 DDPG 模型

3. 双延迟深度确定性策略梯度算法

双延迟深度确定性策略梯度（Twin Delayed DDPG，TD3）算法对 DDPG 算法的优化包括 3 个部分：采用双 Q 网络的方式解决了评论家中高估 Q 值的问题；通过延迟演员的策略更新使演员的训练更加稳定；利用目标策略平滑化的方法在演员的目标网络计算 Q 值的过程中加入噪声，使网络准确且鲁棒性强。

4. MA-BDDPG 算法

MA-BDDPG（Model-assisted Bootstrapped DDPG，模型辅助引导确定性策略提到）算法将 DDPG 算法中的经验池分为传统经验池和想象经验池，想象经验池数据来自动力学模型生成的随机想象转换。训练前，智能体计算当前状态行为序列 Q 值的不确定性。Q 值的不确定性越大，智能体从想象经验池中采集数据的概率也就越大。该方法通过扩充训练数据集显著提高了训练速度。

3.5.2 深度强化学习的主要应用

深度强化学习在计算机博弈、机器人、自然语言处理、智能驾驶、智能医疗等多个领域得到了广泛的关注。

1. 计算机博弈

计算机博弈是人工智能领域最具挑战性的研究方向之一，其研究为人工智能带来了很多重要的方法和理论。2016 年 AlphaGo 在与世界围棋冠军李世石的对战当中以 4:1 的大比分取胜；2017 年 AlphaGo 的升级版 Master 在与世界顶尖围棋大师的对战中全部取得了胜利。但是，破解完全信息博弈游戏对于完全破解计算机博弈而言是远远不够的。相比于完全信息博弈游戏，不完全信息博弈游戏具有更多的未知性，其给研究者带来的挑战也更加巨大。尽管人们已对不完全信息博弈游戏（如德州扑克游戏）进行研究并取得了许多成果，但目前仍然不能使计算机在较为复杂的环境下战胜人类。对于人工智能的研究者来说，对不完全信息博弈游戏的研究仍是一个充满挑战的方向。

2. 机器人

传统的强化学习很早便应用于机器人控制领域，如倒立摆系统平衡、二级倒立摆平衡等非线性连续控制任务。但是传统的强化学习算法难以处理高维状态空间的决策问题，深度强化学习为这一问题的解决提供了思路。许多新的深度强化学习算法被应用于机器人的仿真控制、运动控制、室内室外导航、同步定位和建图等方向并产生重要的影响。通过端到端的决策与控制,深度强化学习简化了机器人领域算法的设计流程,降低了对数据进行预处理的需求。

3. 自然语言处理

自然语言处理领域的研究一直被视为人工智能研究的热门领域。不同于计算机视觉、图形图像这类直观模式识别问题,自然语言是一种具有推理、语境、情感等人为性因素的更高层次的问题,是当今尚待攻克的重要研究领域。现阶段的深度强化学习算法已经在对话问答系统、机器翻译、文本序列生成方面取得了突破性进展。

现阶段的自然语言领域研究由于语言数据采集处理困难、人力资源成本投入大、算法评测标准存在一定的主观性等挑战,传统的强化学习算法已经表现出乏力的态势,而深度强化学习领域正逐步往这个领域渗透,因此相信在不远的将来,深度强化学习能为自然语言处理的研究做出更大的贡献。

4. 智能驾驶

智能驾驶系统的决策模块需要先进的决策算法保证其安全性、智能性、有效性。目前传统的强化学习算法的解决思路是以价格昂贵的激光雷达作为主要传感器,依靠人工设计的算法从复杂环境中提取关键信息,根据这些信息进行决策和判断。该算法缺乏一定的泛化能力,不具备应有的智能性和通用性。深度强化学习的出现有效地改善了传统的强化学习算法泛化性不足的问题,能给智能驾驶领域带来新的思路。

深度强化学习由数据驱动,不需要构造系统模型,具有很强的自适应能力,但是现阶段深度强化学习在智能驾驶领域的研究大多基于仿真环境下进行,在实车上的应用较为缺乏。如何在真实道路环境和车辆上应用深度强化学习算法构建智能驾驶系统仍是一个开放性问题。

5. 智能医疗

目前的深度学习虽然已经在医疗的某些领域达到了专业医师的水平,但深度学习通常需要大量的数据样本,这样才能使模型的泛化性得到保证。然而医疗数据具有私密性、隐私性和珍稀性的特点,因此要获取足够的医疗数据通常需要大量的人力和物力。深度强化学习则能有效应对深度学习的这一需求,在只需要少量初始样本的前提下,通过深度强化学习算法产生大量的经验模拟数据,应用到模型学习,以此达到较高的专业水准。AlphaZero 的成功,证明了深度强化学习算法在没有大量先验知识的前提下,仍能以端到端的形式完成围棋这项复杂任务。相信 AlphaZero 的成功会给予智能医疗领域更多新的启发。

迁移学习

3.6 迁移学习

在人工智能和机器学习领域,迁移学习是一种特殊、巧妙的学习思想和模式,其精髓是"迁移"二字。

通过前几节的学习,我们对机器学习已经有了基本的了解。机器学习是人工智能的一大类重要方法,也是目前发展最迅速、效果最显著的方法。机器学习主要做的是让机器自主地从数据中获取知识,并将其应用于新的问题中。

迁移学习作为机器学习的一个重要分支,侧重于将已经学习过的知识迁移应用于新的问题中。迁移学习的核心问题是,只有找到新问题和原问题之间的相似性,才能顺利地实现知识的迁移。

例如，在天气问题中，那些北半球的天气状况之所以相似，是因为它们的地理位置相似；而南北半球的天气之所以差别较大，也是因为地理位置相距较远。其实人类的迁移学习能力是与生俱来的。例如，如果我们已经学会打乒乓球，那么就可以类比着学习打网球。再如，如果我们已经学会下中国象棋，那么就可以类比着学习下国际象棋。因为这些活动之间往往有着极高的相似度。生活中常用的"举一反三""照猫画虎"就很好地体现了迁移学习的思想。

回到我们的问题中来，如果用围绕"机器学习"且更学术化的概念来定义迁移学习，那么迁移学习是指利用数据、任务或模型之间的相似性，将在旧领域学习过的模型应用于新领域的一种学习过程。

图 3-21 简要地展示了迁移学习思想。

图 3-21　迁移学习思想示意

为什么需要迁移学习呢？先来看一下数据和学习之间存在的几个主要矛盾。

（1）大数据与少标注之间的矛盾：虽然有大量的数据，但往往都是没有标注的，因此无法训练机器学习模型，而人工进行数据标注又太耗时。

（2）大数据与弱计算之间的矛盾：普通人无法拥有庞大的数据量和计算资源，因此需要借助模型的迁移。

（3）普适化模型与个性化需求的矛盾：即使在同一个任务上，一个模型也往往难以满足每个人的个性化需求，例如特定的隐私设置就需要在不同人之间做模型的适配。

上述 3 个主要矛盾让传统的机器学习方法疲于应对，而迁移学习则可以很好地解决这些问题。那么，迁移学习是如何进行解决的呢？

（1）针对大数据与少标注：迁移数据标注。单纯地凭借少量的标注数据无法训练出高可用性的模型。为了解决这个问题，我们直观的想法是：多增加一些标注数据。但是不依赖人工，如何增加标注数据呢？利用迁移学习的思想，我们可以寻找一些与目标数据相近的有标注的数据，从而利用这些数据来构建模型，增加目标数据的标注。

（2）针对大数据与弱计算：模型迁移。不是所有人都有能力利用大数据来快速地进行模型的训练。利用迁移学习的思想，可以将那些大公司在大数据上训练好的模型迁移到我们的任务中。针对我们的任务进行微调，这样就能更加快速地训练好适应自身任务的模型。更进一步来说，还可以针对我们的任务将这些模型进行自适应更新，从而获得更好的效果。

（3）针对普适化模型与个性化需求：自适应学习。为了解决个性化需求的挑战，可以利用迁移学习的思想进行自适应的学习。考虑驱同用户之间的相似性和差异性，可以对普适化模型进行灵活的调整，以便完成任务。

3.6.1　迁移学习的基本方法

迁移学习按学习方法可以分为 4 种：基于实例（或称为样本）的迁移学习、基于特征的迁移学习、基于关系的迁移学习和基于模型的迁移学习，如图 3-22 所示。

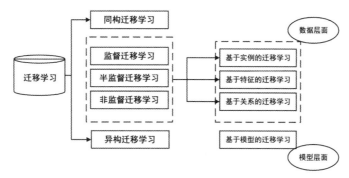

图 3-22　迁移学习分类

将迁移学习的问题形式化是进行一切研究的前提。在迁移学习中，有两个基本的概念：领域（Domain）和任务（Task）。

（1）领域（Domain）：进行学习的主体。领域主要由两部分构成，即数据和生成这些数据的概率分布。通常我们用 D 来表示一个领域，用 P 来表示一个概率分布。源领域（以下简称源域）是指有知识、有大量数据标注的领域，是我们要迁移的对象；目标领域（以下简称目标域）是指我们最终要赋予知识、赋予标注的对象。利用迁移学习能够把源域训练得到的知识（权重信息）迁移到目标域数据中使用，借助迁移后的网络权重信息能够有效学习目标域中的特征，这样就完成了迁移。

（2）任务（Task）：在给定一个领域的情况下，一个任务也包含两个部分，即带标签的样本空间和一个目标预测函数。通常目标预测函数不能被直接观测，但可以通过训练样本学习得到。可见任务是学习的结果，可以理解为分类器。

迁移学习中常用的符号含义如下：

（1）下标 s 和 t 分别代表源和目标。

（2）D_s 表示源域，D_t 表示目标域。

（3）x、X 和 $\dot{X}$ 分别表示领域中的数据为向量形式、矩阵形式、特征空间形式。例如 X_i 就表示第 i 个样本或特征。

（4）y 表示类别向量。

（5）$P(x_s)$、$P(x_t)$ 分别表示源域数据和目标域数据的边缘分布。

（6）$Q(y_s|x_s)$ 和 $Q(y_t|x_t)$ 分别表示源域数据和目标域数据的条件分布。

（7）$f(.)$ 表示要学习的目标函数。

1. 基于实例的迁移学习方法

基于实例的迁移学习（Instance Based Transfer Learning，IBTL）方法根据一定的权重生成规则对数据样本进行重用，从而进行迁移学习。图 3-23 所示为基于实例的迁移学习方法示意图，它形象地表示了基于实例的迁移学习方法的思想。源域中存在不同样式的杯子和鼠标等，目标域只有鼠标这一种类别。在迁移时，为了最大限度地和目标域相似，可以人为地提高源域中鼠标这个类别的样本权重。

图 3-23　基于实例的迁移学习方法示意图

在迁移学习中，对于源域 D_s 和目标域 D_t，通常假定产生它们的概率分布是不同且未知的，即 $P(x_s) \neq P(x_t)$。另外，由于实例的维度和数量通常都非常大，直接对 $P(x_s)$ 和 $P(x_t)$ 进行估计是不可行的。因而，大量的研究工作着眼于对源域和目标域的分布比值进行估计，即 $P(x_t)/P(x_s)$ 所得到的比值即为样本的权重。这些方法通常都假设 $P(x_t)/P(x_s) < \infty$，并且源域和目标域的条件概率分布相同，即 $P(y|x_t) = P(y|x_s)$。尤其是将 AdaBoost 的思想应用于迁移学习，提高有利于目标分类任务的实例权重，降低不利于目标分类任务的实例权重，并推导了模型的泛化误差上界。也有的是应用核均值匹配（Kernel Mean Matching，KMM）方法来对概率分布进行估计，目标是使加权后的源域和目标域的概率分布尽可能相近。另外，传递迁移学习（Transitive Transfer Learning，TTL）和远域迁移学习（Distant Domain Transfer Learning，DDTL）利用联合矩阵分解和深度神经网络将迁移学习应用于多个不相似的领域之间的知识共享，取得了良好的效果。

虽然实例权重法具有较好的理论支撑，容易推导泛化误差上界，但这类方法通常只在领域间分布差异较小时有效，因此对自然语言处理、计算机视觉等任务的效果并不理想。

2. 基于特征的迁移学习方法

基于特征的迁移学习（Feature Based Transfer Learning，FBTL）方法是指通过特征变换的方式互相迁移来减少源域和目标域之间的差距；或者将源域和目标域的数据特征变换到统一特征空间中，然后利用传统的机器学习方法进行分类识别。根据特征的同构和异构性，又可以分为同构迁移学习和异构迁移学习。图 3-24 所示为基于特征的迁移学习方法示意图，它形象地展示了同构迁移学习和异构迁移学习两种基于特征的迁移学习方法。

图 3-24　基于特征的迁移学习方法示意图

基于特征的迁移学习方法是迁移学习领域中最热门的研究方向，这类方法通常假设源域和目标域之间存在交叉的特征。例如，迁移成分分析（Transfer Component Analysis，TCA）方法就是其中一个较为典型的方法。该方法的核心思想是以最大均值差异（Maximum Mean Discrepancy，MMD）作为度量准则，将不同数据领域中的分布差异最小化；基于结构对应的学习（Structural Corresponding Learning，SCL）方法可以通过映射将一个空间中独有的特征变换到其他所有空间的特征上，然后在该特征上使用机器学习算法进行分类预测；还有在利用最小化分布距离的同时加入实例选择的迁移联合匹配（TranferJointMatching，TJM）方法，将实例和特征迁移进行结合。根据源域和目标域各自训练不同的变换矩阵，从而达到迁移学习的目标。

近年来，基于特征的迁移学习方法大多与神经网络进行结合，在神经网络的训练中进行特征学习和模型迁移。

3. 基于模型的迁移学习方法

基于模型的迁移学习（Model Based Transfer Learning，MBTL）方法是指从源域和目标域中找到它们之间共享的参数信息，以实现迁移的方法。其前提假设是：源域中的数据与目标域中的数据可以共享一些模型参数。

图 3-25 所示为基于模型的迁移学习方法示意图，它形象地表示了基于模型的迁移学习方法的基本思想。例如，利用上千万张猫图像训练一个识别系统，当我们遇到一个新的花豹图像时，就不用再去寻找上千万张图像来训练了，可以用原来的图像识别系统（源域）迁移到新的领域（目标域），所以在新的领域只用几万张图片同样能够获得相同的效果。基于模型的迁移学习方法的优点在于可以充分利用模型之间存在的相似性，缺点是模型参数不易收敛。

图 3-25　基于模型的迁移学习方法示意图

目前绝大多数基于模型的迁移学习方法都与深度神经网络进行结合。对于一个深度神经网络，随着网络层数的加深，网络越来越依赖特定任务，而浅层神经网络相对来说只是学习一个大概的特征。不同任务的网络中，浅层的特征基本是通用的。这就启发我们，如果要适配一个网络，重点是要适配高层——那些特定任务的层。因此，目前所提出的方法都是对现有的神经网络结构进行修改，在网络中加入域适配层（Domain Adaptation Layer），然后进行联合训练。因此，这些方法也可以看作是基于模型、特征的方法的结合。

4. 基于关系的迁移学习方法

基于关系的迁移学习（Relation Based Transfer Leaning，RBTL）方法与上述 3 种方法具有截然不同的思路，它着重关注源域和目标域的样本之间的关系，利用两个域之间的相关性知识建立一个映射来达到迁移学习的效果。图 3-26 所示为基于关系的迁移学习方法示意图，它形象地表示了不同领域之间相似的关系。假设两个域是相似的，那么它们会共享某种相似关系，因此可以利用源域学习逻辑关系网络，再应用于目标域上。

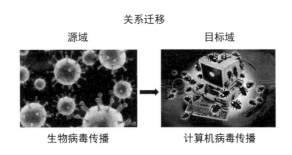

图 3-26　基于关系的迁移学习方法示意图

就目前来说，基于关系的迁移学习方法的相关研究工作非常少，仅有几篇连贯式的文章对其进行了讨论。这些文章都借助马尔可夫逻辑网络（Markov Logic Net）来挖掘不同领域之间的关系相似性。

3.6.2 分布对齐的常用方法

迁移学习的核心问题在于分布对齐，将目标域的数据分布与源域的数据分布的直接差异减小，从而可以使模型进行无缝迁移。而分布对齐的常用方法有数据分布自适应方法、特征选择方法和子空间学习方法等。

1. 数据分布自适应方法

数据分布自适应（Distribution Adaptation）方法是一种最常用的迁移学习方法。这种方法的基本思想是，由于源域和目标域的数据概率分布不同，因此最直接的方式就是通过一些变换将不同的数据分布的距离拉近。

图 3-27 所示为不同数据分布的目标域数据，它形象地展示了几种数据分布的情况。简单来说，数据的边缘分布不同，就是数据整体不相似；数据的条件分布不同，就是数据整体相似，但具体到每个类里都不太相似。

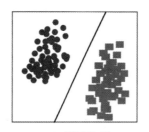 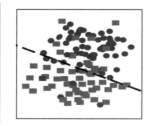 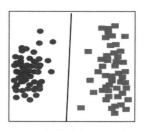

（a）源域数据   （b）目标域数据：类型 I   （c）目标域数据：类型 II

图 3-27   不同数据分布的目标域数据

根据数据分布的性质，这类方法又可以分为边缘分布自适应方法、条件分布自适应方法和联合分布自适应方法。

（1）边缘分布自适应方法。边缘分布自适应（Marginal Distribution Adaptation，MDA）方法的目标是减小源域和目标域的边缘概率分布的距离，从而完成迁移学习。从形式上来说，边缘分布自适应方法是用 $P(x_s)$ 和 $P(x_t)$ 之间的距离来近似两个领域之间的差异，即

$$\text{Distance}(D_s, D_t) \approx \| P(x_s) - P(x_t) \| \tag{3-25}$$

直接减小二者之间的距离是不可行的，因此香港科技大学杨强教授团队提出了迁移成分分析（Transfer Component Analysis，TCA）。TCA 假设存在一个特征映射 φ，使映射后数据的分布 $P(\varphi(x_s)) \approx P(\varphi(x_t))$。TCA 假设如果边缘分布接近，那么两个领域的条件分布也会接近，即条件分布 $P(y_s \mid \varphi(x_s)) \approx P(y_t \mid \varphi(x_t))$。这就是 TCA 的全部思想。因此，我们现在的目标是找到这个合适的 φ。

TCA 利用了一个度量在再生核希尔伯特空间中两个分布的距离，这个距离称为最大均值差异（Maximum Mean Discrepancy，MMD）。我们令 n_1、n_2 分别表示源域和目标域的样本个数，那么它们之间的 MMD 距离可以计算为

$$\text{Distance}(D_s, D_t) = \left\| \frac{1}{n_1} \sum_{i=1}^{n_1} \varphi(x_i) - \frac{1}{n_2} \sum_{j=1}^{n_2} \varphi(x_j) \right\|_{\mathcal{H}} \tag{3-26}$$

但是，我们想求的 φ 仍然无法得到。如果对这个 MMD 距离平方展开后，有二次项乘积部分，那么利用在 SVM 中学过的核函数可以把一个难求的映射以核函数的形式进行求解，于是 TCA 引入了一个核矩阵 $\boldsymbol{K}$：

$$\boldsymbol{K} = \begin{bmatrix} K_{s,s} & K_{s,t} \\ K_{t,s} & K_{t,t} \end{bmatrix} \tag{3-27}$$

以及一个 MMD 矩阵 L，它的每个元素的计算方式为

$$l_{i,j} = \begin{cases} \dfrac{1}{n_1^2}, & x_i, x_j \in D_s \\[2mm] \dfrac{1}{n_2^2}, & x_i, x_j \in D_t \\[2mm] \dfrac{1}{n_1^2 n_2^2}, & 其他 \end{cases} \tag{3-28}$$

这样的好处是，直接把那个难求的距离变换成了以下形式：

$$tr(KL) - \lambda tr(K)$$

它是一个数学中的半定规划问题，在 TCA 中用降维的方法去构造结果。用一个更低维度的矩阵 W：

$$\tilde{K} = (KK^{-1/2}\tilde{W})(\tilde{W}^T K^{-1/2} K) = KWW^T K \tag{3-29}$$

这里的 W 矩阵是比 K 更低维度的矩阵。最后的 W 就是问题的解答了。整理一下，TCA 最后的优化目标是：

$$\begin{aligned} &\min_{W} \quad tr(W^T KLKW) + \mu tr(W^T W) \\ &\text{s.t.} \quad W^T KHKW = I_m \end{aligned} \tag{3-30}$$

这里的 H 是一个中心矩阵，即

$$H = I_{n_1+n_2} - 1/(n_1 + n_2)II^T$$

解决上面的优化问题时，杨强教授团队又求出了它的拉格朗日对偶。最后得出结论，W 的解就是它的前 m 个特征值。

TCA 是迁移学习领域的一个经典方法，之后的许多研究工作都以 TCA 为基础。

（2）条件分布自适应方法。条件分布自适应（Conditional Distribution Adaptation，CDA）方法的目标是减小源域和目标域的条件概率分布的距离，从而完成迁移学习。从形式上来说，条件分布自适应方法是用 $P(y_s|x_s)$ 和 $P(y_t|x_t)$ 之间的距离来近似两个领域之间的差异，即

$$\text{Distance}(D_s, D_t) \approx \| P(y_s \mid x_s) - P(y_t \mid x_t) \| \tag{3-31}$$

目前单独利用条件分布自适应的研究较少，最近中国科学院计算技术研究所（简称中科院计算所）的王晋东等人提出了分层迁移学习（Stratified Transfer Learning，STL）方法，在该方法中提出了类内迁移（Intra-Class Transfer）的思想，指出现有的绝大多数方法都只是学习一个全局的特征变换（Global Domain Shift），而忽略了类内的相似性。类内迁移可以利用类内特征实现更好的迁移效果。

分层迁移学习方法示意图如图 3-28 所示。

为了实现类内迁移，我们需要计算每一类别的 MMD 距离。由于目标域没有标记，因此使用来自大多数投票结果中的伪标记。然后在再生核希尔伯特空间中利用类内相关性进行自适应空间降维，使不同情境中的行为数据之间的相关性增大。最后，通过二次标注实现对未知标注数据的精准标注。更加准确地说，用 $c \in \{1, 2, \cdots, C\}$ 来表示类别标记，则类内迁移可以按如下方式计算：

$$\text{Distance}(D_s, D_t) = \sum_{c=1}^{1} \left\| \frac{1}{n_1^{(c)}} \sum_{x_i \in D_s^{(c)}} \varphi(x_i) - \frac{1}{n_2^{(c)}} \sum_{x_j \in D_t^{(c)}} \varphi(x_j) \right\|_{\mathcal{H}}^2 \tag{3-32}$$

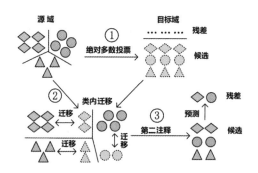

图 3-28　分层迁移学习方法示意图

分层迁移学习方法在大量行为识别数据中进行了跨位置行为识别的实验。实验结果表明，该方法可以很好地实现跨领域的行为识别任务，取得了当前最好的效果。

（3）联合分布自适应方法。联合分布自适应（Joint Distribution Adaptation，JDA）方法的目标是减小源域和目标域的联合概率分布的距离，从而完成迁移学习。从形式上来说，JDA 方法是用 $P(x_s)$ 和 $P(x_s)$ 之间的距离以及 $P(y_s|x_s)$ 和 $P(y_t|x_t)$ 之间的距离来近似两个领域之间的差异，即

$$\text{Distance}(D_s, D_t) \approx \|P(x_s) - P(x_t)\| + \|P(y_s \mid x_s) - P(y_t \mid x_t)\| \tag{3-33}$$

JDA 方法是十分经典的迁移学习方法。后续的相关研究工作通过在 JDA 方法的基础上加入额外的损失项，使迁移学习的效果得到了较大提升。

尤其是中科院计算所的王晋东等人注意到了 JDA 的不足：边缘分布自适应和条件分布自适应并不是同等重要的。因此，均衡分布适应（Balanced Distribution Adaptation，BDA）方法被提出用于解决这一问题。该方法能够根据特定的数据领域，自适应地调整分布适配过程中边缘分布和条件分布的重要性。

2. 特征选择方法

特征选择方法的基本假设是，源域和目标域中均含有一部分公共特征，在这部分公共特征中，源域和目标域的数据分布是一致的。因此，此类方法的目标就是，通过机器学习方法选出这部分共享的特征，然后依据这些特征来构建模型。

一个经典的特征选择方法是结构对应学习（Structural Correspondence Learning，SCL）。该方法的目标就是上面所说的找到两个领域公共的特征。这些公共的特征被称为核心特征（Pivot Feature），找出这些核心特征就完成了迁移学习的任务。

图 3-29 形象地展示了核心特征的含义。在文本分类中，核心特征具体指的是在不同领域中出现频次较高的那些词。

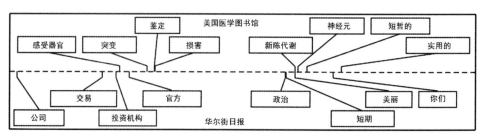

图 3-29　特征选择方法中的核心特征示意图

3. 子空间学习方法

子空间学习方法通常假设源域和目标域数据在变换后的子空间中会有相似的分布。按

照特征变换的形式，可以将子空间学习方法分为两种：统计特征对齐方法和流形学习方法。

（1）统计特征对齐方法。统计特征对齐方法主要是将数据的统计特征进行变换对齐，对齐后的数据可以利用传统机器学习方法构建分类器进行学习。常用的统计特征对齐方法有子空间对齐（Subspace Alignment，SA）方法和子空间分布对齐（Subspace Distribution Alignment，SDA）方法。SDA 方法在 SA 方法的基础上，除了子空间变换矩阵之外，还需增加一个概率分布自适应变换。SA 和 SDA 对源域和目标域只进行一阶特征对齐，因此对源域和目标域的二阶统计特征对齐的对齐算法（Correlation Alignment，CORAL）方法被提了出来。CORAL 方法的求解非常简单且高效。后来有学者将 CORAL 方法应用到神经网络中，提出了基于深域适应的对齐算法（Correlation Alignment for Deep Domain Adaptation，DeepCORAL）方法，文献中将 CORAL 度量作为神经网络的一个损失进行计算。

（2）流形学习方法。流形学习方法自从 2000 年在《科学》杂志上被提出来以后，就成为了机器学习和数据挖掘领域的热门问题。它的基本假设是，现有的数据是从一个高维空间中采样出来的，所以它具有高维空间中的低维流形结构。流形就是一种几何对象，通俗地说，由于我们无法从原始的数据表达形式中明显看出数据所具有的结构特征，因此就把它想象成处在一个高维空间中，而在这个高维空间中它是有形状的。

关于流形空间中的距离度量问题：两点之间什么最短？在二维空间中是直线（线段），可是在三维空间中呢？地球上的两个点的最短距离并不是直线，它是把地球展开成二维平面后画的那条直线，而这条线在三维的地球上是一条曲线。这条曲线表示两点之间的最短距离，我们称它为测地线。通俗地说，两点之间测地线最短。在流形学习方法中，当我们遇到测量距离时更多用的是测地线。在我们要介绍的 GFK（Geodesic Flow Kernel）方法中，也利用了这个测地线。

由于流形空间中的特征通常都具有很好的几何性质，可以避免特征扭曲，因此我们首先将原始空间下的特征变换到流形空间中。在众多已知的流形中，Grassmann 流形 $G(d)$ 可以通过将原始的 d 维子空间（特征向量）看作它的基础元素来帮助分类器学习。在 Grassmann 流形中，特征变换和分布适配通常都有有效的数值形式，因此在迁移学习问题中可以被很高效地表示和求解。也因此，利用 Grassmann 流形空间来进行迁移学习是可行的。现在有很多方法可以将原始空间下的特征变换到流形空间中。

在众多基于流形变换的迁移学习方法中，测地线流形核（Geodesic Flow Kernel，GFK）方法最具代表性。GFK 是基于 2011 年发表在 ICCV（International Conference on Computer Vision，国际计算机视觉大会）上的格拉斯曼流形子空间分类算法（Subspaces Grassmann Flow，SGF）发展起来的。SGF 方法从增量学习中得到启发，如果人类想从一个点到达另一个点，则需要从这个点一步一步地走到另一个点。那么，如果我们把源域和目标域分别看作高维空间（Grassmann，流形）中的两个点，由源域变换到目标域的过程相当于完成了迁移学习。也就是说，把源和目标域分别看作高维空间中的两个点，在这两点的测地线距离上取 d 个中间点，然后把它们依次连接起来。这样，源域和目标域就构成了一条测地线的路径。我们只需要找到合适的每一步的变换，就能从源域变换到目标域了。

GFK 方法首先解决 SGF 方法的问题——如何确定中间点的个数 d。它提出了一种核学习的方法，利用路径上的无穷多个点的积分解决了该问题。然后它又解决了另一个问题——当有多个源域时，该如何决定使用哪个源域和目标域进行迁移。GFK 方法通过提出域等级度量，度量出与目标域最近的源域来解决该问题。

3.6.3　迁移学习的研究前沿

从前面介绍的多种迁移学习方法来看，领域自适应（Domain Adaptation）作为迁移学习的重要方面，近年来已经取得了大量的研究成果。但是，迁移学习仍然是一个活跃的领域，还有大量的问题没有被解决。本节将简要介绍迁移学习领域较新的研究成果，展望迁移学习未来可能的研究方向。

1.　机器智能与人类经验结合的迁移学习

机器学习的目的是让机器从众多的数据中发掘知识，从而可以自动完成目标任务。这样看来，似乎"全自动"是我们的终极目标。我们理想中的机器学习系统，似乎就应该完全不依赖人的干预，靠算法和数据就能完成所有的任务。Deepmind 团队最新发布的 AlphaZero 就实现了这样的愿景，它的算法完全不依赖人提供的知识，从零开始掌握围棋知识，最终打败了人类围棋冠军。随着机器学习的发展，人的干预似乎会越来越不重要。

然而，目前来看，机器想完全不依赖人的经验，就必须付出巨大的时间和计算量的代价。那么，如果在机器智能中，特别是迁移学习的机器智能中，加入人的经验，则可以大幅缩短训练时间和提高精度。来自斯坦福大学的研究人员 2017 年发表在 AAAI（Association for the Advancement of Artificial Intelligence，国际先进人工智能协会）上的研究成果率先实践了这一想法。研究人员提出了一种不需要人工标注的神经网络来对视频数据进行分析预测。在该成果中，研究人员的目标是用神经网络预测抛出的枕头的下落轨迹。不同于传统的神经网络需要大量标注，该方法完全不使用人工标注，取而代之的是将人类的知识赋予神经网络。

我们都知道，抛出的物体会沿着抛物线的轨迹运动。这就是研究人员所利用的核心知识。计算机对这一点并不知情。因此，在网络中，如果加入抛物线这一基本的先验知识，则会极大地促进网络的训练，并且最终会取得比单纯依赖算法本身更好的效果。

2.　传递迁移学习

迁移学习的核心是找到两个领域的相似性，这是成功进行迁移的保证。但是，假如我们的领域数据本身就不存在相似性或者相似性极小，这时候就很容易出现负迁移。负迁移是需要在迁移学习研究中极力避免的。

由两个领域的相似性推广开来，其实世间万事万物都有一定的联系。表面上看似无关的两个领域，也可以由中间的领域构成联系，这就是一种传递的相似性。例如，领域 A 和领域 B 从表面上看完全不相似。那么，是否可以找到一个中间的领域 C，其与领域 A 和领域 B 都有一定的相似性？这样，如果知识本来不能直接从领域 A 迁移到领域 B，加入领域 C 以后，就可以先从领域 A 迁移到领域 C，再从领域 C 迁移到领域 B，这就是传递迁移学习。

2015 年，传递迁移学习（Transitive Transfer Learning，TTL）被提出。随后将三个领域的迁移进一步扩展到多个领域。原本完全不相似的两个领域，如果它们中间存在若干领域都与这两个领域相似，那么就可以构成一条相似性链条，知识就可以进行链式的迁移。杨强团队提出了远领域迁移学习（Distant Domain Transfer Learning，DDTL），用卷积神经网络解决这一问题。

在远领域迁移学习中，杨强团队做了一个看起来并不符合常人认知的实验：由人脸图片训练好的分类器迁移识别飞机图像。他们采用了人脸和飞机中间的一系列类别，如头像、头盔、水壶、交通工具等。在实验中，算法自动地选择相似的领域进行迁移。结果表明，在初始迁移阶段，算法选择的大多是与源域较为相似的类别；随着迁移的进行，算法会越来越倾向于选择与目标域相似的类别。最终的对比实验表明，这种远领域迁移学习的精度与直接训练分类器的精度相比有了极大的提升。

3. 终身迁移学习

在进行迁移学习时，我们往往不知道选择哪种方法最合适。通常会不断尝试以确定匹配的方法，这个过程无疑很浪费时间，而且充满了不确定性。那么，在拿到一个新问题时，该如何选择迁移学习算法以达到最好的效果呢？从人的学习过程来说，人们总是可以从以前的经验中学习知识。那么，既然我们已经对迁移学习算法实验了很多次，能不能让机器也从这些实验中选择知识呢？这是符合人类的认知的——不可能每遇到一个新问题都从头开始做。

2017 年，一种学习迁移（Learning to Transfer，L2T）的方法被提出用于解决何时迁移、要迁移什么、怎么迁移的问题。该方法分为两个部分：从已有的迁移学习方法和结果中学习迁移的经验；再把这些学到的经验应用到新来的数据上。要先明确学习目标。这与之前的迁移学习方法有所不同，以往的方法都是去学习最好的迁移函数，而这里的目标是使方法尽可能地具有泛化能力。因此，它的学习目标是以往的经验。这也是符合人类的认知的。对于人类来说，一般知道的越多，这个人越厉害。因此，这个方法的目标就是要尽可能多地从以往的迁移知识中学习经验，使之对后来的问题具有最好的泛化能力。

迁移学习的经验是指，在一对迁移任务中，该选择哪种算法，这种算法对于任务效果又有多少提升。这和人类的学习具有相似性。人们常说，失败是成功之母，人类就是不断从跌倒中爬起，从失败中总结教训，然后不断进步，学习算法也可以这样。

其次就是综合性地学习这个迁移过程，使算法根据以往的经验得到一个特征变换矩阵 W。得到这个变换矩阵以后，下一步就是把学到的东西应用于新来的数据。那么，如何针对新来的数据进行迁移呢？我们本能地想利用刚得到的矩阵 W。但是这个变换矩阵是从那些旧的经验中得到的，对新的数据可能效果不好，不能直接使用。因此，我们要更新它。

需要注意的是，针对新来的数据，这个矩阵应该是有所改变的。那么，如何更新？终身迁移学习提出的方法是，新的矩阵应该是在新的数据上表现效果最好的那个。

4. 在线迁移学习

迁移学习可以用来解决训练数据缺失的问题，当前很多迁移学习方法都获得了长足进步。给定一个要学习的目标域数据，我们可以用已知标签的源域数据来给这个目标域数据构造一个分类器。但是这些方法都存在一个很大的问题：它们都是采用离线方式进行的。也就是说，从一开始，源域和目标域数据都是给定的，当离线完成迁移后，这个过程就结束了。但是真实的应用往往不是这样的，数据是一点一点源源不断送来的。也就是说，从一开始，也许只有源域数据，目标域数据要一点一点地送过来。这就是所谓的在线迁移学习。这个概念脱胎于在线学习模式，在线学习是机器学习中一个重要的研究概念。

就目前来说，在线迁移学习方面的研究成果较少。第一篇在线迁移学习的研究成果由新加坡管理大学的 Steven Hoi 发表在 2010 年的 ICML（International Conference on Machine Learning，国际机器学习大会）上，作者提出了 OTL 框架，它可以对同构数据和异构数据很好地进行迁移学习。

近年来，研究者发表了一些与在线迁移学习相关的文章。其中包括在多个源域和目标域上的 OTL、在线特征选择迁移变换、在线样本集成迁移等。

尤其是 Jainiet 提出了用贝叶斯的方法学习在线的 HMM 迁移学习模型，并将其应用于行为识别、睡眠监测，以及未来的流量分析。这是一项有代表性的应用研究成果。

5. 迁移强化学习

Google 公司的 AlphaGo 系列在围棋方面的成就让强化学习这一术语变得炙手可热，用深度神经网络进行强化学习也理所当然地成了研究热点之一。与传统的机器学习需要大量的标签数据不同，强化学习采用的是边获取样例边学习的方式。特定的反馈函数决定了算法的最优决策。

深度强化学习同时也面临重大的挑战——没有足够的训练数据。在这个方面，迁移学习可以利用其他数据上训练好的模型帮助其训练。迁移学习已经被应用于强化学习，还有很大的发展空间。强化学习在自动驾驶、机器人、路径规划等领域正发挥着越来越重要的作用。

6. 迁移学习的可解释性

在深度学习取得众多突破性成果的同时，其面临的可解释性不强始终是一个挑战。现有的深度学习方法还停留在"黑盒子"阶段，无法提供足够有说服力的解释。同样，迁移学习也面临这个问题。即使世间万物都有联系，但它们更深层次的关系也尚未得到探索。领域之间的相似性也正如海森伯"不确定性原理"一般无法给出有效的结论。为什么领域 A 和领域 B 更相似，而和领域 C 较不相似？对这一问题的研究目前也只是停留在经验阶段，缺乏有效的理论证明。

另外，迁移学习算法也存在可解释性弱的问题。现有的算法均只是完成了一个迁移学习任务。但是在学习过程中，知识是如何进行迁移的，这一点还有待进一步地实验和理论验证。最近，悉尼大学的研究者发表在 IJCAI（International Joint Conference on Artificial Intelligence，国际人工智能联合会议）2017 上的研究成果有助于我们理解特征是如何迁移的。用深度网络进行迁移学习，其可解释性同样有待探索。最近，Google Brain 的研究者提出了神经网络的"核磁共振"现象，对神经网络的可解释性进行了有趣的探索。

本 章 小 结

本章对机器学习，尤其是对机器学习中的监督学习、非监督学习、强化学习、深度强化学习和迁移学习进行了详细讲解，和前几章构成了完整的人工智能学习体系，为后面的章节提供了理论基础。

习题 3

1. 请查询资料后简述机器学习的最新研究动态。
2. 机器学习的主要方法和类型有哪些？
3. 简述监督学习和非监督学习的区别。
4. 请在百度深度学习平台"飞桨"下完成基于监督学习的手写数字识别任务。
5. 请查询资料后简述深度强化学习的最新研究动态。
6. 请查询资料后简述深度迁移学习的最新研究动态并撰写报告。

第 4 章 感知智能

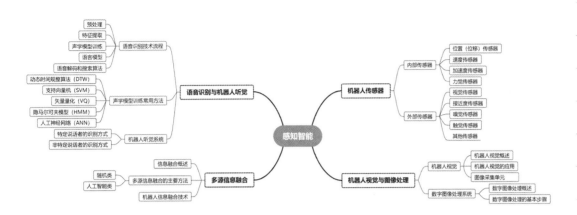

智能机器人核心技术包括感知模块、交互模块和运动控制模块。其中感知模块是机器人采集和接收数据信息的技术，由于机器人感知的发展提升了机器人的智能化程度，因此机器人感知能力的智能化程度和灵敏程度的高低都直接影响智能机器人的灵活和智能化的程度，机器人对内部信息和外界信息的感知能力都体现了机器人感知的先进程度。

机器人感知可以包括机器人传感器、机器人视觉与图像处理、语音识别与机器人听觉和多源信息融合等，本章主要对机器人感知方式进行展开介绍。

（1）传感器是机器人感知内部环境和外部环境的必要手段，掌握机器人传感器可以提升机器人的应用功能。

（2）机器人视觉将外部环境信息二维或三维图像化，图像处理将外部环境空间信息特征有效提取，大大弥补了机器人传感器的不足。

（3）机器人听觉对环境声音信号进行采集，并通过语音识别将杂乱无章的电信号进行特征提取，有效感知声音信号的内部信息。

（4）由于机器人需要感知的信息具有多源性，所以需要掌握有效处理多源信息的方法。

本章要点

- 机器人传感器种类
- 机器人视觉及图像处理方法
- 语音识别方法
- 多源信息融合方法

4.1 机器人传感器

随着传感器技术的快速发展，机器人传感器逐渐精密化、细微化和智能化，改变着机

机器人传感器

器人的智能化程度。各种传感器在机器人中的应用促使机器人变得更加智能、灵活，也让机器人具备了类似人类的知觉功能和反应能力。

机器人传感器是感知判断机器人内部或外部环境的装置，机器人通过传感器的测量感知实现了类似人的感官作用。传感器也可以是把非电量转换成电量控制的一种设备。传感器和计算机控制系统相互协作，通过程序来控制机器人的行动。无论是感知自身姿态，还是同外部环境进行交互，都需要传感器来获取相应信息。通过内部传感器，机器人可以感知内部信息，实现对自身故障的自诊断能力和感知自身姿态、速度、加速度等能力，提升机器人的智能化程度。通过外部传感器，机器人可以感知外部信息，实现机器视觉、机器听觉、机器触觉等能力，完成对外部温度、压力等环境信息的采集。根据检测对象的不同，机器人传感器可以分为内部传感器和外部传感器。

4.1.1 内部传感器

机器人内部传感器是指用于检测机器人本身状态的功能元件。具体检测的对象有关节的线位移、角位移等几何量；速度、加速度和角速度等运动量；倾斜角和振动等物理量。内部传感器安装在电动机、轴等机械部件或机械结构上，如关节、手臂和手腕等。机器人内部传感器常用于检测机器人自身的运动、位置和姿态等信息，实现机器人的相关动作，其中主要的内部传感器有位置（位移）传感器、速度传感器、加速度传感器和力觉传感器。

1. 位置（位移）传感器

机器人伺服系统在位置移动过程中往往要对相关节点的位置进行检测，这就需要安装位置传感器。其中位置传感器包括直线位移传感器和角位移传感器。

（1）直线位移传感器。直线位移传感器是将直线机械位移量转换成电信号。通常将可变电阻滑轨固定在固定部位，通过滑片在滑轨上的位移量来测量不同的位置。滑轨电阻两端连接稳定直流电压，滑片的滑动可以改变可变电阻之间的电压或电流，电压与滑片移动的长度成比例，分析电压数值可以得到直线位移量。

（2）角位移传感器。角位移传感器是把对角度的测量转换对成电信号的测量，通常将电位计、可调变压器及光电编码器等固定，通过可动部件移动量来测量不同的角位移。

根据原理的不同有以下 3 种角位移传感器：

- 将角度变化量的测量转变为电位计变化测量的传感器。
- 将角度变化量的测量转变为可调变压器变化测量的传感器。
- 将角度变化量的测量转变为光电编码器变化测量的传感器。

角位移传感器可被应用于机器人关节、手臂和手腕等位移（位置）的测量。

机器人在移动或者动作时需要了解姿态动作，使被控制系统具有反馈能力。位置传感器和姿态传感器可以满足机器人状态的观测。

光电编码器是一种常用的传感器。编码器一般和电动机轴或者转动部件直接连接，电动机或者转动部件转的圈数或者角度能够通过编码器读出，控制软件再根据读出的数据进行位置估计。由于机器人的执行机构一般是电动机驱动，因此通过计算电动机转的圈数可以得出电动机带动部件的大致位置。

陀螺仪是利用陀螺原理制作的传感器，主要可以测得移动机器人的移动加速度、转过的角度等信息。

罗盘可以作为陀螺仪的替代品，用来测得机器人的旋转角度，价格比陀螺仪要便宜。

GPS 定位仪对于室外的移动机器人来说，是定位位置很好的传感器。其通过卫星来定位智能机器人的位置，如北斗模块、GPS 模块等。图 4-1 所示为北斗模块。

图 4-1 北斗模块

以上所介绍的只是传感器中的一部分，还有很多智能机器人常用的传感器，如激光探测器、温度传感器、湿度传感器、气体检测传感器等。智能机器人除了根据需要进行选型之外，还要依据实际应用环境挑选种类，如需要按照要求考虑防尘防水、体积、供电和抗震性等。

2. 速度传感器

速度传感器是将机械平移和旋转运动速度转换成电信号。速度传感器主要有磁电式速度传感器、光电式速度传感器和霍尔式轮速传感器等。

磁电式速度传感器是常用的速度传感器类型之一，也称磁电式转速传感器。该传感器一般由永磁铁和带有线圈绕组的铁芯组成，当信号盘的齿谷和齿顶交替经过带有永磁铁和线圈的传感器时就会产生一个交变磁场，使线圈产生一个正弦感应电压，电压强度及频率与转速有关，转速越高，感应电动势越强。磁电式速度传感器本身就相当于一个交流发电机，因此磁电式速度传感器产生的是交流电。它常应用于转动物体测速中。

光电式速度传感器由光学系统及大面积梳状硅光电池组成。将传感器安装在机器人上，镜头照射地面。当机器人运动时，地面上的杂乱花纹通过光学系统在光电器件上成像，并扫描梳状硅光电池，经光电转换和空间滤波等处理后，光电传感器输出周期性的信号，该信号的基波频率正比于机器人的行驶速度，从而测量出机器人的移动速度。

霍尔式轮速传感器由传感器头和齿盘组成。传感器头由永磁体、霍尔元件和电子电路等组成。利用霍尔效应原理，即在半导体薄片的两端通以控制电流，在薄片的垂直方向上施加磁场，则在薄片的另外两端便会产生一个大小与控制电流、磁场强度的乘积成正比的电动势，这就是霍尔电动势。由于齿盘转动产生霍尔电动势脉冲，经霍尔集成电路处理后，向外输出脉冲序列，故其空占比随转盘的角速度变化。

3. 加速度传感器

加速度传感器是将机械平移和旋转运动加速度力转换成电信号。加速度传感器主要有角加速度计和线加速度计等。

角加速度计是测量出机器人在运动时所产生角速度的大小，并将结果转化为对应信号的仪器。传感器中测量物体在进行旋转时，轴方向是不会受外力影响的，因此也不会轻易发生改变。用此现象来保持控制方向，此后再用多种方法去读取轴所指示的方向，就可以自动将数据信号传给机器人控制系统。

线加速度计是由于传感器中测速物体具有惯性的原理，利用运动测速物体力的平衡，通过测量运动方向的拉力就可以计算出测速物体的加速度。通常拉力又可转化为电信号，例如利用电磁力与测速物体拉力平衡，电磁力与线圈中电流对应，通过电流大小可以得到测速物体的加速度，从而得到机器人的加速度。

4. 力觉传感器

力觉传感器是将施加到机器人上的力转换成电信号，其为机器人完成内部接触性作业任务提供必要信息。通常用来检测机器人的关节、手臂和手腕所产生的力或其所受反力。力觉传感器通过弹性体变形来间接测量所受的力，再将受力转换为电信号传输到机器人控制系统。力觉传感器的主要类型有金属电阻型力觉传感器、半导体型力觉传感器和转矩传感器等。微动开关和压敏传感器是两种典型的力觉传感器，如图 4-2 和图 4-3 所示。微动开关可以看成一个小开关，通过调节开关上杠杆的长短来调节触动开关力的大小，常用来做碰撞检测。但这种传感器必须事先确定好力的阈值，也就是说只能实现硬件控制。而压敏传感器能根据受力大小自动调节输出电压或电流，从而实现软件控制。

图 4-2　微动开关

图 4-3　压敏传感器

4.1.2　外部传感器

机器人外部传感器是指用于检测机器人外部环境的功能元件。外部传感器主要包括触觉、压觉、视觉和听觉等传感器，可以使机器人具有自校正能力及对环境变化的反应能力。机器人外部传感器常用于物体识别、物体状态检测、接近度感知、距离感知、外力感知和听觉感知等。主要的外部传感器有视觉传感器、接近度传感器、嗅觉传感器、触觉传感器等。

1. 视觉传感器

视觉传感器是获取机器人固定区域上的视频信息并转化成电信号的一种功能元件。机器人利用视觉传感器获取三维环境的二维影像，通过视觉处理对一幅或多幅图像进行处理、分析和解释，得到有关环境的特征，并为机器人特定任务提供相关信息，起到指导机器人的作用。随着计算机技术的飞速发展，廉价的微小摄像头已经很容易获得，与之相配套的主板和驱动软件也比较容易获得，方便应用于智能机器人的开发。图 4-4 中展示了一种与树莓派匹配的微小摄像头。

图 4-4　微小摄像头

视觉传感技术像人眼一样为机器人提供了视觉功能，目前在三维重建、人脸识别、多机联合等领域的应用已经非常成熟。视觉传感器主要是摄像机，如 RGB 摄像机、多光谱摄像机和深度摄像机等。其中的光敏元件通常是 CCD 或 CMOS，它们都是利用光电效应原理将光信息转换成电信号，从而转换为数字信号传入主控芯片。CCD 与 CMOS 的主要差异是数字传送方式的不同，CCD 传感器中获得的每一个像素电荷数据会依次传送到下一个像素中，再由最底端部分传出并经过进一步处理；而 CMOS 传感器的每一个像素都先经过处理再进行数据输出。各传感器感知效果也不同。例如，不同波段的视觉传感器可以呈现不同的图像信息，而有些相机可以将距离信息加入图像，从而形成立体图像。视觉传感器因其成本低、信息丰富、使用方便等优点，所以成为应用最广泛的机器人传感器之一，近年来发展较快。

2. 接近度传感器

接近度传感器是获取机器人与特定物体间距离的信息，并将其转化成电信号的一种功能元件。距离的判断是十分重要的，可以方便机器人做出降速、回避和跟踪等反应。接近度传感器主要通过发出能量波到对象物体表面，并接收反射回来的能量波，计算两者之间的时间差，即可计算出机器人到该物体的距离。接近度传感器主要包括触须传感器、超声波传感器和红外接近传感器等。

触须传感器是由须状触头及其检测部件构成的。触头由具有一定长度的记忆性合金软条丝构成，它与物体接触所产生的弯曲由相应检测单元进行检测，通过位置敏感探测器（Position Sensitive Detector，PSD）检测光源获取触须形变量，并将相关信号处理传输到主控机中。触须传感器的功能是识别接近的物体的位置、特征，常用于确认所设定的动作的结束。

超声波传感器是利用超声波发射与反射波接收来测量与被测物体之间距离的元件，常用于机器人对周围物体的空间距离检测，可以使机器人对障碍物体进行有效规避。由于其技术较为成熟、价格便宜而被广泛应用于智能机器人接近度感知领域。超声波传感器属于距离探测传感器，但是它能提供比红外传感器更大的探测范围，而且还能提供一个范围的探测而不是一条线的探测。超声波传感器也是目前使用最多的距离传感器之一，如图 4-5 所示。

红外接近传感器是利用红外线进行距离测量的传感器。其基本感知原理与超声波相近，都是利用反射能量波来计算与被测物体之间的距离。由于其体积较小而被广泛应用在对设备有空间要求的机器人上，用来感知物体是否存在。在智能机器人中，用得最多的是红外传感器，如图 4-6 所示。其中的红外接收传感器是机器人在运动过程中必不可少的传感器。通过它可以获得机器人在移动过程中与前面障碍物之间的距离，当然这个距离非常短。

图 4-5　超声波传感器

图 4-6　红外传感器

3. 嗅觉传感器

嗅觉传感器是获取机器人周围环境的气体浓度信息，并将其转化成电信号的一种功能元件。嗅觉传感器是一种仿照生物嗅觉的新型仿生传感器，利用各种气体检测传感器可检测特定气体的浓度，通过计算机数据分析判断出环境中此气体的危险系数，并发出警报。

4. 触觉传感器

触觉传感器是感知狭小接触区域上的压力、温度等信息，并进行电信号采集的元件。机器人的触觉与人相似，也是通过与检测物体的接触而产生的。接触面的材料要求具有弹性、柔软易变形、可恢复、有机械强度和适当摩擦力等特点。触觉能检测目标物体的表面性能以及物理特性，如柔软度、弹性、粗糙程度和温度等。触觉传感器能够感知事物的冷热、触压等感觉。

5. 其他传感器

有些智能机器人中还含有其他传感器来实现多种功能，如滑觉传感器、激光传感器、红外探测器和听觉传感器等。

滑觉传感器是检测垂直方向的力和位移的一种传感器，主要用于检测机械手抓取物体时的稳定性。

激光传感器主要由测量电路、激光器和光电探测器等组成，主要用于对距离、速度、气体含量和振动等物理参数的测量。激光传感器已经在各领域有了广泛的应用。

红外探测器不同于红外接近传感器，它没有红外发射器，只有一个红外接收单元，由被测物体发出红外信号。一般用来做热感应用，例如当人或动物走近这种传感器时会产生信号，在生产安全领域应用较多。有些智能机器人可以利用该传感器对人体温度进行测量，同时发出相应的警报。

听觉传感器是检测环境声音信号的一种传感器，随着技术的发展，被广泛应用于智能机器人中，将在后续章节进行更加细致的介绍。

由于传感器技术的发展，机器人的智能化程度越来越高，尤其是机器人视觉、听觉和多源信息融合技术的发展，有效地提升了机器人的感知能力，使智能机器人应用领域更加广泛。

4.2　机器人视觉与图像处理

近年来，基于视觉传感器的机器人视觉得到了广泛应用。机器人视觉强化了在非结构环境下的适应能力，是智能机器人领域研究的重点和难点。机器人视觉使工业机器人具备了像人一样观察事物的能力。

该技术是将被摄取目标转换成数字图像，传送给专用的图像处理系统，然后对这些数字图像进行各种运算来抽取目标特征，进而根据判别的结果来控制现场的设备动作。

本节主要介绍机器人视觉和数字图像处理的相关基础理论。首先对机器人视觉理论进行讲解，接着对数字图像处理技术进行介绍，为进一步掌握智能机器人技术提供基础。

4.2.1　机器人视觉

机器人视觉

1. 机器人视觉概述

机器人视觉，使之不仅要把视觉信息作为输入，而且要对这些信息进行处理，进而提取出有用的信息提供给机器人。可以看出，机器人视觉是机器视觉（计算机视觉）在机器人中的一个具体应用。

机器视觉，就是机器人代替人眼来做测量和判断。机器视觉系统通过图像摄取装置将被摄取目标转换成数字图像信号，传送给专门的数字图像处理系统，得到被摄信号的数字形态信息，图像处理系统对这些信号进行各种运算来抽取目标特征，进而根据判断的结果来控制现场的设备动作。

机器视觉要求达到以下3个基本目的：

● 根据一幅或多幅二维投影图像计算出观察点到目标物体的距离。

● 根据一幅或多幅二维投影图像计算出目标物体的运动参数。

● 根据一幅或多幅二维投影图像计算出目标物体表面的物理特性。

机器视觉要达到的最终目的是实现对于三维景物世界的理解，以及实现人的视觉系统的某些功能。

机器视觉是将计算机视觉相关理论进行工程化的一门学科。视觉感知与计算机的结合源于一个广为人知的故事，20世纪60年代，人工智能领域的先锋派人士Marvin Minsky教授曾要求自己的学生将摄像机连接到一台计算机上，并让计算机去描述所看到的内容。如今的工业界与学术界其实仍然在研究相同的课题，只不过实际的视觉应用场景要复杂许多。70年代，麻省理工大学的David Marr教授对这一关于视觉感知的原理进行了分析总结后提出了在计算机视觉领域影响深远的视觉计算理论，其认为视觉系统可以通过计算模型完成二维图像到三维真实场景的复原。该理论奠定了计算机视觉理论化的基础，标志着计算机视觉成为了一门独立的学科。计算机视觉技术在20世纪80年代迎来了高速发展时期，由于图像传感器、中央处理器等硬件设备的发展，用于图像处理的硬件水平迅速提高，计算机视觉相关技术逐步从实验室的理论研究向工业领域应用，进而产生了机器视觉。将机器视觉系统应用于智能机器人，为智能机器人构建视觉系统，可以使工业机器人在现代工业生产过程中更加智能化。典型的工业机器人视觉系统往往由图像采集单元、信息处理单元和最终的决策执行单元组成，如图4-7所示。

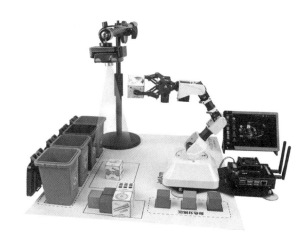

图4-7 工业机器人视觉系统

如果将机器视觉系统与生物视觉系统相比较，那么图像采集单元实现了对眼器官拍照功能的复制。眼睛对于人类来说类似于一个拍照的设备，其功能仅是对图像进行采集，并不能对图像进行理解。

对于机器来说，模拟人类的观看功能就需要为机器配备眼睛，相机或者摄像机就是机器的眼睛。集成纳米级别超大规模集成电路技术的现代工业相机在精确性和敏锐度方面已经处于一个惊人的高度，甚至在某种程度上超过了人类视觉；信息处理单元则对应了生物视觉皮层，图像通过人眼在视网膜成像后，图像信号会通过视神经向大脑内部传递，在大脑初级视觉皮层区域会对图像信息进行一些基础的处理，提取有用的特征信息，为后续图像信息被大脑识别和理解奠定基础。这一阶段人脑视觉系统开始尝试对图像进行初步的分析与理解，对于机器视觉系统来讲，模拟人脑视觉皮层的功能，就是让机器完成对采集图像特征的提取与表示过程；最终的决策实现则是尝试对大脑部分功能的模拟，依托于内部复杂的神经系统结构，大脑最终可以通过图像信息完成对真实场景的解读。"视觉"一词不仅包含了图像信息在大脑内部的传递过程，也包含了更高级的对客观事物的理解能力。对于图像内容的理解是机器视觉领域最复杂的研究任务，得益于近年来多层卷积神经网络深度学习方法在计算机视觉领域的成功应用，机器视觉也正加速向更加智能化的方向升级，利用计算模型模仿人脑部分的功能来实现对图像内容及真实场景的认知理解已经成为新一阶段机器视觉领域的常规化手段。

2. 机器人视觉的应用

机器人视觉的应用领域主要有以下 3 个方面：

- 为机器人的运动控制提供视觉反馈。其功能为识别物体、确定物体的位置和方向及为机器人的运动轨迹的自适应控制提供视觉反馈。
- 移动机器人的视觉导航。其功能是利用视觉信息跟踪路径、检测障碍物及识别路标或环境，以确定机器人所在的方位等。
- 其他功能，包括代替或帮助人工对质量控制、安全检查进行所需要的视觉检验等。

3. 图像采集单元

图像采集单元是整个机器视觉系统中最前端的环节，作为机器的眼睛，也是目前机器视觉领域做出成效最多的方向。图像采集单元主要包括外部的光学照明系统和由镜头、工业相机等关键部件组成的成像系统，其作用主要是将光学图像转换为数字信号并输送至后续的处理模块。

（1）照明系统。在复杂的工业生产环境下，影响成像质量的因素复杂多样，光学照明使机器视觉系统通过选择合适的外部照明辅助来尽可能地突出目标物体的特征，增加目标区域与非重要区域间的对比程度。面对众多的机器视觉应用领域，当前并没有通用的机器视觉外部光源配置方案，一般需要根据实际的应用环境采取具有针对性的照明方案，以改善成像的条件。例如，当视觉任务为目标物体表面缺陷等细节特征时，前向照明方式更加适合机器视觉系统，而背向照明方式更适用于对内部结构等高对比度特征感兴趣的情况。常见的光源类型包括卤素灯、白炽灯、疝灯、LED、X 射线等；在光源的选择上，要考虑光源的使用寿命、安全性能、频谱特性等多方面的因素；光源的颜色也会对图像采集效果产生显著影响，实际应用过程中常常利用光源与目标间颜色的相关性来提高图像的对比度。因此，对光源类型、光源颜色及照明方式等光学技术的研究也是机器视觉系统中不可或缺的工作。

（2）成像系统。图像的获取是通过镜头将目标物体反射的光线聚焦在工业相机内部集成的感光元器件上来实现的。在选择镜头时需要考虑包括镜头焦距、畸变参数、工作距离等在内的众多因素，合适的镜头是机器视觉成像光路上的关键设备，镜头的性能会直接影响成像质量和后续任务环节算法的实现效果。随着现代光学成像技术的不断发展，工业镜头成像质量也将得到有效保证。目前，工业相机内部集成了光电转换、外部电路和输出接口等部件。按照信号不同的输出方式，工业相机传感器主要分为 CCD 传感器和 CMOS 传感器两种类型。

图 4-8 分别展示了 CCD 传感器和 CMOS 传感器的组成结构和数据传送方式。

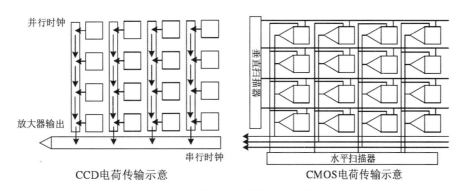

图 4-8　传感器电荷传输示意图

CCD 传感器采用电荷传递的方式传送数据，成熟的电荷耦合技术使 CCD 传感器的成像质量具有优势。传感器上每个像素单元的电荷数据都会依次传送到下一个像素单元中，在同步时钟的控制下将整行信息依次输出，再经由传感器边缘的放大电路进行信号放大，但串行输出方式也增加了控制 CCD 传感器成品率的难度，提升了传感器的制造成本。

CMOS 传感器则为每个像素搭配了放大电路和模数转换电路，经过光电转换过程后直接产生的电压信号可以被同时读取，节省了外围电路的成本，但也增加了 CMOS 传感器的噪声干扰。工业相机对目标物体具有较高的成像质量要求，因此目前工业相机传感器也大多以 CCD 传感器为主。随着生产制造工艺的不断提升，具备低成本、易集成优势的 CMOS 传感器也越来越多地应用于机器视觉领域并逐渐成为主流。

另外，CCD 相机和 CMOS 相机在以下 4 个方面也有很大的差异：

（1）集成性。从制造工艺的角度来看，CCD 相机中的电路和器件集成在半导体单晶材料上，工艺较复杂，世界上只有少数几家厂商能够生产 CCD 晶元，如 DALSA、SONY、Panasonic 等。CCD 仅能输出模拟电信号，需要后续的地址译码器、模拟转换器、图像信号处理器处理，并且还需要提供三组不同电压的电源同步时钟控制电路，集成度非常低。而 CMOS 是集成在被称为金属氧化物的版单体材料上，这种工艺与生产数以万计的计算机芯片和存储设备等半导体集成电路的工艺相同，因此生产 CMOS 的成本比 CCD 低很多。同时 CMOS 芯片能将图像信号放大器、信号读取电路、A/D 转换电路、图像信号处理器及控制器等集成到一块芯片上，只需一块芯片就可以实现相机的所有基本功能，集成度很高，芯片级相机概念就是从这里产生的。随着 CMOS 成像技术的不断发展，有越来越多的公司可以提供高品质的 CMOS 成像芯片，包括 SONY、Micron、CMOSIS、Cypress 等。例如 2020 年上半年，从 CMOS 芯片的销售占比来看，SONY 占了 44%，SAMSUNG 占了 32%，合计达到了 76%，而中国厂商大约占 10% 左右。

（2）速度。在速度上 CCD 相机采用逐个光敏输出，只能按照规定的程序输出，速度较慢。CMOS 相机由多个电荷—电压转换器和行列开关控制，读出速度要快很多，目前大部分 500fps 以上的高速相机都是 CMOS 相机。此外，CMOS 相机的地址选通开关可以随机采样，实现子窗口输出，在仅输出子窗口图像时可以获得更高的速度。

（3）噪声。CCD 技术发展较早，比较成熟，其采用 PN 结或二氧化硅（SiO_2）隔离层隔离噪声，成像质量相对 CMOS 光电传感器有一定优势。由于 CMOS 图像传感器集成度高，各元件、电路之间距离很近，因此干扰比较严重，噪声对图像质量的影响很大。近年来，随着 CMOS 电路消噪技术的不断发展，为生产高密度优质的 CMOS 图像传感器提供了良好的条件。

（4）电源及耗电量。CCD 电荷耦合器大多需要三组电源供电，耗电量较大；CMOS 光电传感器只需使用一个电源，耗电量非常小，仅为 CCD 电荷耦合器的 1/10 ～ 1/8，CMOS 光电传感器在节能方面具有很大优势。

通过以上的对比可以看出，如果将 CCD 和 CMOS 这两种传感器进行比较，CCD 传感器的最大优势在于成像质量高，而 CMOS 传感器的最大优势就在于成本低、便于批量生产，而随着背照式 CMOS 传感器的兴起，CMOS 传感器的缺点在不断地被完善。目前只有徕卡公司的多款数码产品以及一些中画幅数码相机仍然在使用 CCD 传感器，这是因为不同产品对画质有不同的要求，所以那些中画幅的数码产品的价格往往会高出普通数码相机许多。因此，可以说将来相机市场的主要发展方向仍会是以 CMOS 传感器作为核心，并在这个基础上不断提高 CMOS 的分辨率和灵敏度等。CCD 的未来不一定在相机市场，在其他领域，CCD 也会凭借着自身的优势而被广泛使用。

此外，工业相机按照传感器结构特性和应用模式可以分为线扫式相机和面阵式相机。线扫式相机在每次成像过程中只能获取宽度为单个像素的一行图像信息，因此又被称为 1D 视觉传感器。线扫式相机常用于条形、筒形等需要连续检测的视觉应用中，如印刷制品缺陷检测、曲面玻璃瑕疵检测等，通过逐行扫描获取完整的图像信息，具有高速、高分辨率的技术优势；面阵式相机即日常使用的 2D 视觉传感器，单次成像可以获得完整的二维图像信息，包括目标轮廓、几何形状和颜色等直观的显示特征信息。经过多年的技术发展，2D 视觉传感器已经成为最成熟的图像传感技术，广泛应用于各个行业生产过程中的目标识别、定位和高精度检测等视觉任务。工业技术智能化升级使机器视觉应用领域不断拓展，1D 和 2D 视觉应用已经不能完全满足工业生产过程对机器视觉的应用需求，图像传感器也逐渐向 3D 视觉应用发展。3D 视觉传感器一般由多个模块组合而成，能够获取比 2D 视觉传感器更加丰富的三维空间信息，保证了无人车视觉导航、机器人空间抓取及 VR/AR 等应用的可行性。主流 3D 视觉传感器组成方案包括基于双目立体视觉（Binocular Stereo Vision，BSV）的双目相机、由激光投射器和工业相机组成的结构光（Structured Light，SL）3D 视觉传感器和利用脉冲往返飞行时间（Time-of-Flight，ToF）计算深度信息的 3D 视觉传感器。

【例 4-1】iPhone X 上采用的深度摄像头（Depth Camera）是结构光方案，如图 4-9 所示，这里以 FaceID 的工作流程来解释它是如何获取深度值的。

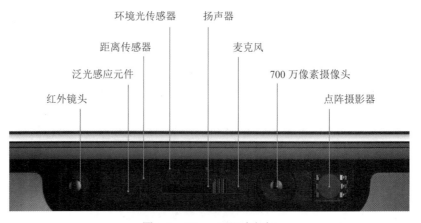

图 4-9　iPhone X 深度相机

【解】

（1）当脸部靠近相机时，首先启动距离感应器，若接近则发出信号通知泛光感应元件。

（2）泛光照明器会发出非结构化的红外线光投射到物体表面上，然后红外相机接收这些光后检测是否为人脸。

（3）若为人脸，则会让点阵投影器将 3 万多个肉眼看不见的结构光图案投影到物体上。

（4）红外镜头接收反射回来的点阵图案，通过计算图案的变形情况来获得脸部不同位置的距离。

4.2.2　数字图像处理系统

图像处理系统

图像采集单元获取图像后，需要通过数字图像处理系统进行进一步的图像处理。

数字图像处理系统的作用是执行图像处理及分析，调用根据检测要求设计的一系列图像处理及分析算法模块，对图像数据进行复杂的计算和处理，最终得到系统设计所需要的信息，然后通过与之相连的外部设备以各种形式输出检测结果。

图像处理有以下两个重要的应用领域：

（1）改善图像信息，以便于人类理解。

（2）为了方便存储、传输和表示而对图像进行处理，从而达到便于机器自动识别的目的。

1. 数字图像处理概述

（1）数字图像处理起源。数字图像最早的应用是在报纸行业，图像第一次通过海底电缆从伦敦传到纽约。这种传输方法需要使用特殊的设备对图像进行编码，然后接收端对图像进行解码。但是这并不涉及数字图像的处理，因为在创建这些图像时并没有涉及计算。数字图像处理的历史与计算机的发展高度相关。由于数字图像要求非常大的存储和计算能力，因此数字图像处理领域的发展必须依靠数字计算机及数据存储、显示、传输等相关支撑技术的发展。

第一台强大到足以执行有意义的图像处理任务的大型计算机出现在 20 世纪 60 年代，它使用计算机技术改善空间探测器发回的图像，以校正航天器上电视摄像机中各种类型的图像畸变。此后，图像处理领域蓬勃发展，除了医学和空间项目外，也用于增强对比度或将灰度编码为彩色，以便于解释工业、医学及生物科学等领域中的 X 射线和其他图像。图像复原用于处理不可修复物体的退化图像，例如在考古领域，使用图像处理方法成功复原了模糊的图像。

上面这些例子说明图像处理的结果是便于人类理解。数字图像处理的第二个主要应用领域是解决机器感知问题，这是为了更加适合于计算机处理的形式从图中提取信息的过程，这种信息类似于人类用于解释一幅图像内容的视觉特性。例如机器感知中，使用的信息类型通常有统计矩、傅里叶变换系数和多维距离度量。

（2）数字图像处理基本原理。简单来说，一幅图像可以认为是一个二维函数 $f(x,y)$，其中 x、y 表示位置，函数值表示该位置处的图像的灰度值或强度。当 x、y、f 都是离散值的时候，我们将该图像称为数字图像，如图 4-10 所示。也就是说，灰度值是由有限数量的像素组成的，每个灰度值都有其特定的位置和幅值。数字图像处理是指我们使用计算机来处理这些数字图像。

研究者对数字图像处理具体止步于哪些领域或者其他相关领域（如图像分析或计算机视觉）从哪里开始并没有一致的看法。有时用输入和输出都是图像这一规范来对数字图像处理的范围进行界定。这是人为的认定，但其实并不准确。例如，在这种界定下，连求一幅图像的平均值（输出是一个数）都不能算是图像处理的范围。

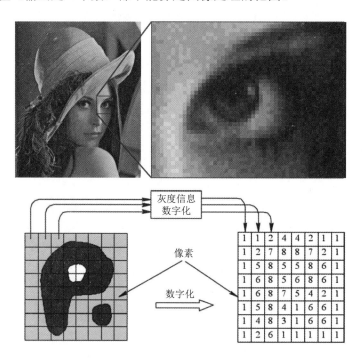

图 4-10　数字图像

机器视觉的目标是使用微型计算机来模拟人的视觉，包括理解并且根据输入采取行动。图像分析领域则是处在图像处理和机器视觉之间。

从图像处理到机器视觉这个连续的统一体并没有明确的界限。一种有用的做法是在这个连续的统一体中考虑三种典型的计算处理，即低级处理、中级处理、高级处理。低级处理（图像处理）涉及一些基本操作，如图像降噪、对比度增强、图像锐化等，低级处理输入和输出都是图像；中级处理（图像分析）涉及的范围比较广，如对图像进行分割（将图像不同的区域或者目标分离），而后对不同的目标进行分类，中级处理是以图像作为输入，但是输出是从这些图像中提取到的不同特征，如图像的轮廓信息、各个物体的标识；高级处理（图像理解）涉及"理解"图像上的内容，形成一些认知功能，如图像中的目标分割与识别。

【例 4-2】图 4-11 所示为基于图像处理的车牌识别。在识别过程中，对原灰度图像进行滤波、边缘检测、形态学处理等获得高质量的二值图像的过程即为低级处理；对获得的高质量图像进行字符分割即为中级处理；对分割好的字符通过模板匹配完成最终的车牌识别即为高级处理。

本书中将数字图像处理的范围界定为输入和输出都是图像的处理，包括从图像中提取特征的处理和图像中各个目标的识别。

2. 数字图像处理的基本步骤

常用的数字图像处理包含以下 9 个基本步骤：

（1）数字图像获取。这个阶段通常还包括图像的预处理，如图像的缩放。

（2）数字图像增强。对图像进行某种操作，使其结果在特定应用中比原来的图像更合适，注意增强技术是建立在面向特定问题的基础上的。不同类型的图像，使用的增强方法不同，例如用于增强 X 射线得到的图像的方法就不适合用来增强红外线获取到的卫星图像。

图像的增强是一个主观的任务，观察者就是特殊方法工作好坏的最终裁判者。

图 4-11　基于图像处理的车牌识别

（3）数字图像复原。是改善图像外观的处理领域，与数字图像增强不同，数字图像增强是主观的，但数字图像复原是客观的，复原的技术倾向于以图像退化的数学或者概率模型为基础。

（4）彩色图像处理。由于彩色图像包含更多的信息，因此彩色图像处理已经成为一个重要领域，因为互联网上图像的使用不断增长，从而导致对彩色图像处理的算法日益增多。

（5）小波与多分辨率处理。小波是以不同分辨率来描述图像的基础。特别是在图像的压缩和金字塔表示中使用了小波，此时图像被成功地细分为较小的区域。大多数计算机用户都熟悉图像压缩所使用的图像文件扩展名，如 JPEG 图像压缩标准。

（6）形态学处理。涉及提取图像分量的工具，这些分量在表示和描述形状方面都很有用。这也是从输出图像处理到输出图像属性转化的开始。

（7）图像分割。将一幅图像划分为它的组成部分或者是目标。自动分割是数字图像处理中最困难的任务之一。很弱且不稳定的图像分割算法几乎总是导致最终失败。通常，分割越准确，识别也就越成功。

（8）图像表示和描述。这个阶段几乎总是在分割阶段的输出之后，通常分割的输出是未加工的像素数据，这些数据要么是构成一个区域的边界，要么是构成该区域的所有的点。首先，必须确定数据是应该表示成一条边界还是表示成一个区域。如果关注的是外部形状特征，如角点和拐点，那么表示为边界是合适的；如果关注的是内部的特征，如纹理和骨架，那么表示为区域是合适的。这些表示都是解决把原始数据转化成适合计算机进行后续处理的形式的一部分。描述又称为特征描述子，涉及提取特征，它可得到某些感兴趣的定量信息，是区分一组目标与另一组目标的基础。

（9）目标识别。基于目标的描述给目标赋予特定的标识的过程。

在本章中，重点对数字图像获取、数字图像预处理、图像分割、特征提取、边缘检测进行讲解。

（1）数字图像获取。数字图像获取是数字图像处理的第一步。被测的模拟量景物经过成像系统、采样子系统和量化器最终得到被测景物的数字图像，如图 4-12 所示。

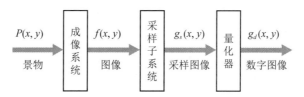

图 4-12　数字图像获取流程

通过成像系统，被测景物在照明的作用下通过镜头、传感器和相机与计算机的接口等硬件部件获得模拟图像。所有这些硬件在机器视觉过程的不同环节中都发挥着重要的作用。例如，为突出被测景物的感兴趣区域，光源的选择经常是至关重要的，为了在恰当的时刻用正确的曝光来拍摄一幅图像，带有外部触发功能的图像卡和摄像机就是解决问题的关键；为获取清晰且没有畸变的图像，镜头就变得很重要。

对获取的图像进行采样和量化处理最终获得被测景物的数字图像。即把模拟图像 $f(x,y)$ 分割成由像素构成的数字图像 $g_d(x,y)$。这个由像素构成的数字图像包含两个属性：像素的位置 (x,y) 和像素的灰度值。灰度用整数表示，形成一幅点阵式的数字图像。

相机是计算机或者数字图像的重要元件，计算机需要对数字图像进行预处理。

（2）数字图像预处理。数字图像预处理是将每一个图像分拣出来交给识别模块识别。图像预处理的主要目的是消除图像中无关的信息，恢复有用的真实信息，增强有关信息的可检测性和最大限度地简化数据，从而改进特征抽取、图像分割、匹配和识别的可靠性。

随着芯片技术的不断提高，数字图像预处理技术在视频监控系统中获得了巨大发展。对视频监控系统来说，监控环境中的噪声以及图像在传输、接收过程中产生的噪声降低了图像质量，使图像模糊，我们可以通过图像增强技术来改善图像的质量。在一幅图像中，人们只对图中的某些目标感兴趣，我们通过图像分割技术把图像分割成不同的区域，从而分离出图像中的各个对象，然后从这些区域中获取对象的特征，从而提取出我们感兴趣的目标。

由于计算机处理能力的不断增强，数字图像预处理技术在飞速发展的同时，也越来越广泛地向其他学科快速交叉渗透，使图像在信息获取以及信息利用等方面也变得越来越重要。目前数字图像预处理的应用越来越广泛，已经渗透到工业、医疗保健、航空航天、军事等领域，在国民经济中发挥着越来越大的作用。随着计算机的发展，数字图像预处理技术的应用领域必将继续扩大，充当越来越重要的角色，对人们的生活将产生巨大影响。

数字图像在处理过程中会遇到很多问题，如数字滤波与图像去噪、图像增强等经典问题。因此，下面将对这些经典问题进行介绍。

1）数字滤波与图像去噪。由于在获取数字图像的过程中通常会引入噪声，因此数字滤波与图像去噪常常在更高级的图像处理之前进行，是图像处理的基础。

①噪声模型。数字图像中噪声的来源有许多种，如图像采集、传输、压缩等各个方面。噪声的种类也各不相同，如椒盐噪声、高斯噪声等，针对不同的噪声有不同的处理算法。

对于输入的带有噪声的图像 I_n，其加性噪声是均值为 0，方差为 0.2 的高斯白噪声，如图 4-13 所示。

$$I \qquad\qquad I_n$$

图 4-13 含噪数字图像

从图中可以看出，噪声是直接叠加在原始图像上的，这个噪声可以是椒盐噪声、高斯噪声。理论上来讲，如果能够精确地获得噪声，用输入图像减去噪声就可以恢复出原始图像。但在现实中，除非明确地知道噪声生成的方式，否则噪声很难单独求出来。

在实际工程中，图像中的噪声常用高斯噪声来近似表示，高斯噪声的方差越大，噪声也就越大。传统图像平滑滤波算法一定程度上可以削弱高斯噪声。

②均值滤波法。均值滤波法属于低通滤波器，该方法将原图中的待测点和其邻域内的其他 8 个点的灰度值的加和平均值作为待测点的灰度值。在同一数字图像中，某一像素点不仅与自身相关，同时也会受到周边像素的影响。邻域平均法就是采用了这种邻域相关性的特点进行滤波处理的。其特点如下：

● 图像中相邻像素之间的相关性高，并且噪声独立存在。
● 模板下的每个像素的权重相同，所有系数都是 1。
● 在待处理图像中逐点地移动模板，求模板系数与图像中相应像素的乘积之和接着计算这些像素的平均值，将这个平均值作为模板中心点像素的新值。

一个平均邻域 3×3 的模板为

$$H_1 = \frac{1}{9}\begin{bmatrix} 1 & 1 & 1 \\ 1 & ① & 1 \\ 1 & 1 & 1 \end{bmatrix} \qquad (4\text{-}1)$$

式中的黑色圆圈是模板的中心点位置，也就是要进行滤波的点。在实际应用中，模板尺寸不是固定不变的，可以根据具体需要改变尺寸大小，如图 4-14 所示，可以采用 3×3、5×5、7×7、9×9 等滤波窗口。

③加权均值滤波法。加权平均的模板是根据像素间的相关程度来调节系数的。一般来说，离对应模板中心点近的像素会对滤波结果有较大的影响，所以接近模板中心的系数比较大，而模板边界的系数比较小。因此，在同一个模板中，模板中心的权值最大，其他随距离的增大而减小。通常情况下，将模板中系数最小的值定位，其他部分随距离关系成比例增大。其特点如下：

● 模板中各点的系数与该点离中心点的距离成反比。
● 将模板中心点的系数设为最大，周围的点随距离成比例减小，降低了滤波过程中的模糊效应。

常用的几种加权平均模板为

$$H_2 = \frac{1}{10}\begin{bmatrix} 1 & 1 & 1 \\ 1 & 2 & 1 \\ 1 & 1 & 1 \end{bmatrix} \quad H_3 = \frac{1}{16}\begin{bmatrix} 1 & 2 & 1 \\ 2 & 4 & 2 \\ 1 & 2 & 1 \end{bmatrix} \quad H_4 = \frac{1}{8}\begin{bmatrix} 1 & 1 & 1 \\ 1 & 0 & 1 \\ 1 & 1 & 1 \end{bmatrix} \qquad (4\text{-}2)$$

原始图像

添加椒盐噪声的图像

3×3 的邻域平均滤波的图像

7×7 的邻域平均滤波的图像

图 4-14　不同窗口下的均值滤波法效果

加权均值滤波法基本不受模板的限制，可以在图像的不同结构域根据需要灵活地选取卷积模板的系数，适用范围较广。

④中值滤波法。中值滤波采用的是奇数个点组成的滑动窗口。滤波时将窗口的中心点对应于图像的当前点，将窗口下的像素值按大小排序，排在中间的值作为当前点的像素值。中值滤波无须知道图像的统计特性，使用方便。它不仅能够很好地消除孤立的点，而且对干扰脉冲和点噪声也有很好的抑制作用。

⑤基于小波域的小波阈值去噪算法。图像和噪声在经过小波变换后具有不同的特性，因为将含噪信号在各尺度上进行小波分解后，图像的能量主要集中在低分辨率子带上，而噪声信号的能量主要分布在各个高频子带上。

含噪原始图像信息的小波系数绝对值较大，噪声信息小波系数的绝对值较小，在这种前提下，我们可以通过设定一个合适的阈值门限，采用阈值法保留有用信号系数，而且这个去噪的过程也就是对高频的小波系数进行处理的过程，如图 4-15 所示。

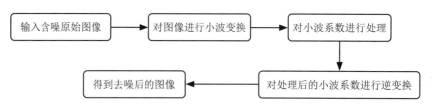

图 4-15　图像小波去噪流程

小波阈值去噪有硬阈值去噪和软阈值去噪。

a. 硬阈值去噪。当小波系数小于某个阈值 α 时，认为这时的小波系数主要由噪声引起，应该舍弃；当小波系数大于这个阈值 α 时，认为这时的小波系数主要由信号引起，应该把小波系数直接保留下来。

$$W_{jk} = \begin{cases} W_{jk}, & |W_{jk}| \geqslant \alpha \\ 0, & |W_{jk}| < \alpha \end{cases} \tag{4-3}$$

式中，W_{jk} 为图像经过小波变换后的小波系数。

b. 软阈值去噪。进行含噪信号的小波系数与选定的阈值 α 大小比较，大于阈值的点收缩为该点值与阈值的差值，小于阈值相反数的点收缩为该点值与阈值的和，绝对值小于等于阈值 α 的点为 0。

$$W_{jk} = \begin{cases} \mathrm{sgn}(W_{jk})\left(\left|W_{jk}\right| - \alpha\right), & \left|W_{jk}\right| \geqslant \alpha \\ 0, & \left|W_{jk}\right| < \alpha \end{cases} \tag{4-4}$$

c. 阈值的计算。目前常见的阈值计算方法有固定阈值估计、极值阈值估计、无偏似然估计、启发式阈值估计等。一般来说，极值阈值估计和无偏似然估计比较保守，当噪声在信号的高频段分布较少时，这两种阈值估计方法效果较好，可以将微弱的信号提取出来。而固定阈值估计和启发式阈值估计去噪比较彻底，在去噪时显得更为有效，但是也存在把有用的信号误认为噪声去掉的情况。图 4-16 所示为不同阈值算法下小波去噪效果对比图。可以发现采用固定阈值的小波去噪效果较好。

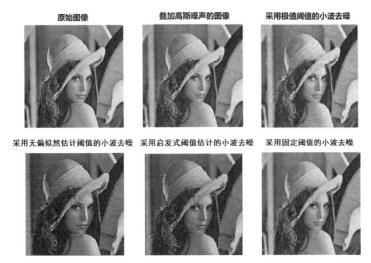

图 4-16　采用不同阈值算法的小波去噪效果对比

对去噪效果进行定量的质量评价主要采用峰值信噪比（Peak Signal to Noise Ratio，PSNR）的客观评价方法。PSNR 根据噪声图与降噪图作对比，定义为

$$\mathrm{PSNR} = 10 \times \log_{10}\left[\frac{(2^8 - 1)^2}{\mathrm{MSE}}\right]$$

其中 MSE（Mean Square Error）为原图像与去噪图像间的均方误差。MSE 越小，则 PSNR 越大，意味着去噪图像越接近原图像，也就是说图像质量越好。

表 4-1 所示为不同阈值估计算法下小波去噪图像的 PSNR，可以发现采用固定阈值的小波去噪效果更好，该算法的 PSNR 更大，且该算法更简单一些。

表 4-1　去噪算法的峰值信噪比（PSNR）

不同阈值估计的小波去噪算法	PSNR/dB
采用极值阈值估计	15.4476
采用无偏似然阈值估计	16.1126
采用固定阈值估计	17.5664
采用启发式阈值估计	16.4523

因此，一般情况下采用固定阈值即可得到较好的去噪效果。固定阈值的计算步骤如下：

第一步：估计噪声的方差

$$\delta_{u,j} = \text{median}(d_j(k)) / 0.675 \tag{4-5}$$

第二步：利用固定阈值公式计算阈值 α

$$\alpha = \delta\sqrt{2\log(N)} \tag{4-6}$$

2）图像增强。上面讨论了如何去除图像中的噪声，图像后续的处理是试图获取图像中的重要信息，图像增强是对图像的某些特征，如边缘、轮廓、对比度等进行强调或锐化，以便于显示、观察或进一步分析与处理。通过对图像的特定加工，将被处理的图像转化为对具体应用来说视觉质量和效果更"好"或更"有用"的图像。因此，图像增强算法在图像预处理过程中尤为重要，它能够使系统在做相应处理的过程中将认为重要的信息保留下来，是数字图像处理过程中经常用到的一种方法。图像增强主要分为空间域图像增强和频域图像增强，如图 4-17 所示。

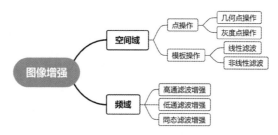

图 4-17　图像增强分类

①空间域图像增强。空间域图像增强是直接作用于像素的图像增强技术。

a．直方图增强。灰度变换是图像增强的一种重要手段，使图像对比度扩展，图像更加清晰，特征更加明显。灰度直方图给出了一幅图像概貌的描述，通过修改灰度直方图来得到图像增强。

图像的直方图是图像的重要统计特征，它可以认为是图像灰度密度函数的近似。图像的灰度直方图是反映一幅图像的灰度级与出现这种灰度级的概率之间关系的图形。

灰度直方图是离散函数，一般来说，要精确地得到图像的灰度密度函数是比较困难的，在实际中，可以用数字图像的灰度直方图来代替。直方图主要有以下 5 个性质：

- 直方图中不包含位置信息。直方图只是反映了图像灰度分布的特性，和灰度所在的位置没有关系，不同的图像可能具有相近或者完全相同的直方图分布。
- 直方图反映了图像的整体灰度。直方图反映了图像的整体灰度分布情况，暗色图像的直方图的组成集中在灰度值低（暗）的一侧；相反，明亮图像的直方图则集中在灰度值高（亮）的一侧。直观上讲，可以得出这样的结论：若一幅图像的像素占有全部可能的灰度值并且分布均匀，则这样的图像有高对比度和多变的灰度色调。
- 直方图的可叠加性。一幅图像的直方图等于它各个部分直方图的和。
- 直方图具有统计特性。从直方图的定义可知，连续图像的直方图是一个连续函数，具有统计特征，如矩、绝对矩、中心矩、绝对中心矩、熵。
- 直方图的动态范围。直方图的动态范围由计算机图像处理系统的模数转换器的灰度级决定。

当图像对比度较小时，它的直方图只在灰度轴上较小的一段区间上非零。较暗的图像由于其多数像素的灰度值低，因此它的直方图的主体出现在低值灰度区间上，其在高值灰度区间上的幅度较小或为 0，而较亮的图像情况正好相反。

　　如图 4-18 所示，较亮图像的直方图分量集中在灰度值较高的一端，而较暗图像的直方图分量集中在灰度值较低的一端。因此可以得到这样的结论：如果一幅图像的灰度直方图几乎覆盖了整个灰度的取值范围，并且除个别灰度值较为突出外，整个灰度值分布近似于均匀分布，那么这幅图像就具有较大的灰度动态范围和较高的对比度，同时图像的细节更为丰富。已经证明，仅依靠输入图像的直方图信息就可以得到一个变换函数，利用该变换函数可以将输入图像达到上述效果，该过程就是直方图均衡化。

原图

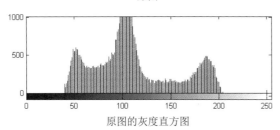

原图的灰度直方图

图 4-18　图像的直方图

直方图均衡化的过程如下：

Ⅰ. 计算原始图像的灰度直方图 $P_r(r_K)$。

Ⅱ. 计算原始图像的灰度累积分布函数 s_k，进一步求出灰度变换表。

Ⅲ. 根据灰度变换表将原始图像各灰度级映射为新的灰度级。

　　从图 4-19 所示的直方图均衡化可以看出，原始图像的灰度值范围为 110 ～ 250，灰度分布的范围比较狭窄，所以整体上其对比度较差，而直方图均衡化后，灰度几乎均匀分布在 0 ～ 255 范围内，图像明暗分明，对比度很大，图像清晰明亮，很好地改善了原始图像的视觉效果。

原图

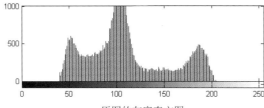

原图的灰度直方图

图 4-19　直方图均衡化

直方图均衡化的优点：能够使处理后图像的概率密度函数近似服从均匀分布，其结果扩张了像素值的动态范围，是一种常用的图像增强算法。

直方图均衡化的缺点：不能抑制噪声。

b. 对比度增强。对比度增强是图像增强技术中一种比较简单但又十分重要的方法。这种方法是按一定的规则修改输入图像每个像素的灰度，从而改变图像灰度的动态范围。它可以使灰度动态范围扩展，也可以使其压缩，或者对灰度分段处理，根据图像特点和要求在某段区间中进行压缩并在其他区间中进行扩展。

如图 4-20 所示，该图的对比度不高，其灰度直方图没有低于 35 或高于 210 的值，如果将图像数据映射到整个灰度范围内，则图像的对比度将大大增大。

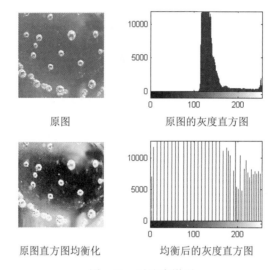

原图　　　　　　　　　原图的灰度直方图

原图直方图均衡化　　　均衡后的灰度直方图

图 4-20　对比度增强

设输入图像为 $f(x,y)$，处理后的图像为 $g(x,y)$，则对比度增强可以表示为

$$g(x,y) = T[f(x,y)]$$

式中，T 表示输入图像和输出图像对应点的灰度映射关系。实际中由于曝光不足或成像系统非线性的影响，通常照片或电子系统生成图像的对比度较差，利用对比度增强变换可以有效地改善图像的质量。

c. 锐化。图像锐化处理的作用是使灰度反差增强，从而使模糊图像变得清晰。图像模糊的实质就是图像受到平均运算或积分运算，因此可以对图像进行逆运算，如采用微分运算以突出图像细节从而使图像变得更加清晰。

由于拉普拉斯算子是一种微分算子，它的应用可增强图像中灰度突变的区域，减弱灰度的慢变化区域。因此，锐化处理可选择拉普拉斯算子对原始图像进行处理产生描述灰度突变的图像，再将拉普拉斯图像与原始图像叠加从而产生锐化图像。拉普拉斯锐化的基本方法为

$$g(x,y) = f(x,y) - \nabla^2 f(x,y) \tag{4-7}$$

式中，∇ 表示拉普拉斯算子。

如图 4-21 所示，这种简单的锐化方法既可以产生拉普拉斯锐化处理的效果，又能保留背景信息：将原始图像叠加到拉普拉斯变换的处理结果中去可以使图像中的各灰度值得到保留、灰度突变处的对比度得到增强，最终结果是在保留图像背景的前提下突出图像中小的细节。

原始模糊图像　　　　　　　拉普拉斯锐化图像

图 4-21　图像的锐化效果

比较原始模糊图像和经过拉普拉斯算子运算的图像可以发现，图像模糊的部分得到了锐化，特别是模糊的边缘得到了增强，边界更加明显。但是，图像显示清楚的地方经过滤波发生了失真，这也是拉普拉斯算子增强的一大缺点。

②频域图像增强。频域图像增强首先通过傅里叶变换将图像从空间域转换为频域，然后在频域内对图像进行处理，最后通过傅里叶反变换转换到空间域。频域内的图像增强通常包括低通滤波、高通滤波和同态滤波等。

设 $f(x,y)$ 为原始图像函数，则空间域内的滤波是基于卷积运算的，有

$$g(x,y)=f(x,y)*h(x,y) \tag{4-8}$$

式中，$h(x,y)$ 可以是低通滤波或高通滤波，$g(x,y)$ 为空间域滤波的输出图像函数。根据卷积定理，上式的傅里叶变换如下：

$$G(u,v)=F(u,v)H(u,v) \tag{4-9}$$

根据 $h(x,y)$ 的不同可以分为低通滤波器、高通滤波器、带通滤波器和带阻滤波器。

低通滤波器的功能是让低频分量通过而滤掉或衰减高频分量，其作用是过滤掉包含在高频分量中的噪声。因此，低通滤波的效果是图像的去噪声平滑增强，但同时也抑制了图像的边界，造成图像不同程度的模糊。

高通滤波器是衰减或抑制低频分量，让高频分量通过，其作用是使图像得到锐化处理，突出图像的边界。经理想高频滤波后的图像把信息丰富的低频去掉了，从而丢失了许多必要的信息。一般情况下，高通滤波器对噪声没有任何抑制作用，若简单地使用高通滤波器，则图像质量可能由于噪声严重而难以达到满意效果。为了既能加强图像的细节又能抑制噪声，可采用高频加强滤波器。这种滤波器实际上是由一个高通滤波器和一个全通滤波器构成的，这样能在高通滤波的基础上保留低频信息。

带通滤波器仅保留固定范围内的频率信息而屏蔽其他的频率信息。带通滤波器包括理想带通滤波器、巴特沃斯带通滤波器和高斯带通滤波器。

带阻滤波器用来抑制距离频域中心一定距离的一个圆环区域的频率分量，可以用来消除一定频率范围的周期噪声。带阻滤波器包括理想带阻滤波器、巴特沃斯带阻滤波器和高斯带阻滤波器。

（3）图像分割。经过图像预处理后，为了完成检测或识别任务，需要对图像中的场景进行分割，如图 4-22 所示。图像分割是指根据灰度、颜色、纹理和形状等特征把图像划分成若干互不交迭的区域，并使这些特征在同一区域内呈现出相似性，而在不同区域间呈现出明显的差异性。

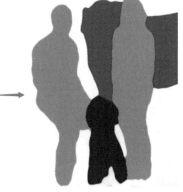

图 4-22 图像分割效果

传统的图像分割算法分为 4 种：基于边缘的图像分割方法、基于阈值的图像分割方法、基于区域的图像分割方法和基于深度学习的图像语义分割方法。

1）基于边缘的图像分割方法。基于边缘的图像分割方法又称边缘检测，是图像增强中极为重要的一种分析图像的方法。边缘检测的目的是找到图像中亮度变化剧烈的像素点构成的集合，表现出来的往往是轮廓。如果图像中的边缘能够精确地测量和定位，那么就意味着实际的物体能够被定位和测量，包括物体的面积、物体的直径、物体的形状等。在对现实世界的图像采集中，有以下 4 种情况在图像中表现时会形成一个边缘：

- 深度的不连续（物体处在不同的物体平面上）。
- 表面方向的不连续（如正方体的不同的两个面）。
- 物体材料不同（这样会导致光的反射系数不同）。
- 场景中的光照不同（如被树阴投向的地面）。

由于边缘处的灰度存在不连续性，因此使用求导的方式可以检测到边缘信息。最初的边缘检测方法是基于像素数值的导数运算的。

设图像 $f(x,y)$ 在 (x,y) 处的梯度定义为

$$grad(x,y) = \begin{bmatrix} f_x' \\ f_y' \end{bmatrix} = \begin{bmatrix} \dfrac{\partial f(x,y)}{\partial x} \\ \dfrac{\partial f(x,y)}{\partial y} \end{bmatrix} \qquad (4\text{-}10)$$

由于梯度为一矢量，存在大小与方向，故定义如下：

$$grad(x,y) = \sqrt{f_x'^2 + f_y'^2} = \sqrt{\left(\frac{\partial f(x,y)}{\partial x}\right)^2 + \left(\frac{\partial f(x,y)}{\partial y}\right)^2}$$

$$\theta = \arctan(f_y'/f_x') = \arctan\left(\frac{\partial f(x,y)}{\partial y} \Big/ \frac{\partial f(x,y)}{\partial x}\right) \qquad (4\text{-}11)$$

梯度方向为 $f(x,y)$ 在像素点 (x,y) 灰度变化最大的方向，在处理数字图像时一般可以采用差分运算来近似代替。在 (x,y) 处，X 轴方向与 Y 轴方向上的一阶差分的定义如下：

$$\Delta_x f(x,y) = f(x,y) - f(x+1,y)$$
$$\Delta_y f(x,y) = f(x,y) - f(x,y+1) \qquad (4\text{-}12)$$

这里，梯度公式可近似为

$$grad(x,y) = \sqrt{[f(x,y) - f(x+1,y)]^2 + [f(x,y) - f(x,y+1)]^2} \qquad (4\text{-}13)$$

为了方便计算，上式可以简化为

$$grad(x,y) = |f(x,y) - f(x+1,y)| + |f(x,y) - f(x,y+1)| \tag{4-14}$$

根据梯度公式可知，图像中灰度变化较大的区域其梯度幅值较大；灰度变化较小的区域其梯度幅值较小；灰度变化均匀处的梯度幅值为 0。

基于此，很多算法由此产生，其中比较常用的一阶微分算子有 Roberts 算子、Prewitt 算子、Sobel 算子，二阶微分算子有 Canny 算子、Laplacian 算子（LOG 算子）。

① Roberts 算子。Roberts 算子是一种利用局部差分方法寻找边界的算子，定义如下：

$$grad(x,y) = \sqrt{[f(x,y) - f(x+1,y+1)]^2 + [f(x,y+1) - f(x+1,y)]^2} \tag{4-15}$$

为了方便计算，上式可以简化为

$$grad(x,y) = |f(x,y) - f(x+1,y+1)| + |f(x,y+1) - f(x+1,y)| \tag{4-16}$$

如果用图像处理中的模板形式表示，则 Roberts 算子模板为两个 2×2 卷积算子：

$$H_1 = \begin{bmatrix} -1 & 0 \\ 0 & 1 \end{bmatrix} \qquad H_2 = \begin{bmatrix} 0 & -1 \\ 1 & 0 \end{bmatrix}$$

Roberts 算子与梯度算子方法类似，边缘定位较准，但对噪声敏感。图 4-23（b）给出了采用 Roberts 算子边缘检测的结果。

② Prewitt 算子。为了降低噪声在边缘检测时的不利影响，Prewitt 算子加大了算子的模板大小，将原来的 2×2 模板扩大成 3×3 模板来计算差分。

Prewitt 算子定义如下：

$$\nabla f = \sqrt{d_x^2 + d_y^2}$$

式中：

$$d_x = [f(x+1,y-1) - f(x-1,y-1)] + [f(x+1,y) - f(x-1,y)] + [f(x+1,y+1) - f(x-1,y-1)]$$

$$d_y = [f(x+1,y+1) - f(x-1,y-1)] + [f(x,y+1) - f(x,y-1)] + [f(x+1,y+1) - f(x+1,y-1)]$$

其模板为

$$H_3 = \begin{bmatrix} -1 & -1 & -1 \\ 0 & 0 & 0 \\ 1 & 1 & 1 \end{bmatrix} \qquad H_4 = \begin{bmatrix} -1 & 0 & 1 \\ -1 & 0 & 1 \\ -1 & 0 & 1 \end{bmatrix}$$

Prewitt 算子不仅可以检测边缘，而且能降低噪声的影响，通常对灰度和噪声较多的图像有较好的处理效果。图 4-23（c）给出了采用 Prewitt 算子边缘检测的结果。

③ Sobel 算子。Sobel 算子是在 Prewitt 算子的基础上对像素点采用邻域（上下、左右）灰度加权算法的算子。

Sobel 算子定义如下：

$$\nabla f = \sqrt{d_x^2 + d_y^2}$$

式中：

$$d_x = [f(x+1,y-1) - f(x-1,y-1)] + 2[f(x+1,y) - f(x-1,y)] + [f(x+1,y+1) - f(x-1,y-1)]$$

$$d_y = [f(x+1,y+1) - f(x-1,y-1)] + 2[f(x,y+1) - f(x,y-1)] + [f(x+1,y+1) - f(x+1,y-1)]$$

其模板为

$$\boldsymbol{H}_5 = \begin{bmatrix} -1 & -2 & -1 \\ 0 & 0 & 0 \\ 1 & 2 & 1 \end{bmatrix} \quad \boldsymbol{H}_6 = \begin{bmatrix} -1 & 0 & 1 \\ -2 & 0 & 2 \\ -1 & 0 & 1 \end{bmatrix}$$

Sobel 算子受噪声的影响较小，且对噪声具有平滑作用，能够提供较为精确的边缘方向信息。图 4-23（d）给出了采用 Sobel 算子边缘检测的结果。

④ Canny 算子。Canny 算子采用一个二维高斯函数的任一方向上的一阶方向导数作为噪声滤波器，并与图像卷积进行滤波；然后求出滤波后图像的梯度局部最大值来实现边缘检测，其能够较好地平衡边缘检测与噪声抑制。图 4-23（e）给出了采用 Canny 算子边缘检测的结果。

⑤ Laplacian 算子。Laplacian 是一种二阶差分边缘检测算法，它是标量而不是矢量，而且具有旋转不变性，在图像处理中经常被用来提取图像的边缘，其原理是将拉普拉斯算子与高斯滤波器结合实现边缘检测，通过寻找图像灰度值中的二阶微分过零点来检测边缘点。该算子是一个线性移不变的算子，0 是其传递函数在频域空间的原点。因此，经拉普拉斯滤波过的图像具有零平均灰度。

该算法的主要步骤如下：

a. 选取高斯函数对图像 $f(x,y)$ 进行平滑滤波，二维高斯函数为

$$G(x, y) = \frac{1}{2\pi\sigma^2} \exp\left[\frac{-(x^2 + y^2)}{2\sigma^2}\right]$$

$$g(x, y) = f(x, y) * G(x, y)$$

在空间域将高斯函数 $G(x,y)$ 与图像 $f(x,y)$ 进行卷积，得到一个平滑图像 $g(x,y)$，其中 $G(x,y)$ 是一个圆对称函数，可以通过高斯函数的分布参数 σ 控制其平滑作用。

b. 对平滑后的图像 $g(x,y)$ 进行拉普拉斯运算，即将 $G(x,y)$ 与 $f(x,y)$ 卷积：

$$h(x, y) = \nabla^2[g(x, y)] = \nabla^2[f(x, y) * G(x, y)] = f(x, y) * \nabla^2[G(x, y)]$$

$\nabla^2[G(x, y)]$ 即为 Laplacian 算子，表达式为

$$\nabla^2 G(x, y) = \frac{\partial^2 G}{\partial x^2} + \frac{\partial^2 G}{\partial y^2} = \frac{1}{\pi\sigma^4}\left[\frac{x^2 + y^2}{2\sigma^2} - 1\right]\exp\left[\frac{-1}{2\sigma^2}(x^2 + y^2)\right]$$

数字图像可近似表示为

$$\nabla^2 f(x, y) = f(x+1, y) + f(x-1, y) + f(x, y+1) + f(x, y-1) - 4f(x, y)$$

其模板的基本要求是对应中心像素的值为正，对应中心像素邻近像素的值为负，且它们的和应为 0。模板为

$$\begin{bmatrix} 0 & -1 & 0 \\ 0 & 4 & -1 \\ 0 & -1 & 0 \end{bmatrix} \begin{bmatrix} -1 & -1 & -1 \\ -1 & 8 & -1 \\ -1 & -1 & -1 \end{bmatrix}$$

由于该算子是一种二阶导数算子，因此对图像中的噪声相当敏感。另外它常产生双像素的边缘，而且也不能检测边缘方向的信息。由于上述原因，拉普拉斯算子很少直接用于检测边缘，而主要用于在已知边缘像素后确定该像素是在图像的暗区还是明区。图 4-23（f）为 Laplacian 算子边缘检测的结果。

【例 4-3】获取灰度图像中汽车的边缘图像。

通过检测结果可以发现，Roberts 算子边缘定位准确，但对噪声敏感，去噪声作用小，

适合于边缘明显且噪声较小的图像分割；Sobel 算子是方向性的，在水平和垂直方向上形成了最强烈的边缘，它不仅能检测边缘点，而且能抑制噪声影响，对灰度渐变和噪声较多的图像处理得较好；Prewitt 算子与 Sobel 算子相比，对噪声抑制较弱；Laplacian 算子是一个与方向无关的各向同性边缘检测算子，对细线和孤立点检测效果好，但边缘方向信息丢失，常产生双像素的边缘，对噪声有双倍加强作用，很少直接用于检测边缘；Canny 算子边缘检测的方法是寻找图像梯度的局部极大值，它使用两个阈值来分别检测强边缘和弱边缘，而且仅当弱边缘和强边缘相连时弱边缘才会包含在输出中。因此，我们采用 Canny 边缘检测算子。

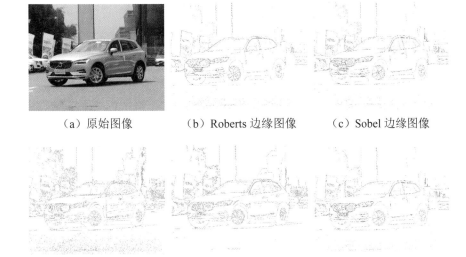

（a）原始图像　　　（b）Roberts 边缘图像　　　（c）Sobel 边缘图像

（d）Log 边缘图像　　　（e）Canny 边缘图像　　　（f）Prewitt 边缘图像

图 4-23　采用多种算子的边缘检测结果

2）基于阈值的图像分割方法。基于阈值的图像分割方法又称阈值分割法，是一种传统的图像分割方法，因其实现简单、计算量小、性能较稳定而成为图像分割中最基本和应用最广泛的分割技术。

阈值分割法的基本原理：通过设定不同的特征阈值，把图像像素点分为具有不同灰度值的目标区域和背景区域的若干类。它特别适用于目标和背景占据不同灰度值范围的图像，已被应用于很多领域，其中阈值的选取是阈值分割法中的关键技术。从其发展历程来看，主要是最大类间方差法，它被认为是阈值分割法中的经典算法。

最大类间方差法（大津法）是由日本学者大津（Nobuyuki Otsu）于 1979 年提出的，是一种确定图像二值化分割阈值的算法。算法假设图像像素能够根据全局阈值被分成背景和目标两部分，然后计算该最佳阈值来区分这两类像素，使它们的像素区分度最大。

最大类间方差法的步骤如下：

第一步：寻找图像的最大和最小灰度值，分别记为 max 和 min。

第二步：阈值 δ=min:max。

第三步：根据灰度值是否大于阈值 δ 将图像分为两类。

第四步：计算这两类的类间方差并保存下来。

小于阈值 δ 的灰度点出现的概率：$P_{\min} = \dfrac{N_{\min}}{N}$

大于阈值 δ 的灰度点出现的概率：$P_{\max} = \dfrac{N_{\max}}{N}$

小于阈值 δ 的灰度均值：$avg_{\min} = \sum_{i=0}^{\delta} p_i \times i$

大于阈值 δ 的灰度均值：$avg_{\max} = \sum_{i=\delta+1}^{255} p_i \times i$

类间方差：$result = P_{\min}(avg_{total} - avg_{\min})^2 + P_{\max}(avg_{total} - avg_{\max})^2$

第五步：遍历所有阈值，并选取类间方差最大的时候所对应的阈值作为最佳阈值。

从大津法的原理上来讲，该方法又称为最大类间方差法，因为按照大津法求得的阈值在进行图像二值化分割后前景与背景的类间方差最大。它被认为是图像分割中阈值选取的最佳算法，因此在数字图像处理上得到了广泛应用。因方差是灰度分布均匀性的一种度量，背景和前景之间的类间方差越大，说明构成图像的两部分的差别越大，无论是部分前景错分为背景还是部分背景错分为前景都会导致两部分的差别变小。因此，使类间方差最大的分割意味着错分概率最小。

这种方法是求图像全局阈值的最佳方法，适用于大部分需要求图像全局阈值的场合。其优点是计算简单快速，不受图像亮度和对比度的影响；缺点是对图像噪声敏感，只能针对单一目标分割，当目标和背景大小比例（面积）悬殊、类间方差函数可能呈现双峰或者多峰时分割效果不好。这时可以采用多阈值 Otsu 法或者遗传算法优化 Otsu 等改进算法，如图 4-24 所示。

图 4-24　基于 Otsu 阈值的图像分割

3）基于区域的图像分割方法。基于区域的图像分割方法是根据一定的准则将像素或子区域聚合成更大区域的过程。基于区域的图像分割方法的关键在于选取合适的生长准则，不同的生长准则会影响区域生长的过程和结果。生长准则可根据不同的原则制定，大部分区域生长准则使用图像的局部性质。

该算法的基本流程如下：

①种子的产生。首先以一组种子点开始，将与种子性质相似（如灰度值）的邻域像素附加到生长区域的每个种子上。根据所解决问题的性质选择一个或多个起点，若无先验信息，则对每个像素计算相同的特性集，特性集在生长过程中用于将像素归属于某个区域。若这些计算的结果呈现出不同簇的值，则簇中心附近的像素可以作为种子。

②终止规则。若没有像素满足加入某个区域的条件，则区域停止生长，终止规则的制定需要先验知识或先验模型。

③相似度准则。利用灰度值类似准则、纹理类似准则和颜色类似准则，基于区域的图像分割方法基本采用以上流程，目前最为经典的区间分割方法为基于灰度差的区域生长分割方法（如图 4-25 所示），这是一种以像素为基本单位进行操作的方法，具体步骤如下：

第一步：对图像进行逐行扫描，找出尚没有归属的图像。

第二步：以该像素为中心检查其邻域像素，即将邻域中的像素逐个与它比较，若灰度差小于阈值 T，则将它们合并。

第三步：以新合并的像素为中心，回到第二步检查新像素的邻域，直到区域无法进一步扩张。

第四步：重复第一步至第三步，直到不能找出没有归属的像素则结束整个生长过程。

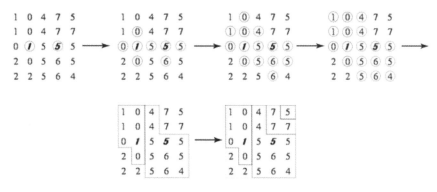

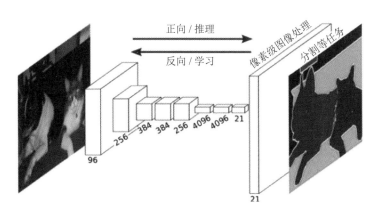

图 4-25　基于灰度差的区域生长分割算法（4 邻域，$T=1$）

4）基于深度学习的图像语义分割方法。传统的图像分割方法是根据图像的灰度、纹理进行区域划分，因此分割方法的应用有较多的限制。近年来，图像分割技术主要采用基于深度学习的图像语义分割。

图像语义分割是图像处理和机器视觉技术中关于图像理解的重要一环，也是人工智能领域中一个重要的分支。语义分割就是对图像中的每个像素点进行分类，确定每个像素点的类别（如属于背景、人或车等），从而进行区域划分。目前，语义分割已经被广泛应用于自动驾驶、无人机落点判定等场景中。

语义分割需要判断图像每个像素点的类别，从而进行精确分割。图像语义分割是像素级别。最早的语义分割采用卷积神经网络完成，虽然卷积神经网络能很好地指出物体的具体轮廓和每个像素具体属于哪个物体，但是无法做到精确分割。针对这个问题，全卷积网络（Fully Convolutional Network，FCN）被提出，成为了语义分割的基本框架，后续算法其实都是在这个框架中改进而来的。FCN 示意图如图 4-26 所示。

图 4-26　FCN 示意图

① FCN 版本模型结构。

原始图像经过多个卷积和 + 一个最大池化变为 pool1，宽高变为 1/2。

pool1 经过多个卷积和 + 一个最大池化变为 pool2，宽高变为 1/4。

pool2 特征再经过多个卷积和 + 一个最大池化变为 pool3，宽高变为 1/8。

......

直到 pool5，宽高变为 1/32。

那么可以得到 3 个不同的模型：FCN-32s、FCN-16s 和 FCN-8s。

对于 FCN-32s（s 是 stride 的缩写），直接对 pool5 进行 32 倍上采样获得 32 倍的上采样特征，再对 32 倍的上采样特征的每个点做 softmax 预测，就可以获得 32 倍的上采样特征预测（即分割图）。

对于 FCN-16s，首先对 pool5 进行 2 倍上采样获得 2 倍的上采样特征（大小和 pool4 一样），然后将其与 pool4 逐点相加，对相加的特征进行 16 倍上采样，并做 softmax 预测，获得 16 倍的上采样特征预测。

对于 FCN-8s，首先对 pool5 特征进行 2 倍上采样获得 2 倍的上采样特征，再把 pool4 特征和 2 倍的上采样特征逐点相加，又得到 2 倍的上采样特征，继续将 pool3 特征和 2 倍的上采样特征逐点相加，然后对相加的特征进行 8 倍上采样，并做 softmax 预测，获得 8 倍上采样的特征预测，即进行更多次特征融合，具体过程与 FCN-16s 类似。

②损失函数。FCN 中用常规 softmax 分类损失函数，该损失函数的定义如下：

$$\text{softmax}(z_i) = \frac{e^{z_i}}{\sum_{c=1}^{C} e^{z_c}}$$

式中，z_i 为第 i 个节点的输出值；d 为输出节点的个数，即分类的类别个数。通过 Softmax 函数可以将多分类的输出值转换为范围为 [0, 1] 和 1 的概率分布。

a．上采样。上采样就是将图像放大，采用内插值方法，即在原有图像像素的基础上在像素点之间采用合适的插值算法插入新的元素，如图 4-27 所示。

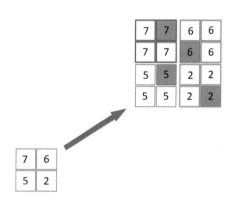

图 4-27　上采样示意图

上采样的采样方式有很多种，如最近邻插值、双线性插值、均值插值、中值插值等。在全卷积网络中采用双线性插值的方法实现上采样。

双线性插值是用原图像中的 4（2×2）个点来计算新图像中的 1 个点，效果略逊于双三次插值，但其速度比双三次插值快，属于一种平衡美，在很多框架中属于默认算法。

b．反卷积。全卷积网络采用的是反卷积。对于普通卷积，输入蓝色 4×4 矩阵，卷积核大小为 3×3。当设置卷积参数 pad=0，stride=1 时，卷积输出绿色 2×2 矩阵，如图 4-28 所示。

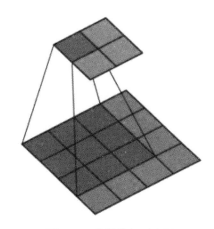

图 4-28　普通卷积示意图

而对于反卷积，相当于把普通卷积反过来，输入蓝色 2×2 矩阵，卷积核大小还是 3×3。当设置反卷积参数 *pad*=0，*stride*=1 时，输出绿色 4×4 矩阵，如图 4-29 所示。

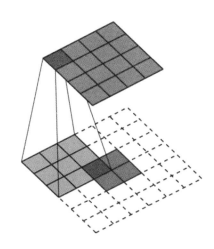

图 4-29　反卷积示意图

c．训练。基础网络是 AlexNet、VGG16、GoogLeNet，这里主要以 VGG16 进行说明。具体实验细节如下：

第一阶段：以经典的分类网络为初始化，最后两级是全连接（红色），弃去不用，如图 4-30 所示。

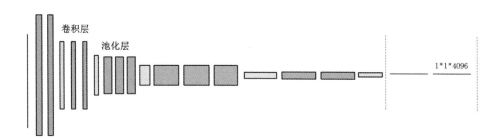

图 4-30　初始化

第二阶段：从特征小图（16×16×4096）预测分割小图（16×16×21），之后直接升采样为大图。反卷积（橙色）的步长为 32，这个网络称为 FCN-32s，如图 4-31 所示。

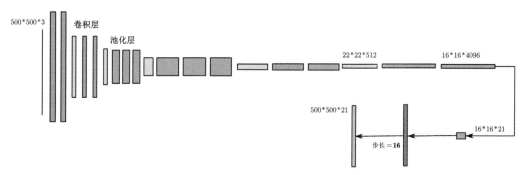

图 4-31　FCN-32s

第三阶段：在第二次升采样前，把第 4 个 pooling（池化）层（绿色）的预测结果（蓝色）融合进来。使用跳级结构提升精确性，第二次反卷积的步长为 16，这个网络称为 FCN-16s，如图 4-32 所示。

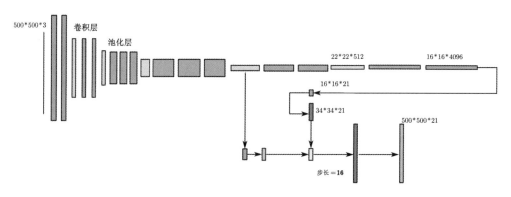

图 4-32　FCN-16s

第四阶段：进一步融合了第 3 个 pooling 层的预测结果，第三次反卷积的步长为 8，这个网络记为 FCN-8s。核心就是较浅层的预测结果包含了更多细节信息，跳级结构利用浅层信息辅助逐步升采样，得到更精细的结果，如图 4-33 所示。

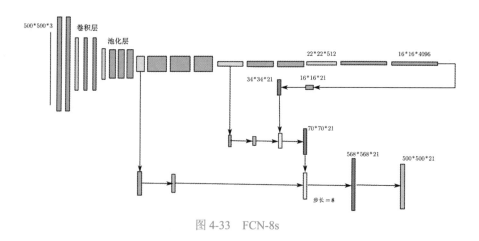

图 4-33　FCN-8s

最终的分割效果如图 4-34 所示。

FCN 的优点在于：

● 可以接受任意大小的输入图像（没有全连接层）。

● 更加高效，避免了使用邻域带来的重复计算和空间浪费的问题。

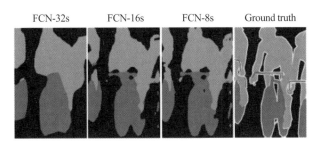

图 4-34　基于 FCN 语义分割示意图

FCN 的缺点在于：

● 得到的结果还不够精细。进行 8 倍上采样虽然比 32 倍的效果好了很多，但是上采样的结果还是比较模糊和平滑，对图像中的细节不敏感。

● 对各个像素进行分类，没有充分考虑像素与像素之间的关系；忽略了在通常的基于像素分类的分割方法中使用的空间规整步骤，缺乏空间一致性。

4.3　语音识别与机器人听觉

语音识别与机器人听觉

智能机器人感知周围环境和收集信息除了通过图像和视觉之外，还可以通过收集声音作为处理对象，从而产生相应的反应。语言是人类交流最常用、最有效、最重要、最方便的方式，而语音是语言的声学表现，以语音的形式与机器进行交流是人类一直以来的梦想。随着计算机技术的迅速发展，语音识别技术也取得了突破性进展，人与机器通过自然语言进行对话的梦想已经逐步实现。语音识别技术是人类朝着智能化机器人发展的关键技术之一，它使机器人对信息的处理和获取更加便捷，从而提高机器人的工作效率，提高机器人领域的运转效率。

语音识别作为信息技术中一种人机接口的关键技术，具有重要的研究意义和广泛的应用价值。下面将介绍机器人语音识别技术，阐述语音识别的基本组成、基本原理、常用算法等基础知识，并对语音识别技术在机器人听觉方面的应用进行简单介绍。

4.3.1　语音识别技术流程

语音识别（Automatic Speech Recognition，ASR）是将人类的声音信号转化为文字或指令的过程。机器人通过声音传感器获取到由环境中的声波产生的电信号，经过采样转为数字信号后对这一信号所包含的信息进行处理，即语音识别。

语音识别系统的模型通常由声学模型和语言模型两部分组成，分别对应于语音到音节概率的计算和音节到字概率的计算。一个连续语音识别系统大致可分为 5 个部分：预处理、声学特征提取、声学模型训练、语言模型训练、语音解码和搜索算法，如图 4-35 所示。

1. 预处理

通过声音传感器检测到声音信号后首先需要经过预处理模块，对输入的原始语音信号进行处理。在预处理模块中，输入的语言信号要先对反混叠滤波、采样、A/D 转换等过程进行数字化，再进行预处理，包括预加重、加窗和分帧、端点检测等。通过预处理模块滤除掉声音信号中的不重要信息和背景噪声，同时进行语音信号的端点检测，即找出语音信号的始末，方便后续对信号的处理。在预处理模块中，还要对声音信号进行语音分帧，将较长的语音信号分割为若干段然后进行分析，一般分割为 10 ～ 30ms 的信号，使分割信号是短时平稳的。除此之外，在信号预处理中还要涉及预加重（用来提升高频部分权重）和加窗等处理，为下一步的声学特征提取提供必要条件。

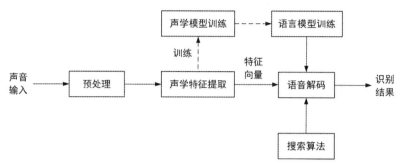

图 4-35　语音识别系统

2. 声学特征提取

声学特征提取是将原始的声学数字信号通过处理算法去除语音信号中对于语音识别的冗余信息，保留能够反映语音本质特征的信息，并用一定的形式表示出来。声学特征提取能够更准确地包含相关的特征，以便于后续使用。语音信号是一种典型的时变信号，然而如果把音频的参考时间控制在几十毫秒以内，则得到一段基本稳定的信号。声学特征提取提取出反映语音信号特征的关键特征参数形成特征矢量序列，去除那些相对无关的背景噪声、信道失真等信息，以便用于后续处理。目前较常用的特征提取的方法有很多，不过这些提取方法都是由频谱衍生出来的。声学特征提取的常用方法有线性预测倒谱系数（Linear Predictive Cepstral Coefficient，LPCC）和梅尔频率倒谱系数（Mel-Frequency Cepstral Coefficient，MFCC）。

3. 声学模型训练

声学模型是语音识别系统中用于声音识别的模型，模型的好坏直接影响语言识别的准确度，是语音识别系统中最关键的部分。声学模型表示一种语言的发音声音，可以通过训练来识别某个特定用户的语音模式和发音环境的特征。根据训练语音库的特征参数来训练出声学模型参数，在识别时可以将待识别的语音的特征参数同声学模型进行匹配与比较，得到最佳识别结果。目前的主流语音识别系统中，声学模型一般是混合（Hybrid）模型，它包括用于序列跳转的隐马尔可夫模型（Hidden Markov Model，HMM）和根据当前帧来预测状态的深度神经网络。HMM 是用于建模离散时间序列的常见模型，它在语音识别中已经使用了很多年并产生了很多相关技术。

4. 语言模型训练

经过声学模型训练，语音识别系统可以得到语言模型，用于处理匹配输入的声音信息。语言模型一般指在匹配搜索时用于字词和路径约束的语言规则，它包括由识别语音命令构成的语法网络或由统计方法构成的语言模型，语言处理则可以进行语法、语义分析。语音识别中的语言模型主要解决两个问题：一是如何使用数学模型来描述语音中词的语音结构；二是如何结合给定的语言结构和模式识别器形成识别算法。语言模型是用来计算一个句子出现概率的概率模型。它主要用于决定哪个词序列的可能性更大，或者在出现了几个词的情况下预测下一个即将出现的词语内容。换句话说，语言模型是用来约束单词搜索的。它定义了哪些词能跟在上一个已经识别词的后面（匹配是一个顺序的处理过程），这样就可以为匹配过程排除一些不可能的单词。

语言建模能够有效地结合语法和语义的知识描述词之间的内在关系，从而提高识别率，缩小搜索范围。语言模型分为 3 个层次：字典知识、语法知识和句法知识。对训练文本数据库进行语法、语义分析，经过基于统计模型训练得到语言模型。

5. 语音解码和搜索算法

语音解码是指语音技术中的识别过程。针对输入的语音信号，根据已经训练好的 HMM 声学模型、语言模型及字典建立一个识别网络，根据搜索算法在该网络中寻找最佳的一条路径，该路径能够以最大概率输出该语音信号的词串，从而确定这个语音样本所包含的文字。因此，解码操作需要相应的搜索算法，搜索算法指在解码端通过搜索技术寻找最优词串的算法。

主流解码技术是通过维特比（Viterbi）搜索算法来实现的。在解码过程中，各种解码器的具体实现可以是不同的。按搜索空间的构成方式来分，有静态编译和动态编译两种方式。

静态编译是把所有知识源统一编译在一个状态网络中，在解码过程中，根据节点间的转移权重获得概率信息。由 AT&T 提出的带权重的有限状态转换器（Weighted Finite State Transducer，WFST）方法是一种有效编译搜索空间并消除冗余信息的方法。

动态编译预先将发音词典编译成状态网络从而构成搜索空间，其他知识源在解码过程中根据活跃路径上携带的历史信息进行动态集成。

连续语音识别中的搜索就是寻找相匹配的每一段词模型序列，以描述输入语音信号，从而得到词解码序列。搜索所依据的是对匹配数声学模型和语言模型打分，来搜索到最优解释。在实际使用中，往往要依据经验给语言模型加上一个高权重，并设置一个长词惩罚分数，来增强语言模型的识别准确度。

4.3.2　声学模型训练常用方法

声学模型训练是语音识别算法中涉及机器学习的核心环节，也是人工智能和机器学习核心算法的重点应用场所。目前具有代表性的语音识别算法主要有动态时间规整（DTW）、支持向量机（SVM）、矢量量化（VQ）、隐马尔可夫模型（HMM）和人工神经网络（ANN）等。

1. 动态时间规整（DTW）

动态时间规整（Dynamic Time Warping，DTW）算法是在非特定人语音识别中一种简单有效的方法，该算法基于动态规划的思想，解决了发音长短不一的模板匹配问题，是语音识别技术中出现较早、较常用的一种算法。

语音识别中，由于语音信号的随机性，即使同一个人发出的同一个音，只要说话环境和情绪不同，时间长度也不尽相同，因此时间规整是必不可少的。在应用 DTW 算法进行语音识别时，就是将已经预处理和分帧过的语音测试信号和参考语音模板进行比较和非线性伸缩，以获取它们之间的相似度，并按照某种距离测度得出两模板间的相似程度并选择最佳路径。

动态时间规整算法的引入，将测试语音映射到标准语音时间轴上，使长短不一的两个信号最后通过时间轴弯折达到一样的时间长度，进而使匹配差别最小，然后结合距离测度，得到测试语音与标准语音之间的距离。

2. 支持向量机（SVM）

支持向量机（Support Vector Machine，SVM）是应用统计学理论的一种新的学习机模型，采用结构风险最小化原理（Structural Risk Minimization，SRM），有效克服了传统经验风险最小化方法的缺点。兼顾训练误差和泛化能力，在解决小样本、非线性及高维模式识别方面具有许多优越的性能，已经被广泛地应用到模式识别领域。支持向量机是建立在VC 维理论（Vapnik-Chervonenkis Dimension）和结构风险最小理论基础上的分类方法，它根据有限样本信息在模型复杂度与学习能力之间寻求最佳折中。从理论上讲，SVM 就是一个简单的寻优过程，它解决了神经网络算法中局部极值的问题，得到的是全局最优解。SVM 已经成功地应用到语音识别中，并表现出良好的识别性能。

3. 矢量量化（VQ）

矢量量化（Vector Quantization，VQ）是一种重要的信号压缩方法，也是一种广泛应用于语音和图像压缩编码等领域的重要信号压缩技术。矢量量化的基本原理是把每帧特征矢量参数在多维空间中进行整体量化，在信息量损失较小的情况下对数据进行压缩。因此，它不仅可以减小数据存储，而且能提高系统运行速度，保证语音编码质量和压缩效率，一般应用于小词汇量的孤立词的语音识别系统。

与 HMM 相比，VQ 主要应用于小词汇量、孤立词的语音识别系统中。其过程是将若干个语音信号波形或特征参数的标量数据组成一个矢量，在多维空间进行整体量化。把矢量空间分成若干个小区域，每个小区域寻找一个代表矢量，量化时落入小区域的矢量就用这个代表矢量代替。矢量量化器的设计就是从大量信号样本中训练好的码书，从实际效果出发寻找到好的失真测度定义公式，设计出最佳的矢量量化系统，用最少的搜索和计算失真的运算量实现最大可能的平均信噪比。

4. 隐马尔可夫模型（HMM）

隐马尔可夫模型（HMM）是语音信号处理中的一种统计模型，是由马尔可夫链演变而来的，所以它是基于参数模型的统计识别方法。HMM 建模是对语音信号的时间序列建立统计模型，这是一个双重随机过程：一个是用有限状态数的马尔可夫链来模拟语音信号统计特性变化的隐含的随机过程，另一个是与马尔可夫链的每一个状态相关联的观测序列的随机过程。该模型合理地模仿了人类语言的双重随机过程，很好地描述了语音信号的整体非平稳性和局部平稳性。同时，由于其模式库是通过反复训练形成的，是与训练输出信号吻合概率最大的最佳模型参数，而不是预先储存好的模式样本，且其识别过程中运用待识别语音序列与 HMM 参数之间的似然概率达到最大值所对应的最佳状态序列作为识别输出，因此是较理想的语音识别模型。

高斯混合—隐马尔可夫模型（Gaussian Mixture Model-HMM，GMM-HMM）是利用高斯混合模型对 HMM 每个状态的语音特征分布进行建模，GMM 就相当于描述状态的符号发射概率，对于属于该状态的语音特征向量的概率分布进行建模。GMM-HMM 更容易提取出属于各个发音建模单元的模型，所需的计算资源较少，因此 GMM-HMM 在语音建模和识别中取得了巨大成功。

5. 人工神经网络（ANN）

人工神经网络（ANN）作为一种新的智能算法逐渐被应用于语音识别中。其本质是一个自适应非线性动力学系统，模拟了人类神经活动的原理。ANN 具有自适应性、并行性、鲁棒性、容错性和学习特性，其强大的分类能力和输入 / 输出映射能力在语音识别中都很有吸引力。与 HMM 相比，该方法是模拟人脑思维机制的工程模型，具有分类决策能力和对不确定信息的描述能力，但它对动态时间信号的描述能力尚不足。ANN 只能解决静态模式分类问题，并不适用于时间序列的处理。由于 ANN 不能很好地描述语音信号的时间动态特性，因此常把 ANN 与传统识别方法（如 HMM 等）结合，分别利用各自优点来进行语音识别。

　　深度学习可从少数样本集中学习本质特征，通过深层非线性网络结构实现复杂函数逼近，表征输入数据分布式。语音识别算法可以采用基于深度神经网络（DNN）的非监督逐层训练算法，利用空间相对关系减少参数数目以提高神经网络的训练性能，有效地解决了在深度结构非目标代价函数中普遍存在的局部最小问题。相比传统的基于 GMM-HMM 的语音识别系统，其最大的改变是采用深度神经网络替换 GMM 对语音的观察概率进行建模。基于 DNN-HMM 识别系统的模型如图 4-36 所示。其中 DNN 可以采用前馈型神经网络。

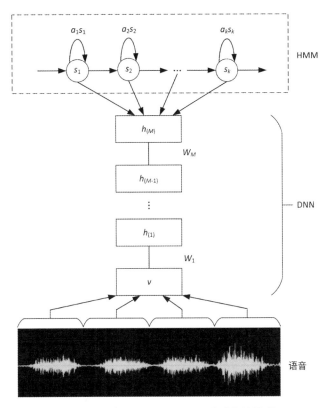

图 4-36　基于 DNN-HMM 识别系统的模型

　　考虑到语音信号的各帧之间具有长时相关性，传统拼接帧的方式会削弱 DNN 对于时序信息的长时建模的相关性。循环神经网络（Recurrent Neural Network，RNN）具有更强的长时建模能力，近年来逐渐替代传统的 DNN 成为主流的语音识别建模方案。如图 4-37 所示，相比前馈型神经网络 DNN，当前时刻的 RNN 隐含层输入有一部分是前一时刻的隐含层输出，这使 RNN 可以通过循环反馈连接看到前面所有时刻的信息，这赋予了 RNN 记忆功能。此特点使 RNN 非常适合用于对时序信号的建模。

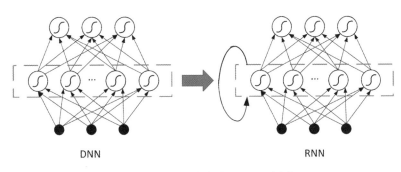

图 4-37　DNN 替换为 RNN 示意图

由于传统简单 RNN 存在梯度消失等问题，为解决该类问题引入了长短时记忆模块（Long-Short Term Memory，LSTM），使 RNN 框架可以在语音识别领域实用化并获得超越 DNN 的效果，目前已经使用在业界一些比较先进的语音系统中。通过进一步改进，采用双向 RNN 对当前语音帧进行判断，该方法不仅可以利用历史的语音信息，还可以利用未来的语音信息，从而进行更加准确的决策。除此之外，引入序列短时分类（Connectionist Temporal Classification，CTC）输出层，使训练过程无需帧级别的标注，就可以实现有效的"端对端"训练。

CNN 被用于语音识别系统后有很多研究人员积极投身于该项研究，他们提出了深度全序列卷积神经网络（Deep Fully Convolutional Neural Network，DFCNN）的语音识别框架，该方法将一段语音信息直接转换为一张图像作为算法输入，使用大量的卷积层直接对整句语音信号进行建模，更好地表达了语音的长时相关性。DFCNN 对每帧语音进行傅里叶变换，转换时间和频率作两维度图像，将图像通过非常多的卷积层和池化层的组合从而形成整句语音的模型，这样输出单元直接对应最终的识别结果。该方法有效地解决了语音信号的连续性，更好地利用有限数据信息实现了语音识别。

4.3.3 机器人听觉系统

听觉传感器既是人工智能装置，又是机器人中必不可少的部件，它是利用语音信号处理技术制成的。机器人由听觉传感器实现"人—机"对话。一台高级的机器人不仅能听懂人说的话，而且能讲出人能听懂的语言。赋予机器人这些智慧和技术统称语音处理技术，前者为语音识别技术，后者为语音合成技术。

根据智能机器人听觉系统应用场景的环境情况及功能需求确定机器人听觉系统结构设计，根据智能机器人的主要服务对象完善交互系统设计。机器人听觉系统中主要的传感器为听觉传感器，听觉传感器是检测出声波（包括超声波）或声音的传感器。用于识别声音的信息传感器，一般使用传声器等振动检测器作为检测元件。

采集来的声音信息先进入预处理器，对声音信号进行简单预处理。预处理过的声音信号经过输入通道进行采样和 A/D 转换，将模拟量信号转换为数字量信号，使其能够被语音识别芯片所接收。语音识别芯片对声音信息进行处理，从声音的波形分析、声音合成等出发实现智能机器人听觉系统的某种实用程度。

声音识别是通过模式识别技术识别未知的输入声音，通常分为特定说话人和非特定说话人两种声音识别方式。前者的语音识别技术需要调用事先开发好的语音库进行识别，特定语音识别是预先提取特定说话人发音的单词或音节的各种特征参数并记录在存储器中，要识别的输入声音属于哪一类决定于待识别特征参数与存储器中预先登录的声音特征参数之间的差。后者为自然语音识别，这种语音的识别比特定说话人的语音识别困难得多，往往采用深度学习等方法进行识别。声音识别方式可分为特定说话人的识别方式和非特定说话人的识别方式两种。

1. 特定说话人的识别方式

说话人的识别按照任务可以分为说话人辨认和说话内容辨识。说话人辨认是指通过一段语音从已注册的说话人群中分辨出特定说话人的声音，辨认其身份的过程。说话内容辨识是证实某一特定说话人与他所声明的内容一致性的过程，系统需要给出说话内容，是判别相关语义的问题。近几十年通过对机器人听觉系统的研究，研究人员不断在特征取样、模型匹配、对环境的适应性等方面进行深入研究，语音识别技术也从小型的、实验室条件下、受控制的系统向实用化发展。如今，语音识别技术已逐渐进入应用化阶段，并进入人们的日常生活中。

实现这一技术的大规模集成电路的声音识别电路已商品化，采用这些芯片构成的传感器控制系统即为机器人听觉系统，如图4-38所示。

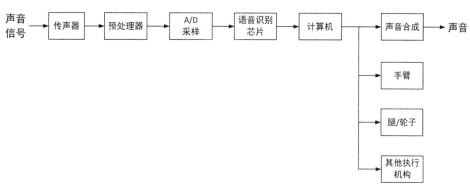

图4-38　机器人听觉系统

图4-38中的机器人听觉系统可以告诉机器人如何进行操作，从而构成声音控制型机器人。该机器人通过语音识别芯片确认声音合成系统的指令，并将指令传输至机器人内部的计算机中，通过计算机控制机器人的执行机构动作，包括进行声音合成、与操作员对话、驱动手臂完成相关动作、驱动机器人腿或轮子进行有目的的移动等。这些功能都要依靠机器人听觉系统进行相关的语音指令识别。

2. 非特定说话人的识别方式

由于说话人没有预先注册到机器人语音库内，所以必须对任意说话人进行特征提取。说话人识别系统中的特征提取即提取声音信号中表征语言的基本特征，此特征应能有效地区分不同的语音内容，且对同一语义的变化保持相对稳定。语音信号的特征参数可与一些开放的语音库进行对比，从而得到相关语义的内容。或者通过人工智能或深度学习的方法进行机器人语音识别，得到非特定说话人的语音识别方式。现在，智能机器人非特定说话人的语音识别已经取得了很大突破，并已经应用在银行、教育、交通运输和智能家居等领域，为人们的生产生活提供了很大便利。

近些年来，语音识别技术取得了显著进步，开始从实验室走向市场。语音识别技术应用范围极为广泛，涉及日常生活的方方面面，其中在智能机器人领域的应用发挥着很重要的作用。语音识别技术作为一种将人类语音转化为机器语言的技术，必然是机器人获取信息的重要方式。机器人听觉技术更容易将操作人的想法直接传输给机器人，方便智能机器人的实际操作。

4.4　多源信息融合

多源信息融合

机器人多传感器信息融合就是利用计算机技术将来自多传感器或多源的信息和数据，根据某个特定标准在空间或时间上进行组合，获得机器人被测状态的一致性解释或者描述，并使该机器人信息系统具有更好的性能。从机器人融合级别上来说，融合模型通常从数据、特征、决策3个层次上进行信息的融合处理。采用信息融合技术的机器人系统结构一般可分为集中式融合结构、分布式融合结构和混合式融合结构。针对实际问题，同时根据信息源数据特征的差异，可单独采用不同层次的融合方法或组合某两个层次的递进融合方法，从而得到使机器人性能较优的融合方案。

4.4.1　信息融合概述

机器人多传感器信息融合技术的基本原理就像人的大脑综合处理信息的过程一样，将各种传感器进行多层次和多空间的信息互补，并进行优化组合处理，最终产生对观测环境的一致性解释。在这个过程中要充分利用多源信息进行合理支配与使用，而信息融合的最终目标则是基于各传感器获得的分离观测信息和机器人状态，通过对信息多级别、多方面适当处理产生所需要的有用信息。多源信息融合不仅利用了各传感器的信息，而且综合处理了传感器信息与其他信息源的数据，从而提高整个机器人系统的智能化水平。

信息融合可以通过硬件同步和软件同步实现。

（1）硬件同步：使用同一触发采集命令实现各传感器采集和测量的时间同步，保证采集时间的一致性。

（2）软件同步：可分为时间同步和空间同步。

● 时间同步：也称时间戳同步、软同步。通过统一的主机给各传感器提供基准时间，各传感器根据已经校准后的时间为各自独立采集的数据加上时间戳信息，这样可以做到所有传感器时间戳同步，但由于各传感器各自采集周期相互独立，故无法保证同一时刻同时进行采集信息。

● 空间同步：统一传感器坐标系。将不同传感器坐标系的测量值转换到同一个坐标系中，其中激光传感器在高速移动的情况下需要考虑当前速度下的帧内位移校准。

4.4.2　多源信息融合的主要方法

由于机器人多传感器系统信息具有多样性和复杂性，因此要求信息融合算法具有鲁棒性和并行处理能力。除此之外，还要求算法的运算速度和精度符合机器人应用；与前续预处理系统和后续信息识别系统的接口性能要好；与不同技术和方法具有协调能力；传感器信息样本符合处理要求等。一般基于非线性的信息处理算法具有容错性、自适应性、联想记忆和并行处理能力，可以用来作为多源信息融合。因此，根据信息处理算法的结构，机器人多传感器信息融合的常用方法可分为两大类：随机类和人工智能类。

1. 随机类

（1）加权平均法。多源信息融合方法最简单直观的方法是加权平均法，即将一组传感器提供的冗余信息进行加权平均，结果作为融合值。该方法是一种直接对数据源进行操作的方法，基本过程如下：设用 n 个传感器对某个物理量进行测量，第 i 个传感器输出的数据为 X_i（$i=1$，2，$\cdots$，n）。对每个传感器的输出测量值进行加权平均，加权系数为 w_i，得到的加权平均融合结果为

$$\bar{X} = \sum_{i=1}^{n} w_i X_i$$

加权平均法将来自不同传感器的冗余信息进行加权平均，融合值作为输出结果，需要应用该方法以获得正确的权值，否则会极大地影响输出结果，所以必须先对系统和传感器进行详细的分析和建模。

（2）卡尔曼滤波法。卡尔曼滤波器（Kalman Filter）是一种最优化自回归数据处理算法，在计算过程中不需要存储历史数据，适合计算机递推运算。卡尔曼滤波法主要用于动态环境中冗余传感器信息的实时融合，该方法应用测量模型的统计特性递推地确定融合数

据的估计，且该估计在统计意义下是最优的。卡尔曼滤波器接收来自机器人的多种传感器数据，进行相应的算法处理，得出接收数据的相关描述。卡尔曼滤波法原理如图 4-39 所示。滤波器的递推特性使它特别适合在那些不具备大量数据存储能力的系统中使用。

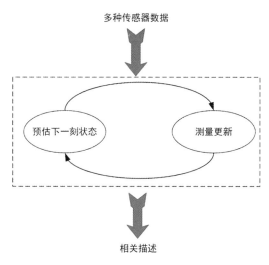

多种传感器数据

预估下一刻状态   测量更新

相关描述

图 4-39　卡尔曼滤波法原理

卡尔曼滤波法主要用于融合低层次实时动态多传感器冗余数据。其测量更新过程根据本次测量值和上次的一步预估值的差对一步预估值进行修正，得到本次的估计值。卡尔曼滤波器实现数据融合的实质是对各传感器测量数据求加权平均，权值大小与其测量方差成反比。改变各传感器的方差值，相当于改变了各传感器的权值，从而得到一个更精确的估计结果。

卡尔曼滤波的递推特性使系统处理无需大量的数据存储和计算。但是当采用单一的卡尔曼滤波器对多传感器组合系统进行数据统计时存在很多严重的问题。例如，在组合信息大量冗余的情况下，计算量将以滤波器维数的三次方剧增，实时性难以满足；传感器子系统的增加使故障概率增加，在某一系统出现故障而没来得及被检测出时故障会影响整个系统，使系统的可靠性降低。

（3）贝叶斯估计法。贝叶斯估计法是静态数据融合中常用的方法。其信息描述主要依靠概率分布，适用于具有可加高斯噪声的不确定信息处理。每一个传感器的信息均对应一个概率密度函数。贝叶斯估计法利用设定的各种条件对融合信息进行优化处理，使传感器信息依据概率原则进行组合，测量不确定性以条件概率表示。当传感器组的观测坐标一致时，可以用直接法对传感器测量数据进行融合。在大多数情况下，传感器是从不同的坐标系对同一环境物体进行描述的，这时传感器测量数据要以间接方式采用贝叶斯估计法进行数据融合。

将每一个传感器作为一个贝叶斯估计，把各单独物体的关联概率分布合成为一个联合后验概率分布函数，通过使联合分布函数的似然函数最小提供多传感器信息的最终融合值，融合信息于环境的一个先验模型以提供整个环境的一个特征描述。

多传感器对目标进行融合时，可以将任务环境表示为不确定几何物体集的多传感器模型，采用传感器数据融合的多贝叶斯估计法。多贝叶斯估计法可以把每一个传感器作为一个贝叶斯估计，将各单个目标的关联概率分布结合成一个联合后验概率分布函数，通过使联合分布函数的似然函数最大可以得到多传感器信息的最终融合值。

（4）D-S 证据推理法。证据理论又称 D-S（Dempster-Shafer）证据推理，证据推理试图用一个概率范围而不是单个的概率值去模拟传感器数值的不确定性表示。证据理论在推理应用中提供了一种处理多数据源不确定信息推理和融合的有效方法。证据理论能够对各自独立的传感器数据加以综合给出一致性结果，并能处理具有模糊和不确定传感器信息的合成问题，最终达到信息互补。证据理论对于信任程度的更新是通过 D-S 合成规则来实现的，相对于贝叶斯估计的后验公式来说，D-S 合成规则的形式较简单，同时适合机器的实现。

在多传感器数据融合系统中，每个信息源都提供了一组证据和命题，并且建立了一个相应的质量分布函数。因此，每一个信息源相当于一个证据体。在同一个鉴别框架下，将不同的证据体通过 Dempster 合并规则合并成一个新的证据体，并计算证据体的似真度，最后用某一决策选择规则获得最后的结果。该方法是贝叶斯估计法的扩充，包含 3 个基本要点：基本概率赋值函数、信任函数和似然函数。

D-S 证据推理法的推理结构是自上而下的，可分为下述三级。

第一级为目标融合，作用是把来自独立传感器的观测结果合成为一个总的输出结果。

第二级为推断，作用是获得传感器的观测结果并进行推断，将传感器的观测结果扩展成目标报告。这种推理的基础是一定的传感器报告以某种可信度在逻辑上会产生可信的某些目标报告。

第三级为更新，各传感器一般都存在随机误差，在时间上充分独立地来自同一传感器的一组连续报告比任何单一报告更加可靠。因此，在推理和多传感器合成之前，要先组合（更新）传感器的观测数据。

D-S 证据推理法存在的问题：不能有效地处理矛盾的输入信息；具有幂指数增长的计算量；推理链较长时，使用证据理论很不方便；D-S 组合规则具有组合灵敏性，但有时基本概率赋值一个很小的变化都可能导致结果产生很大的变化。

（5）产生式规则。产生式规则采用符号表示目标特征和相应传感器信息之间的联系，与每一个规则相联系的置信因子表示它的不确定性程度。当在同一个逻辑推理过程中，多个规则形成一个联合规则时，可以产生融合。应用产生式规则进行融合的主要问题是，每个规则置信因子的定义与系统中其他规则的置信因子相关，如果系统中引入新的传感器，则需要加入相应的附加规则。

2. 人工智能类

（1）模糊逻辑推理。模糊逻辑取消 0 和 1 二值之间非此即彼的对立，用隶属度表示 0 和 1 之间的过渡状态。在模糊逻辑中，一个命题不再非真即假，可以被认为是"部分的真"。模糊逻辑允许将多个传感器信息融合过程中的不确定性直接表示在推理过程中，使多源信息融合时可以采用传感器给出的不确定性数据进行推理建模，利用某种系统化的方法对多源信息进行有效融合，产生一致性模糊推理。

模糊集合理论对数据融合的实际价值在于模糊逻辑是一种多值逻辑，隶属度可视为一个数据真值的不精确表示。在传感器数据融合过程中，存在的不确定性可以直接用模糊逻辑表示，然后使用多值逻辑推理，根据模糊集合理论的各种演算对各种命题进行合并，进而实现数据融合。与概率统计方法相比，模糊逻辑推理在一定程度上克服了概率论所面临的问题，对信息的表示和处理更加接近人类的思维方式，比较适合在高层次上应用（如决策）。但是模糊逻辑推理本身还不够成熟和系统化，对信息的表示和处理缺乏客观性。

（2）人工神经网络法。神经网络具有很强的容错性以及自学习、自组织和自适应能力，能够模拟复杂的非线性映射。神经网络的这些特性和强大的非线性处理能力恰好可以满足多传感器数据融合技术处理的要求。在多传感器系统中，各信息源所提供的环境信息都具有一定程度的不确定性，对这些不确定信息的融合过程实际上是一个不确定性推理过程。神经网络根据当前系统所接收的样本相似性确定分类标准，这种确定方法主要表现在网络的权值分布上，同时可以采用学习算法来获取知识，进而得到不确定性推理机制。利用神经网络的信号处理能力和自动推理功能即可实现多传感器数据融合。

神经网络根据各传感器提供的样本信息确定分类标准，这种确定方法主要表现在网络的权值分布上，同时还采用神经网络特定的学习算法进行离线或在线学习来获取知识，得到不确定性推理机制，然后根据这一机制进行融合和再学习。

基于神经网络的多传感器数据融合具有如下特点：具有统一的内部知识表示形式，通过学习方法可将网络获得的传感器信息进行融合，获得相关网络的参数（如连接权矩阵、节点偏移向量等），并且可将知识规则转换成数字形式，便于建立知识库；利用外部环境的信息，便于实现知识自动获取及进行联想推理；能够将不确定环境的复杂关系，经过学习推理，融合为系统能理解的准确信号；神经网络具有大规模并行处理信息的能力，使系统信息处理速度加快。

4.4.3 机器人信息融合技术

多传感器数据融合作为一种可消除系统的不确定因素、提供准确的观测结果和综合信息的智能化数据处理技术，在智能机器人设计和开发领域是不可缺少的一部分。目前主要应用在移动机器人和遥控操作机器人上，因为这些机器人工作在动态、不确定与非结构化的环境中（如"勇气号"和"机遇号"火星车）。这些高度不确定的环境要求机器人具有高度的自治能力和对环境的感知能力，而多传感器数据融合技术正是提高机器人系统感知能力的有效方法。实践证明，采用单个传感器的机器人不具有完整、可靠地感知外部环境的能力。智能机器人应采用多个传感器，并利用这些传感器的冗余和互补的特性来获得机器人外部环境动态变化的、比较完整的信息，并对外部环境变化做出实时的响应。目前，机器人学界提出向非结构化环境进军，其核心就是多传感器系统和数据融合。

多传感系统使机器人拥有智能，从而提高机器人的认知水平。多种传感器感知工作环境，视觉、听觉、位置和温度等多种传感器经过调理电路转换为规定的模拟量信号，再经过 A/D 转换将模拟量信号变为数字量信号，最终传到计算机。多传感器采集的数据（包括视觉传感器得到的视觉信号）经过计算机处理产生响应命令并传输给机器人控制器。机器人控制器分析计算机命令对机器人驱动器进行控制，从而驱动机器人执行机构进行动作影响工作环境。多传感器智能机器人的组成如图 4-40 所示。

多传感器智能机器人在监测工作环境中识别引起工作环境状态超出正常运行范围的条件，并据此触发若干报警器。通过分析，从各传感器获取的信号模式中提取出特征数据，同时将所提取的特征数据输入控制器进行模式识别，识别器进行特征级数据融合，以识别出系统的特征数据，触发报警的同时给出处理建议。

随着传感器技术、数据处理技术、计算机技术、网络通信技术、人工智能技术、并行计算软件和硬件技术等相关技术的发展，数据融合方法将被不断推出，多传感器数据融合必将成为未来智能机器人的重要技术。多传感器智能机器人数据融合尚处在不断变化和发展过程中。

智能机器人多信息融合系统将会建立统一的融合理论、数据融合的体系结构和广义融合模型，有利于多传感器智能机器人的实现和发展。同时，多信息融合的智能机器人还需要解决数据配准、数据预处理、数据库构建、数据库管理、人机接口、通用软件包开发等问题，利用成熟的辅助技术建立专业领域需求的智能机器人系统。利用有关的先验数据提高数据融合的性能，将神经网络、遗传算法、模糊理论、专家理论和深度学习等人工智能算法引入智能机器人数据融合领域，利用新的智能算法提高多传感器融合的性能。

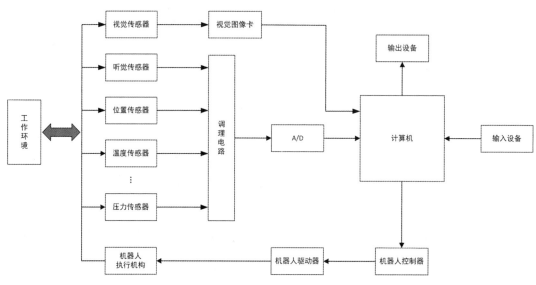

图 4-40 多传感器智能机器人的组成

在多平台和多传感器的应用背景下，将构建智能机器人数据融合平台和多传感器管理体系，将传统传感器控制分为多层，实现分布式传感器控制智能机器人，提高机器人功能的管理效率和增强机器人各功能实现。

随着智能机器人多信息融合技术的发展，信息融合方法工程化与商品化将会越来越深入。随着融合方法工程化，多种复杂融合算法的处理硬件也会随之更新，有利于智能机器人在数据获取的同时完成信息融合。这将会极大地简化和优化智能机器人的结构，缩短开发周期，加快智能机器人的发展。

本 章 小 结

本章从智能机器人感知智能入手，主要介绍了智能机器人感知智能需要考虑的问题，包括以下 4 个方面的内容：

（1）机器人传感器。内部传感器包括位置（位移）传感器、速度传感器、加速度传感器和力觉传感器；外部传感器包括视觉传感器、接近度传感器、嗅觉传感器、触觉传感器等。

（2）机器人视觉与图像处理。介绍了机器人视觉感知和图像处理方法，重点介绍了几种数字图像处理方法和数字图像处理步骤。

（3）语音识别与机器人听觉。介绍了机器人听觉感知方法及原理。语音识别是将人类的声音信号转化为文字或指令的过程，重点介绍了语音识别的几种方法。

（4）多源信息融合。多源信息融合指利用计算机技术将多源的信息和数据，根据某个特定标准进行组合，获得机器人被测状态的一致性解释或者描述。重点介绍了多源信息融合的主要方法，并举例说明了智能机器人多源信息融合模式。

习题 4

1. 列举几种内部传感器并说明其工作原理。
2. 列举几种外部传感器并说明其工作原理。
3. 简述连续语音识别系统的组成。
4. 列举几种常用声学模型训练方法。
5. 简述软件同步的概念。
6. 简述智能机器人多源信息融合的主要方法。
7. 请在 Python 环境下读取一张图片。
8. 请在 Python 环境下用大津法实现图像的二值化分割。
9. 请在 Python 环境下完成图像去噪算法的实现。
10. 请在 Python 环境下完成 FCN 模型的构建并进行预测。

第5章 认知智能

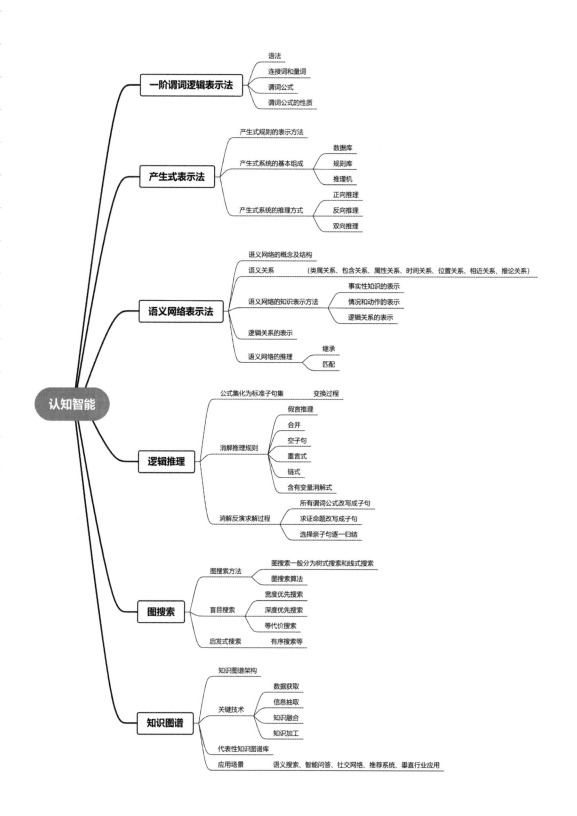

- 一阶谓词逻辑表示法
  - 语法
  - 连接词和量词
  - 谓词公式
  - 谓词公式的性质

- 产生式表示法
  - 产生式规则的表示方法
  - 产生式系统的基本组成
    - 数据库
    - 规则库
    - 推理机
  - 产生式系统的推理方式
    - 正向推理
    - 反向推理
    - 双向推理

- 语义网络表示法
  - 语义网络的概念及结构
  - 语义关系 (类属关系、包含关系、属性关系、时间关系、位置关系、相近关系、推论关系)
  - 语义网络的知识表示方法
    - 事实性知识的表示
    - 情况和动作的表示
    - 逻辑关系的表示
  - 逻辑关系的表示
  - 语义网络的推理
    - 继承
    - 匹配

- 逻辑推理
  - 公式集化为标准子句集 — 变换过程
  - 消解推理规则
    - 假言推理
    - 合并
    - 空子句
    - 重言式
    - 链式
    - 含有变量消解式
  - 消解反演求解过程
    - 所有谓词公式改写成子句
    - 求证命题改写成子句
    - 选择亲子句逐一归结

- 图搜索
  - 图搜索方法
    - 图搜索一般分为树式搜索和线式搜索
    - 图搜索算法
  - 盲目搜索
    - 宽度优先搜索
    - 深度优先搜索
    - 等代价搜索
  - 启发式搜索
    - 有序搜索等

- 知识图谱
  - 知识图谱架构
  - 关键技术
    - 数据获取
    - 信息抽取
    - 知识融合
    - 知识加工
  - 代表性知识图谱库
  - 应用场景 — 语义搜索、智能问答、社交网络、推荐系统、垂直行业应用

本章导读

认知智能是指机器具有主动思考和理解的能力，不用人类事先编程就可以实现自我学习，有目的地推理并与人类自然交互。人类有语言，才有概念、推理，所以概念、意识、观念等都是人类认知智能的表现，在认知智能的帮助下，人工智能通过发现世界和历史上海量的有用信息，并洞察信息间的关系，不断优化自己的决策能力，从而拥有专家级别的实力，辅助人类做出决策。认知智能将加强人和人工智能之间的互动，这种互动是以每个人的偏好为基础的。认知智能通过搜集到的数据，如地理位置、浏览历史、可穿戴设备数据和医疗记录等，为不同个体创造不同的场景。认知系统也会根据当前场景以及人和机器的关系，采取不同的语气和情感进行交流。

本章要点

- 知识表示
- 逻辑推理
- 搜索技术
- 知识图谱

5.1 知识表示技术

知识是信息接受者通过对信息的提炼和推理而获得的正确结论，是人对自然世界、人类社会和思维方式与运动规律的认识与掌握，是人的大脑通过思维重新组合和系统化的信息集合。人类拥有的知识如何才能被计算机系统所接受并用于实际问题的求解呢？怎样以合适的方式将面向人的知识转化为计算机系统所能接受的形式呢？

知识表示就是将知识符号化并将其输入计算机的过程和方法。它包含以下两层含义：

（1）用给定的知识结构，按一定的原则、组织表示知识。

（2）解释所表示知识的含义。

目前，比较常用的知识表示方法有十余种，主要有一阶谓词逻辑表示法、产生式表示法、框架表示法、语义网络表示法、过程表示法、脚本表示法、状态空间表示法和面向对象表示法等。对于同一个知识，可以用不同的方法对其进行表示，有时也需要将几种表示方法融合使用。下面介绍几种目前比较常用和有效的知识表示方法。

5.1.1 一阶谓词逻辑表示法

一阶谓词逻辑表示法是一种重要的知识表示方法，它以数理逻辑为基础，是目前为止能够表达人类思维活动规律的一种最精准形式语言。它与人类的自然语言比较接近，又可方便地存储进计算机，并被计算机精确处理。因此，它是一种最早应用于人工智能的表示方法。

一阶谓词逻辑表示法

1. 语法

一个谓词分为谓词名和个体两个部分。

谓词的一般形式：

$$P(x_1, x_2, \cdots, x_n)$$

其中，P 是谓词名，用来刻画个体的性质、状态和个体间的关系。在谓词中，个体可以是常量、变量、函数。若谓词中的个体都为常量、变量或函数，则称它为一阶谓词；若个体本身是谓词，则称它为二阶谓词，以此类推。$x_1, x_2, \cdots, x_n$ 是个体，表示独立存在的事物或者某个抽象的概念。其个数称为谓词的元数，$P(x)$ 是一元谓词，$P(x,y)$ 是二元谓词，以此类推，$P(x_1, x_2, \cdots, x_n)$ 则是 n 元谓词。

个体可以是常元，例如"老张是教师"可以用谓词逻辑表示为"Teacher(zhang)"，Teacher 这个谓词名刻画了"zhang"这个个体是教师这一性质。

个体可以是变元，例如"$x<5$"可以用谓词逻辑表示为"less(x,5)"，less 这个谓词名刻画了个体 x 比个体 5 小这一关系。x 是变元，当 x 有具体的值时，这个谓词就有了具体的真值（T 或 F）。

个体可以是函数，表示一个个体到另一个个体的映射。例如"小杨的父亲是医生"可以用谓词逻辑表示为"Doctor(father(yang))"，father(yang) 是函数。

个体可以是谓词，例如"smith 作为一个工程师为 IBM 工作"可以用谓词逻辑表示为"work(engineer(smith),IBM)"。

需要注意的是，father(yang) 是函数，而不是谓词；engineer(smith) 是谓词，而不是函数。谓词具有真值（T 或 F），而函数无真值而言，只是每个输入值对应唯一输出值的一种对应关系。

2. 连接词和量词

（1）¬ 表示否定或非，表示否定位于它后面的命题，即复合命题"¬ Q"表示"非 Q"。

（2）∧ 表示合取，表示所连接的两个命题具有"与"的关系，例如复合命题"$P \wedge Q$"表示"P 与 Q"。

（3）∨ 表示析取，表示所连接的两个命题具有"或"的关系，例如复合命题"$P \vee Q$"表示"P 或 Q"。

（4）→ 表示条件（蕴含），例如复合命题"$P \rightarrow Q$"表示"如果 P，那么 Q"，其中 P 称为条件的前项或前提条件，Q 称为条件的后项或结论。

（5）↔ 表示双条件（等价），例如复合命题"$P \leftrightarrow Q$"表示命题 P、命题 Q 相互作为条件，即"如果 P，那么 Q；如果 Q，那么 P"。

谓词逻辑中有两个量词：全称量词和存在量词。全称量词（Universal Quantifiers）表示该量词作用的辖域为个体域中"所有的个体 x"或"每一个个体"都要遵从所约定的谓词关系；存在量词（Existential Quantifier）表示该量词要求"存在于个体域中的某些个体 x"或"某个个体 x"要服从所约定的谓词关系。

全称量词记作 $\forall x$，表示对个体域中的所有（或任一个）个体 x。例如，"所有的房间都是灰色的"可表示为

$$(\forall x)[Room(x) \rightarrow Colour(x, gray)]$$

存在量词记作 $\exists x$，表示在个体域中存在 x。例如，"一号房间里面有一个物体"可表示为

$$(\exists x)InRoom(x, room1)]$$

当全称量词和存在量词出现在同一个命题中时，量词的次序将影响谓词逻辑的含义。例如：

$(\forall x)(\exists y)(staff(x) \rightarrow Manger(y,x))$ 表示"每个职员都有一个经理"，$(\exists y)(\forall x)$ $(staff(x) \rightarrow Manger(y,x))$ 表示"有一个人是所有职员的经理"。

3. 谓词公式

由下述规则得到的表达式称为谓词公式：

- 单个谓词和单个谓词的否定称为原子谓词公式。
- 若 A、B 都是谓词公式，则 $\neg A$、$A \vee B$、$A \wedge B$、$A \to B$ 也都是谓词公式。
- 若 A 是谓词公式，x 是任意个体变元，则 $(\forall x)A$ 和 $(\exists x)A$ 也都是谓词公式。

在谓词公式中，连词的优先级别依序为 $\neg$，$\wedge$，$\vee$，$\to$。

用谓词公式表示知识的步骤如下：

（1）定义谓词及个体，确定每个谓词及个体的确切含义。

（2）根据所要表达的事物或概念为每个谓词中的变元赋予特定的值。

（3）根据所要表达的知识的语义，用适当的连接符号将各个谓词连接起来，形成谓词公式。

4. 谓词公式的性质

（1）谓词公式的解释。

谓词公式在个体域上的解释：个体域中的实体对谓词演算表达式的每个常量、变量、谓词和函数符号的指派，对于每一个解释，谓词公式都能求出一个真值（T 或 F）。

（2）谓词公式的永真性、可满足性 / 不可满足性、等价性。

- 永真性：如果谓词公式 P 对个体域 D 上的任何一个解释都取得真值 T，则 P 在 D 上是永真的；如果 P 在每个非空个体域上均永真，则 P 永真。
- 可满足性 / 不可满足性：对于谓词公式 P，如果至少存在一个解释使 P 在此解释下的真值为 T，则称 P 是可满足的；否则，称 P 是不可满足的。
- 等价性：设 P 与 Q 是两个谓词公式，D 是它们共同的个体域，若对 D 上的任何一个解释，P 与 Q 都有相同的真值，则称公式 P 和 Q 在 D 上是等价的；若 D 是任意个体域，则称 P 和 Q 是等价的，记为 P<=>Q。

（3）谓词公式的永真蕴含。

对于谓词公式 P 与 Q，如果 $P \to Q$ 永真，则称公式 P 永真蕴含 Q，且称 Q 为 P 的逻辑结论，称 P 为 Q 的前提，记为 P=>Q。

【例 5-1】机器人搬积木问题表示。

在一个房间里，有一个机器人 robot（位于 c 处）、一个积木块 box、两个桌子 a 和 b，如图 5-1 所示。开始时，机器人 robot 两手是空的，桌子 a 上放着积木块 box，桌子 b 上是空的。机器人 robot 将把积木块 box 从桌子 a 上移到桌子 b 上。

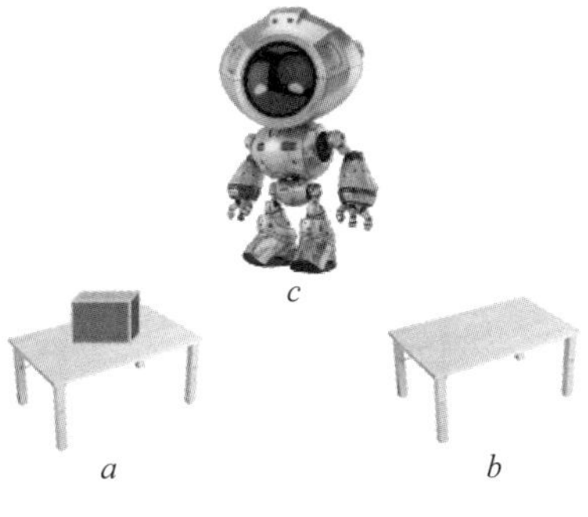

请用谓词逻辑来描述机器人的行动过程。

图 5-1　机器人完成搬运任务

【解】

在这个例子中，不仅要用谓词公式来描述事物的状态、位置，而且要用谓词公式来表示动作。

（1）定义谓词如下：

TABLE(x)：表示 x 是桌子。

AT(y,w)：表示 y 在 w 处。

ON(z,x)：表示 z 放在 x 上。

EMPTY(y)：表示 y 双手是空的。

HOLDS(y,w)：表示 y 拿着 w。

CLEAR(*x*)：表示 *x* 上是空的。

GOTO(*x*,*w*)：表示机器人从 *x* 处走到 *w* 处。

PICKUP(*x*)：从 *x* 处拿起积木块。

SETDOWN(*x*)：在 *x* 处放下积木块。

其中 *x* 的个体域是 {*a*,*b*}，*y* 的个体域是 {robot}，*w* 的个体域是 {*a*,*b*,*c*}，*z* 的个体域是 {*box*}。

根据问题的描述将初始状态和目标状态分别用谓词公式表示出来。

①问题的初始状态：

AT(robot,*c*)

EMPTY(robot)

ON(box,*a*)

TABLE(*a*)

TABLE(*b*)

CLEAR(*b*)

②问题的目标状态：

AT(robot,*c*)

EMPTY(robot)

ON(box,*b*)

TABLE(*a*)

TABLE(*b*)

CLEAR(*a*)

机器人行动的目标是把问题的初始状态转换为目标状态，而要实现问题状态的转换则需要完成一系列的操作。

（2）机器人行为规划的求解过程，如图 5-2 所示。

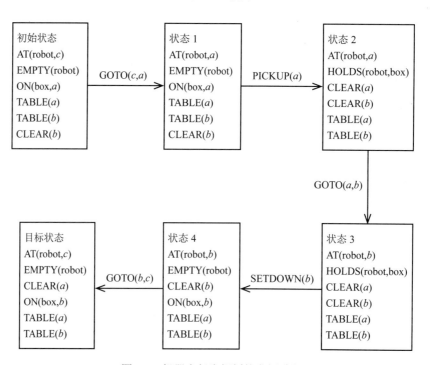

图 5-2　机器人行为规划的求解过程

5.1.2 产生式表示法

产生式表示法是常用的知识表示方法之一。它是依据人类大脑记忆模式中的各种知识之间大量存在的因果关系，并以"IF-THEN"的形式，即产生式规则表示出来的。这种形式的规则捕获了人类求解问题的行为特征，并通过认识—行动的循环过程求解问题。

1. 知识的表示方法

（1）确定性规则知识的产生式表示。规则的产生式表示形式常称为产生式规则，简称产生式或规则。

产生式规则的基本形式：

IF < 前件 > THEN < 后件 >

r1（规则序号）：IF < 前件：单个事实或多个事实的逻辑组合构成 > THEN < 后件：一组结论或操作 >

前件是该规则可否使用的先决条件，由单个事实或多个事实的逻辑组合构成。后件是一组结论或操作，指出当前件满足的时候应该推出的结论或应该执行的操作。

例如，"r3：IF 该动物有毛发 THEN 该动物是哺乳动物"是一个产生式。其中，r3 是该产生式的编号，"该动物有毛发"是产生式的前提，"该动物是哺乳动物"是产生式的结论。

（2）产生式与谓词逻辑中蕴含式的区别。产生式与谓词逻辑中的蕴含式具有相同的形式，它们之间的区别是：蕴含式是产生式的特殊情况，蕴含式只能表示精确的知识，其逻辑值要么为真，要么为假；而产生式不仅能表示精确的知识，还可以表示不精确的知识。用产生式表示知识的系统中，决定一条知识是否可用的方法是检查当前是否有已知事实可与前提中所规定的条件匹配。这个匹配可以是精确的，也可以是不精确的。但是在谓词逻辑中，蕴含式前提条件的匹配必须是精确的。

（3）不确定性规则知识的产生式表示。

基本形式：

IF < 前件 > THEN < 后件 > (置信度)

或者

前件→后件 (置信度)

这一表现形式主要是在不确定性推理中当已知事实与前件不能精确匹配时，只要按照"置信度"的要求达到一定的相似度，就认为已知事实与前件匹配，再按照一定的算法将这种可能性（或不确定性）传递到结论。例如：

IF 发烧 THEN 感冒 (0.7)

它表示当先决条件满足时，结论"感冒"可以相信的程度为 0.7。

（4）确定性事实性知识的产生式表示。确定性事实性知识一般使用三元组来表示：

(对象 , 属性 , 值)

或者

(关系 , 对象 1, 对象 2)

例如，"老杨年龄是 42 岁"表示为"(laoyang,age,42)"，其中老杨是事实性知识涉及的对象，age 是该对象的属性，而 42 是该属性的值。

"老杨和老白是朋友"表示为"(friend,laoyang,laobai)"，其中 laoyang 和 laobai 是事实性知识涉及的两个对象，而 friend 表示两个对象之间的关系。

（5）不确定性事实性知识的产生式表示。有些事实性知识带有不确定性和模糊性，若考虑不确定性，则可以用四元组的形式表示：

(对象 , 属性 , 值 , 置信度)

或者

（关系 , 对象 1, 对象 2, 置信度）

例如，"(laoyang,age,42,0.8)"表示"老杨年龄是 42 岁的可能性是 80%"，"(friend, laoyang, laobai,0.2)"表示"老杨和老白是朋友的可能性不大"。

2. 产生式系统的基本组成

把一组产生式放在一起，让它们相互配合、协同工作，一个产生式生成的结论可以供另一个产生式作为前提使用，以这种方式求得问题的解决系统就称为产生式系统。

一般来说，产生式系统由三部分组成，即数据库、规则库、推理机。产生式系统的基本结构如图 5-3 所示。

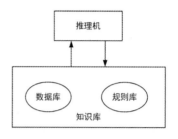

图 5-3　产生式系统的基本结构

数据库既是存放构成产生式系统的基本元素，又是产生式的作用对象，包括系统设计时输入的事实、外部数据库输入的事实、中间结果和最后结果。在推理过程中，如果规则库中某条规则的前提可以和数据库中的数据相匹配，则该规则被激活，所推出的结论将被作为新的事实放到数据库中，成为后面推理的已知事实。

规则库存放的是与求解有关的所有产生式规则的集合，每个规则由前件和后件组成。其中包含了将问题从初始状态转换成目标状态所需的所有变换规则。

推理机是一个解释程序，即规则的解释或执行程序，控制协同规则库与数据库，负责整个产生式系统的运行，决定问题求解过程的推理路线，实现对问题的求解。

3. 产生式系统的推理方式

（1）正向推理。正向推理是从已知事实出发，通过规则库求得结论，也称自底向上（bottom-up）推理方式或数据驱动方式。以问题的初始状态作为初始数据库，仅当数据库中的事实满足某条规则的前提时，该规则才能被使用。从一组事实出发，使用一组规则来证明目标的成立。

优点：算法简单，容易实现。

缺点：盲目搜索，可能会求解许多与总目标无关的子目标，每当工作存储器内容更新后都要遍历整个规则库，推理效率低。

（2）反向推理。反向推理是指从目标出发，反向使用规则，求得已知事实，也称自顶向下（top-down）推理方式或目标驱动方式。从表示目标的谓词或命题出发，使用一组规则证明事实谓词或命题是成立的，即使用一批假设（目标），然后逐一验证这些假设。先假设一个可能的目标，系统试图证明它。看此假设是否在数据存储器中存在。

优点：搜索的目的性强，推理效率高。

缺点：目标的选择具有盲目性，可能会求解许多为假的目标，当目标空间很大时，推理效率不高。

（3）双向推理。双向推理是指既自顶向下（top-down）又自底向上（bottom-up），直到达到某一个中间环节，两个方向的结果相符便成功结束的推理方法。

优点：综合了正向推理和逆向推理的长处，克服了两者的短处，推理网络较小，效率也较高。

【例 5-2】机器人逛动物园。

机器人去逛动物园，为帮助它区分其中的 7 种动物，给它存入如下 15 条产生式规则（设动物识别知识库中已包含识别老虎、金钱豹、斑马、长颈鹿、企鹅、鸵鸟、海鸥这 7 种动物的 15 条规则）：

r1：IF 某动物有毛发 THEN 该动物是哺乳动物。

r2：IF 某动物会飞 AND 会下蛋 THEN 该动物是鸟。

r3：IF 某动物有羽毛 THEN 该动物是鸟。

r4：IF 某动物是哺乳动物 AND 是食肉动物 AND 是黄褐色 AND 身上有黑色条纹 THEN 该动物是老虎。

r5：IF 某动物是有蹄类动物 AND 有长脖子 AND 有长腿 AND 身上有暗斑点 THEN 该动物是长颈鹿。

r6：IF 某动物是鸟 AND 会游泳 AND 善于飞 THEN 该动物是海鸥。

r7：IF 某动物是哺乳动物 AND 是反刍动物 THEN 该动物是有蹄类动物。

r8：IF 某动物吃肉 THEN 该动物是食肉动物。

r9：IF 某动物有奶 THEN 该动物是哺乳动物。

r10：IF 某动物有犬齿 AND 有爪子 AND 眼盯前方 THEN 该动物是食肉动物。

r11：IF 某动物是哺乳动物 AND 是食肉动物 AND 是黄褐色 AND 身上有斑点 THEN 该动物是金钱豹。

r12：IF 某动物是哺乳动物 AND 有蹄子 THEN 该动物是有蹄类动物。

r13：IF 某动物是有蹄类动物 AND 身上有黑色条纹 THEN 该动物是斑马。

r14：IF 某动物是鸟 AND 有长脖子 AND 有长腿 AND 不会飞 AND 有黑白两色 THEN 该动物是鸵鸟。

r15：IF 某动物是鸟 AND 会游泳 AND 不会飞 AND 有黑白两色 THEN 该动物是企鹅。

假设机器人的感觉系统能够识别毛发、羽毛、犬齿、奶、蹄、爪等基本事实，那么根据上述的 15 条产生式规则，不难把这 7 种动物区分开来。

【解】

若推理开始前综合数据库里面有以下事实：

毛发，暗斑，吃肉，黄褐色

正向推理过程：先从规则库中取出第一条规则，查看是否与数据库中的已知事实相匹配，r1 的前提是有毛发，该前提与规则库中的已知事实"毛发"相匹配，r1 被执行，并将其结论"该动物是哺乳动物"作为新的事实加入数据库，此时数据库中的事实变为

毛发，暗斑，吃肉，黄褐色，是哺乳动物

接着继续从规则库中取出 r2、r3、r4、r5、r6、r7 进行匹配，结果都匹配失败。接着取出 r8，该前提与规则库中的已知事实"吃肉"相匹配，r8 被执行，并将其结论"该动物是食肉动物"作为新的事实加入数据库，此时数据库中的事实变为

毛发，暗斑，吃肉，黄褐色，是哺乳动物，食肉动物

继续从规则库中取出 r9、r10 进行匹配，结果都匹配失败。接着取出 r11，该前提"某动物是哺乳动物 AND 是食肉动物 AND 是黄褐色 AND 身上有斑点"与事实库中的已知事实相匹配，r11 被执行，并得到结论"该动物是金钱豹"。由于"金钱豹"已是目标的一个结论，故问题求解过程结束。

逆向推理过程：先假设结论成立，然后利用产生式往回做一个支持假设。例如，如果机器人看见的是金钱豹，则根据规则 r11，金钱豹应该是"是哺乳动物、食肉动物、黄褐色并且身上有斑点"。机器人需要一一验证这些事实。首先机器人想它是哺乳动物吗？利用规则 r1 或 r9 可以判断是哺乳动物。先试 r1，机器人发现该动物有毛发，那么无疑是哺乳动物，它还要求动物是食肉动物，利用规则 r8 或 r10 可以判断，先试 r8，很不巧这时候该动物并没有吃东西，所以改试 r10。机器人的视觉系统发现动物有犬齿，又同时眼盯前方，由此证实为食肉动物。机器人的视觉系统又发现动物是黄褐色的并且身上有斑点，由此又回到 r11，从而"该动物是金钱豹"得到完全证实。

5.1.3　语义网络表示法

1. 语义网络的概念及结构

语义网络利用节点和带标记的边结构的有向图描述事件、概念、状况、动作及客体之间的关系。带标记的有向图能十分自然地描述客体之间的关系。其中，有向图的节点表示事件、概念、状况、动作等，有向弧表示它所连接的节点间的某种语义关系。

从结构上看，语义网络是由一些最基本的语义单元构成的，这种最基本的语义单元称为语义基元。语义基元可用三元组"（节点1,弧,节点2)"来描述，可用图 5-4 所示的有向图来表示。其中 A、B 分别代表节点，R 表示 A 和 B 之间的语义关系。当把多个语义基元用相应的语义联系关联在一起时，就形成了一个语义网络，其结构如图 5-5 所示。

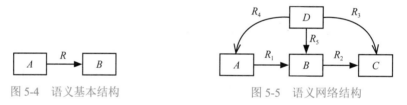

图 5-4　语义基本结构　　　　图 5-5　语义网络结构

2. 语义网络的基本语义关系

（1）类属关系：指具有共同属性的不同事物间的分类关系、成员关系或实例关系，体现"具体与抽象""个体与集体""部分与整体"。

常见类属关系如下：

ISA(is-a)：表示一个事物是另一个事物的实例。

AKO(a-kind-of)：表示一个事物是另一个事物的其中一种类型。

AMO(a-member-of)：表示一个事物是另一个事物的成员。

以上 3 种类属关系均表示具体与抽象关系，此关系的一个最主要特点是属性的继承性，即处在具体层的节点可以继承抽象层节点的所有属性。

（2）包含关系：表示一个事物是另一个事物的一部分，有组织或结构特征的"部分与整体"之间的关系。其特点是 part-of 关系下的各层节点的属性可能很不相同，不具有属性的继承性。例如"黑板是教室的一部分"，其中黑板并不具有教室的某些属性。

（3）属性关系：指事物与其行为、能力、状态、特征等属性之间的关系，因此属性关系可以有许多种，例如：

Have：含义为"有"，表示一个节点具有另一个节点所描述的属性，如"我有手"。

Can：含义为"可以""会"，表示一个节点能够做另一个节点所描述的事情，如"小鸟会飞"。

Age：含义为年龄，如"我今年 18 岁"。

（4）时间关系：表示时间上的先后次序关系。常用的时间关系有：

Before：含义为"在之前"，表示一个事件在另一个事件之前发生，如"我比你先到达北京"。

After：含义为"在之后"，表示一个事件在另一个事件之后发生，如"2022 年在 2021 年之后"。

（5）位置关系：指不同的事物在位置方面的关系。常用的位置关系有：

Located-on：含义为"在上"，表示某一物体在另一物体上面。

Located-at：含义为"在"，表示某一物体所处的位置。

Located-under：含义为"在下"，表示某一物体在另一物体下方。

Located-inside：含义为"在内"，表示某一物体在另一物体内。

Located-outside：含义为"在外"，表示某一物体在另一物体外。

（6）相近关系：指不同事物在形状、内容等方面相似或相近。常用的相近关系有：

Similar-to：含义为"相似"，表示某一事物与另一事物相似。

Near-to：含义为"相近"，表示某一事物与另一事物相近。

（7）推论关系：如果一个概念可由另外一个概念推出，则它们之间存在推论关系，如"饿了推出需要吃东西了"。

3. 语义网络的知识表示方法

（1）事实性知识的表示。对于一些简单的事实，如"雪是白的""天是蓝的"等，这些描述事实利用上面给出的基本语义关系就完全可以表示，对于稍复杂的事实，例如在一个事件中涉及很多事物，假如一个语义网络只能表示一个特定的事物，那么这些事物就需要更多的语义网络来表示，对知识的利用会带来很多不便。

（2）情况和动作的表示。语义网络中的节点不仅可以表示一个物体或概念，也可以表示情况和动作。每一个动作或情况节点可以是某一个概念的实例，可以有一组向外的弧，用 ISA 弧联系，用来说明与该实例有关的各种变量（如动作的发出者、接收者、状态、程度等）。

4. 逻辑关系的表示

（1）在语义网络中，合取通过引入合取节点来表示。合取关系网络其实就是由与节点引出的弧构成的网络。

例如：张三送给李四一本人工智能书，李四读了这本书。

谓词公式为：give(张三 , 李四 , 人工智能书)∧read(李四 , 人工智能书)，可以表示为如图 5-6 所示的带有"与"节点的语义网络。

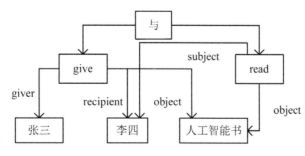

图 5-6　带有"与"节点的语义网络

（2）析取通过引入或节点表示。

例如：张三打篮球或者李四踢足球。

谓词公式为：play(张三 ,basketball)∨play(李四 ,football)，可以表示为如图 5-7 所示的带有"或"节点的语义网络。

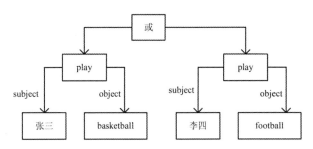

图 5-7　带有"或"节点的语义网络

对于基本联系的否定可以直接采用非 ISA、非 AKO、非 part-of 的有向弧来标注。对于一般节点，需要通过引进非节点来表示。

例如：张三送给李四一本人工智能书，李四不读这本书。

谓词公式为：give(张三 , 李四 , 人工智能书)∧￢read(李四 , 人工智能书)，可以表示为如图 5-8 所示的带有"非"节点的语义网络。

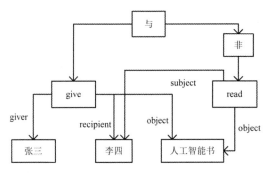

图 5-8　带有"非"节点的语义网络

引入关系节点蕴含，有两条指向该节点的弧，一条弧指向命题的前提条件，记为 ANTE，另一条弧指向该规则的结论，记为 CONSE。

例如：如果车库起火，那么用 CO_2 或沙子灭火，可以表示为如图 5-9 所示的带有"蕴含"节点的语义网络。

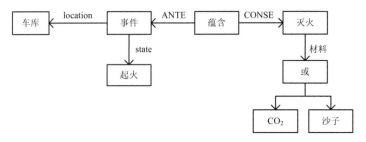

图 5-9　带有"蕴含"节点的语义网络

5. 语义网络的推理

通常人们把利用语义网络知识表示方法所进行的推理称为语义网络推理。语义网络的推理过程主要有两种：继承和匹配。

（1）继承。

1）建立一个节点表，用于存放待求解节点和所有以 ISA、AMO、AKO 等继承弧与此节点相连的那些节点。在初始情况下，表中只有待求解节点。

2）检查语义网络中待求解节点是否有继承弧。如果有，则把该弧所指的所有节点放入所建立的节点表的末尾，记录这些节点的所有属性，并从节点表中删除第一个节点；如果没有，则也从节点表中删除第一个节点。

3）重复步骤2），直到节点表为空。此时记录下来的所有属性都是待求解节点继承的属性。

（2）匹配。

1）根据待求解问题构造一个网络片段，该网络片段中的有些节点或弧的标志是空的，也就是待求解的问题。

2）根据该语义片段到语义网络知识库中去寻找所需要的信息。

3）当待求解问题的网络片段与语义网络知识库中的某个语义网络片段相匹配时，所对应的事实就是我们所要获得的解。

逻辑推理

5.2 逻辑推理

逻辑推理是一种命题证明方法，从理论上解决了命题证明问题。而消解推理是逻辑推理中一种比较重要的推理方式。对于定理证明问题，如果用一阶谓词逻辑表示，则要求对前提条件 A 和结论 B 证明 $A{\to}B$ 是永真的。然而为了证明这个谓词公式的永真性，必须对所有个体域上的每一个解释进行验证，这是极其困难的。为了化简问题，引用了数学中的反证法，即先否定结论 B，再以否定的结论 $\neg B$ 为条件，结合前提条件 A，推出它们之间矛盾即可。也就是说，只要证明 $A\wedge\neg B$ 不存在，结论就得到了证明。通过 5.1 节中对谓词公式表示方法的学习，可以用谓词公式对相应定理进行表述，接下来利用消解原理进行定理的推理。

推理原理：有些谓词公式、推理规则可以通过一定的规则进行消解，使其变得简单或直接变为所要的结果，这种证明谓词逻辑中定理的标准方法称为消解原理，又称归结原理。

5.2.1 命题演算的消解方法

数理逻辑反证法中，只要证明命题的否定与前提条件有矛盾，就可以证明命题的正确性。为了能够在机器层面上进行定理的证明，需要建立一套可以用机器自动证明定理的规则，反证法可以被推广到这个机器规则中来。消解原理就是从结果命题出发，使用推理规则来找出矛盾，从而达到证明定理的目的。

为进行命题的消解，首先介绍消解中会出现的一些定义，方便了解推理规则。

文字：指任一原子谓词公式或原子谓词公式的非。例如：$\neg A$、B。

子句：文字的析取范式"$\vee$"。例如：$\neg A\vee B$。

亲本子句:指两个互补子句，即一个子句中含有文字 A，则另一个子句中含有文字 $\neg A$。亲本子句又称母子句。例如子句 $A\vee B\vee C$ 与子句 $\neg A\vee D$ 就可以作为亲本子句，其中 A 与

¬A 就是互补文字。

消解式：将亲本子句中去除一对互补文字后，剩余两部分进行析取并得到析取范式。例如子句 $A \lor B \lor C$ 与子句 ¬$A \lor D$ 归结，归结式为 $B \lor C \lor D$。

5.2.2　公式集化为标准子句集

为使机器识别并归结公式，需要将谓词公式转化为机器可以识别的标准形式。其中子句的变换过程和方式如下：

（1）用 ¬$A \lor B$ 取代 $A => B$，消去 =>。

（2）减少否定符号的辖域。每个否定符号最多只能用到一个谓词符号上，并应用摩根定律。例如：

用 ¬$A \lor$ ¬B 代替 ¬$(A \land B)$

用 ¬$A \land$ ¬B 代替 ¬$(A \lor B)$

用 A 代替 ¬$(\neg A)$

用 $(\exists x)\{\neg A(x)\}$ 代替 ¬$(\forall x)A(x)$

用 $(\forall x)(\neg A(x))$ 代替 ¬$(\exists x)\{A(x)\}$

（3）对变量标准化。在任一量词辖域内，被约束变量可以被另一个没有出现过的任意变量所代替，而不改变公式的真值，其中变量为一亚元。例如 $(\forall x)(A(x)) \lor (\exists x)(B(x))$ 改写为 $\forall x \exists y(A(x) \lor B(y))$。其中，$x$ 量词辖域内，被另一个没有出现过的 y 变量所代替，两式真值相同。

（4）消去存在量词。如果量词 x 可能与量词 y 存在映射关系，则 x 可以由函数 $g(y)$ 定义，这种函数称为 Skolem 函数。可以通过 Skolem 函数代替变量 x，从而消除存在的量词 x。其中 Skolem 函数使用的函数符号必须为新符号，即不允许公式中出现已经用过的符号，防止运算混乱。例如 $(\forall x)(\exists y)A(x,y)$ 改写为 $\forall x A(x,g(x))$。

（5）化为前束形。将所有量词移到公式的前面，后面的一部分变成没有量词的公式，使每个量词的辖域包括这个量词后面公式的整个部分，所得公式称为前束形。前束形公式由前缀和母式组成，前缀由全称量词串组成，母式由没有量词的公式组成，即

前束形 = 前缀 + 母式

例如步骤（3）中的 $(\forall x)(A(x)) \lor (\exists y)(B(y))$ 改写为 $\forall x \exists y(A(x) \lor B(y))$。上式不经过步骤（3），本步骤改变了逻辑公式的含义。

（6）把母式化为合取式。反复应用分配律，把任一母式化为合取式。例如将 $A \lor \{B \land C\}$ 改写为 $\{A \lor B\} \land \{A \lor C\}$。

（7）消去全称量词。经过上述处理，剩余全称量词的次序不重要了，可以消去前缀，即消去明显出现的全称量词。例如 $\forall x A(x,g(y))$ 改写为 $A(x,g(y))$。

（8）消去连接符号 $\land$。用 $\{A,B\}$ 代替 $\{A \land B\}$ 或转化为两个子式，消去连词 $\land$。例如 $(A \lor B) \land (A \lor C)$ 变为两个子式 $(A \lor B)$ 和 $(A \lor C)$。

（9）更换变量名称。更换变量名称使同一个变量不会出现在两个或两个以上的子句中。这种更改变量名称的过程称为变量分离标准化。

【例 5-3】将谓词公式

$$(\forall x)\{A(x) => \{\neg(\forall y)[B(y) => B(x,y)] \land (\forall y)C(x,y)\}\}$$

化为一个子句集。

【解】

（1）消去 => ：

$$(\forall x)\{\neg A(x)\vee\{\neg(\forall y)[\neg B(y)\vee B(x,y)]\wedge(\forall y)C(x,y)\}\}$$

（2）减少否定符号的辖域：

$$(\forall x)\{\neg A(x)\vee\{(\exists y)\{\neg[\neg B(y)\vee B(x,y)]\}\wedge(\forall y)C(x,y)\}\}$$

$$(\forall x)\{\neg A(x)\vee\{\{(\exists y)[B(y)\wedge\neg B(x,y)]\}\wedge(\forall y)C(x,y)\}\}$$

（3）对变量标准化：

$$(\forall x)\{\neg A(x)\vee\{\{(\exists z)[B(z)\wedge\neg B(x,z)]\}\wedge(\forall y)C(x,y)\}\}$$

（4）消去存在量词($\exists z$)：

$$(\forall x)\{\neg A(x)\vee\{[B(g(x))\wedge\neg B(x,g(x))]\wedge(\forall y)C(x,y)\}\}$$

（5）化为前束形：

$$(\forall x)(\forall y)\{\neg A(x)\vee\{[B(g(x))\wedge\neg B(x,g(x))]\wedge C(x,y)\}\}$$

（6）把母式化为合取式：

$$(\forall x)(\forall y)\{\{\neg A(x)\vee[B(g(x))\wedge\neg B(x,g(x))]\}\wedge[\neg A(x)\vee C(x,y)]\}$$

$$(\forall x)(\forall y)\{\{[\neg A(x)\vee B(g(x))]\wedge[\neg A(x)\vee\neg B(x,g(x))]\}\wedge[\neg A(x)\vee C(x,y)]\}$$

（7）消去全称量词：

$$[\neg A(x)\vee B(g(x))]\wedge[\neg A(x)\vee\neg B(x,g(x))]\wedge[\neg A(x)\vee C(x,y)]$$

（8）消去连接符号 $\wedge$ ：

$$\neg A(x)\vee B(g(x))$$

$$\neg A(x)\vee\neg B(x,g(x))$$

$$\neg A(x)\vee C(x,y)$$

（9）更换变量名称，在上述 3 个子句中分别用 x_1、x_2 和 x_3 代替变量 x，可以得到下列子句集：

$$\neg A(x_1)\vee B(g(x_1))$$

$$\neg A(x_2)\vee\neg B(x_2,g(x_2))$$

$$\neg A(x_3)\vee C(x_3,y)$$

在定理证明系统中，首先要把公式集化为子句集，如果公式在逻辑上遵循公式集，那么其在逻辑上也遵循由公式集变换成的子句集。因此，子句可以表示公式并用于公式消解。

5.2.3　推理规则

标准子句集可以按照一定的规则进行合并消解，并最终得到空子句（NIL）或无法再消解，从而判断定理的正确性。两个标准子句可以通过一定的消解规则进行推导，并得出新子句。子句转化为消解式的规则如下：

（1）假言推理。

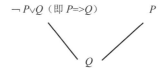

（2）合并。

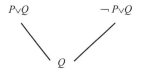

（3）空子句。

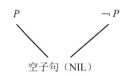

（4）重言式。

（5）链式（三段论）。

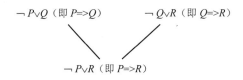

（6）含有变量消解式。

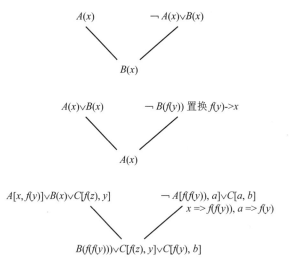

5.2.4 推理求解过程

通过上面的讨论可以将公式转化为机器识别的子句集形式，下面要对子句集按照上述推理规则进行相应推导，得到想要的结果。如果要证明某一命题，则将目标公式否定并化为子句形式，加入子句集，通过推理反演系统推导出一个空子句（NIL），在子句集中产生一个矛盾，从而证明命题的正确性。

已知条件公式集 F，要从 F 中求证命题 G 的归结方法如下：

（1）将公式集 F 中的所有谓词公式改写成子句。

（2）将求证命题 $\neg G$ 改写成子句。

（3）将（1）和（2）中得到的子句放入新的子句集 S，并按如下方式执行：从子句集中选一对亲本子句，将该亲本子句归结成一个归结式，若归结式为非空子句，将其加入子句集，并选出对应的亲本子句进行归结，直至归结式为空子句，则归结结束。

【例 5-4】已知公式集 $F=\{P,P\wedge Q=>R,U\wedge T=>Q,T,U\}$，求证 R。

【解】

（1）将公式集 F 中的所有谓词公式改写为子句，见表 5-1。

表 5-1　将谓词公式改写成子句

谓语公式	子句
P	P
$P\wedge Q=>R$	$\neg P\vee \neg Q\vee R$
$U\wedge T=>Q$	$\neg U\vee \neg T\vee Q$
T	T
U	U

（2）

目标　R　　　　　　　　　　　目标否定 $\neg R$

（3）归结过程，如图 5-10 所示。

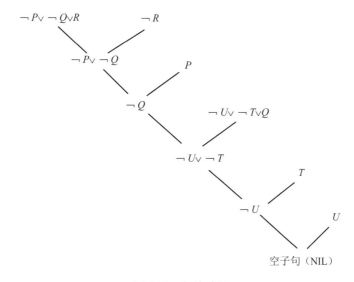

图 5-10　归结过程

归结式为空子句，归结结束，命题 R 得证。

【例 5-5】已知：

（1）张三是一名计算机系的学生，并且他喜欢编程。

（2）计算机系的学生要学习编程课。

（3）喜欢某课程的学生该课成绩高。

（4）编程成绩好且英语好的同学能很好地胜任这个工作。

判断张三可以胜任这个工作。

【解】

将上述知识进行表示：

（1）Computer(zhangsan) $\wedge$ Like(zhangsan, programming)

（2）$(\forall x)$Computer(x)=> Programming(x)

（3）$(\forall x)(\exists y)$Like(x, y) => Highter(x, y)

（4）$(\forall x)$Programming$(x)\wedge$Highter$(x,$ programming)=> work(x)

目标：work(zhangsan)

公式集化为标准子句集：

（1）Computer(zhangsan)

（2）Like(zhangsan, programming)

（3）$\neg (\forall x) \vee$ Programming(x)

（4）$\neg (\forall x)(\exists y)$Like$(x, y) \vee$ Highter(x, y)

（5）$\neg$ Programming$(x) \vee \neg$ Highter$(x,$ programming$) \vee$ work(x)

目标否定：$\neg$ work(zhangsan)

归结过程如图 5-11 所示。

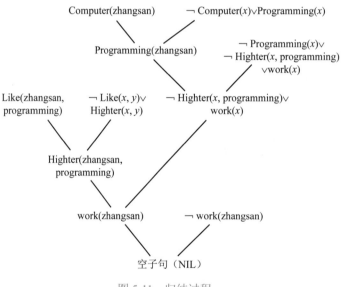

图 5-11　归结过程

归结式为空子句，归结结束，张三可以胜任这个工作。

5.3　搜索技术

搜索技术

图搜索技术是人工智能中的核心技术之一，并且在其他场合也有着非常广泛的应用。这里的图称为状态图，指由节点和有向（带权）边所构成的网络，每个节点即状态。按照搜索的方式不同，图搜索一般分为树式搜索和线式搜索。两者最大的区别在于搜索过程中所记录的轨迹不同。顾名思义，树式搜索记录的是一棵搜索树，而线式搜索记录的是一条折线。一般用一个 Closed 表的数据结构来记录搜索节点。对于树式搜索来说，Closed 表存储的正是一棵不断成长的搜索树，线式搜索存储的则是一条不断伸长的折线，如果能找到目标节点，那么它本身就是搜索的路径。而树式搜索需要通过目标节点进行回溯，直至初始节点，从而找到路径。

图搜索方法是一种在图中寻找解路径的方法。图用来存储问题的搜索空间，从初始数据库找到满足终止条件的目标数据库，分别用初始节点和目标节点代表初始数据库和满足终止条件的目标数据库，也就是把一个数据库变为另一个数据库的规则序列问题，即求得图中的一条路径问题。

在进行图搜索前，图的形态分为以下两种：

（1）图中已经生成了起始节点的所有后继节点，不需要在搜索过程中进行修正。

（2）图中含有需要修正的后继节点，但一次只能生成一个后继节点，即修正算法，如图 5-12 所示，m 节点为修正的后继节点。

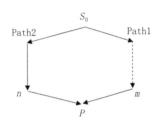

图 5-12　修正算法

图搜索时可在若干分支（Path1、Path2）中选择其一。例如，编写一个下棋程序，可以选择若干下棋规则中搜索过程的每一种，这就是典型的图搜索。

图搜索方法只记录状态空间那些被搜索过的状态，这些状态组成一个搜索图 G。G 由两张存放节点的表组成：Open 表和 Closed 表。Open 表，用于存放已经生成，且已用启发式函数做过估价或评价，但尚未产生它们后继节点的集合，即等待检查节点列表。对于树式搜索算法，我们需要将待考察的节点放在一起，并做某种排列，以控制搜索顺序，实现某种策略。因此，使用一个 Open 表的数据结构来记录当前待考察的节点。Closed 表，用于存放已经生成，且已考察过的节点。Tree 作为辅助结构是 G 的一个子集，用来存放当前已生成的搜索树，该树由 G 的反向指针组成。图搜索过程框图如图 5-13 所示。

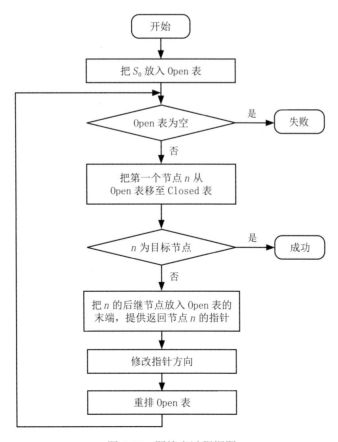

图 5-13　图搜索过程框图

S_0 设为初始状态，S_g 为目标状态，从图中寻找一条由 S_0 到 S_g 的路径或节点，具体步骤如下：

（1）产生仅由 S_0 组成的 Open 表，即 Open=(S_0)。

（2）产生一个空的 Closed 表。

（3）如果 Open 为空，则失败退出。

（4）在 Open 表上按某一原则选出一个节点 n，将 n 放到 Closed 表中，并从 Open 表中去除该节点。

（5）若 $n \in S_g$，则成功退出，此时解为在 Tree 中沿指针从 n 到 S_0 的路径或 n 本身。

（6）若失败，则把 n 的后继节点放入 Open 表，并提供返回节点 n 的指针。其中：

① n 的后继节点放于 Open 表的尾部，算法相当于宽度优先搜索。

② n 的后继节点放于 Open 表的首部，算法相当于深度优先搜索。

③根据启发式函数的估计值确定最佳者，放于 Open 表的首部，算法相当于最佳优先搜索。

上述搜索方法会在后续章节进行详细介绍。

（7）修正算法。对那些未曾在 G 中出现过（即未曾在 Open 表和 Closed 表上出现过）的 M 成员设置一个通向 n 的指针。把 M 的这些成员作为 n 的后继节点添入图 G，并加进 Open 表。对已经在 Open 表或 Closed 表上的每一个 M 成员确定是否需要更改通到 n 的指针方向。对已经在 Closed 表上的每一个 M 成员确定是否需要更改图 G 中通向它的每个后继节点。

（8）按某一任意方式或按某个试探值重排 Open 表。

（9）跳转到步骤（4），直到完成搜索为止。

上述过程包括多种图搜索方法。通过不断搜索找到目标状态，可以用如图 5-13 所示的过程框图来表示。

在步骤（7）的修正算法中需要注意以下几点：

（1）搜索路径 Path2 时，M 中的元素 P 在 Open 表中，说明 P 在 n 之前已是某一节点的后继（Path1），但本身尚未被考察（未生成 P 的后继），如图 5-14 所示。这说明从 S_0 到 P 至少有两条路径，此时有以下两种情况：

①当 Path2 的代价小于 Path1 的代价时，当前路径较好，要修改 P 的指针，使其指向 Path2，即标出搜索之后的最好路径。

②当 Path2 的代价大于 Path1 的代价时，路径 Path1 较好，不改变 P 的指针。

（2）M 中的元素 P 在 Closed 表中，说明 P 在 n 之前已是某一节点的后继，也需要进行上述处理（Path1 与 Path2 进行比较），且说明 P 的后继也在 n 之前已生成路径 P_1（Path2），那么经过 P 的新路径（Path3）需要与过去的多条路径比较，选取代价最小的一条，如图 5-15 所示。

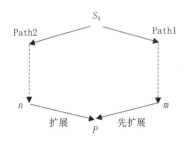

图 5-14　M 中的元素 P 在 Open 表中

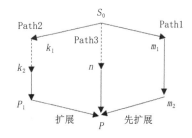

图 5-15　M 中的元素 P 在 Closed 表中

每当被选作扩展的节点为目标节点时，这一过程就成功结束。此时，能够重现从起始节点到目标节点的这条成功路径，其办法是从目标节点（P）按指针向起始节点（S_0）反向追溯。

当搜索树不再剩有未被扩展的端节点，搜索过程未找到目标节点（P），即 Open 表可能最后变成空表时，某些节点最终没有后继节点，搜索过程失败。在失败终止的情况下，从起始节点（S_0）出发一定达不到目标节点（P）。

【例 5-6】设当前搜索图如图 5-15 所示，且各节点间代价相同，其中 k_2、n 为修正后继节点，搜索路径先后顺序为 Path1、Path2、Path3。运用图搜索方法找到最小代价路径。

【解】

Path1：$S_0 \rightarrow m_1 \rightarrow m_2 \rightarrow P$（代价为 3）。

Path2：$S_0 \rightarrow k_1 \rightarrow k_2 \rightarrow P_1 \rightarrow P$（代价为 4）。

在路径 Path1 和 Path2 中找到最优路径 Path1。

Path3：$S_0 \rightarrow n \rightarrow P$（代价为 2）。

经过 P 的新路径（Path3）需要与过去的多条路径比较，选取最小代价的路径 Path3。

【例 5-7】设当前搜索图和搜索树如图 5-16 所示，找出 $S_0 \rightarrow P$ 的最短路径。

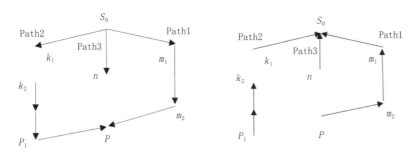

图 5-16 当前搜索图和搜索树

【解】

扩展当前搜索图中的节点 n、k_2，如图 5-17 所示，则扩展节点后，对 3 个路径进行比较。

Path1：$S_0 \rightarrow m_1 \rightarrow m_2 \rightarrow P$（代价为 3）。

Path2：$S_0 \rightarrow k_1 \rightarrow k_2 \rightarrow P_1 \rightarrow P$（代价为 4）。

Path3：$S_0 \rightarrow n \rightarrow P$（代价为 2）。

找到最优的路径 Path3，搜索树中 P 原来指向 m 的指针应改为指向 n，如图 5-18 所示。

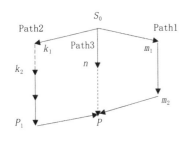 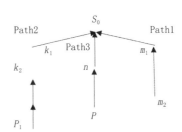

图 5-17 扩展搜索图　　　　　图 5-18 修改 P 指针的搜索树

在步骤（8）中重排 Open 表，以便在众多路径中找到"最优"节点作为后续扩展节点使用。其中重排方法可以按某一任意方式或按某个试探值。

①按某一任意方式即盲目的，属于盲目搜索（无信息搜索）。

②按某个启发思想或其他准则为依据，属于启发式搜索。

下面对后续扩展节点使用规则的不同进行搜索方法的介绍。

5.3.1　盲目搜索

图搜索方法中最为简单的是盲目搜索，盲目搜索只适用于求解比较简单的问题。在不采用修正算法的情况下，根据扩展节点方式的不同，盲目搜索可分为宽度优先搜索和深度优先搜索等。

1. 宽度优先搜索

如果搜索是以横向扩展节点的，那么这种搜索称为宽度优先搜索（Breadth-First Search），如图 5-19 所示，搜索过程沿着虚线搜索顺序逐层进行。每一层所有节点搜索完后才能进行下一层的搜索。

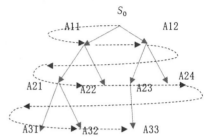

图 5-19　宽度优先搜索示意图

宽度优先搜索算法如下：

（1）把起始节点放入 Open 表（如果该起始节点为一目标节点，则求得一个解答）。

（2）如果 Open 表为空，则无解，搜索失败退出，否则继续。

（3）把所指节点 n（如节点 A11）从 Open 表中移出，并把该节点放入 Closed 表。

（4）扩展节点 n 得到后继节点（如节点 A12），把 n 的所有后继节点放到 Open 表的末端，并提供从这些后继节点回到 n 的指针。如果没有后继节点，则转向步骤（2）。

（5）如果 n 的任一后继节点是一个目标节点，则找到一个解答，成功退出，否则转向步骤（2）。

宽度优先搜索算法框图如图 5-20 所示。

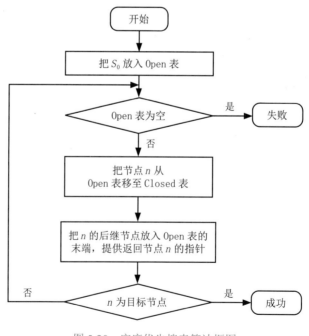

图 5-20　宽度优先搜索算法框图

宽度优先搜索过程产生的节点和指针构成了一棵搜索树，该搜索树提供所有存在的路径。

需要注意的是，由于搜索路径为自上而下的逐层搜索，故保证了找到一条通向目标节点的最短途径。如果没有路径存在，那么对于有限图来说，表示该算法失败退出；对于无限图来说，永远不会终止。

【例 5-8】找出数字 4 用整数 1、2 相加得到的方法，绘出宽度优先搜索算法搜索树。

【解】

此问题的求解方法如图 5-21 所示，先找到组成数字 4 的几种可能，并逐层将数字 4 拆分，运用宽度优先搜索算法找到最终目标。

$$2 + 2 = 4$$

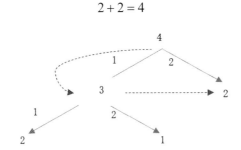

图 5-21　宽度优先搜索算法搜索树

由分析可以知道还有其他解，但搜索到第 2 层后发现搜索成功，且此时解为最短路径。

2. 深度优先搜索

如果搜索是以纵向扩展节点的，那么这种搜索称为深度优先搜索（Depth-First Search），如图 5-22 所示，搜索过程沿最新产生的节点进行，深度相等的节点可以任意排列。每一条路径所有节点搜索完后才能进行下一路径的搜索。

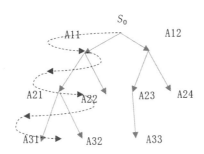

图 5-22　深度优先搜索示意图

深度优先搜索算法如下：

（1）把起始节点放入 Open 表（如果该起始节点为一目标节点，则求得一个解答）。

（2）如果 Open 表为空，则无解，搜索失败退出，否则继续。

（3）把所指节点 n（如节点 A11）从 Open 表中移出，并把该节点放入 Closed 表。

（4）如果搜索指针到达最深处节点，则转向步骤（2），否则进行下一步。

（5）扩展节点 n（如节点 A21），把 n 的所有后继节点放到 Open 表的末端，并提供从这些后继节点回到 n 的指针。如果没有后继节点，则转向步骤（2）。

（6）如果 n 的任一后继节点是一个目标节点，则找到一个解答，成功退出，否则转向步骤（2）。

深度优先搜索算法框图如图 5-23 所示。

由于节点排布不同，其状态空间搜索树的深度可能为无限大或者大于某个可接受深度上限。为避免搜索路径的深度过深，防止搜索过程沿着无益的路径扩展下去，往往给出一个节点扩展的深度界限。这样在搜索过程中，如果任何节点达到了所设定的深度界限，那么将终止该节点后继节点的搜索，转为对其他节点进行搜索。

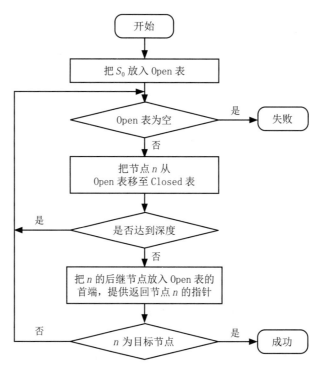

图 5-23　深度优先搜索算法框图

需要注意的是，即使加入了深度界限的设定，所搜索到的路径并不一定是最短路径。

【例 5-9】找出数字 3 用整数 1、2 相加得到的方法，绘出深度优先搜索算法搜索树。

【解】

此问题求解方法如图 5-24 所示，先找到组成数字 3 的几种可能，并逐个将数字 3 拆分，运用深度优先搜索算法找到最终目标。

$$1+1+1=3$$

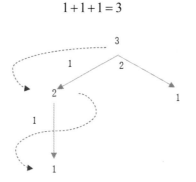

图 5-24　深度优先搜索算法搜索树

由分析可以知道还有其他解，但搜索到第 1 个节点后发现搜索成功，且此时路径不是最短路径。

5.3.2　等代价搜索

在进行搜索时，有些问题并不要求解的应用算符最少，而是想要具有某些特征要求的解。可以将搜索树中的每条算符规定相应代价，在搜索过程中求得最小代价的路径为解。

为找到最小代价路径，可以采用宽度优先搜索，这种推广的宽度优先搜索算法称为等代价搜索算法。在等代价搜索算法中，搜索过程以等代价层进行搜索，而不是沿着等长度层进行搜索，如图 5-25 所示。

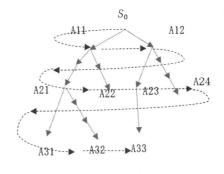

图 5-25　等代价搜索示意图

在等代价搜索算法中，把从节点 i 到它后继节点 j 的连接算符代价记为 $c(i,j)$，把从起始点 S_0 到任一节点 i 的路径代价记为 $g(i)$。

等代价搜索算法如下：

（1）把起始节点放入 Open 表，$g(S)=0$（如果该起始节点为一目标节点，则求得一个解答）。

（2）如果 Open 表为空，则无解，搜索失败退出，否则继续。

（3）从 Open 表中选择一个节点 i，使其代价 $g(i)$ 最小。如果搜索到目标节点，且几个节点同时最小，那么就要选择一个节点作为节点 i，并把节点 i 从 Open 表中移出放入 Closed 表。若节点 i 是一个目标节点，则找到一个解答。

（4）扩展节点 i（如节点 A21），对于节点 i 的每个后继节点 j 计算代价 $g(j)=g(i)+c(i,j)$，把 i 的所有后继节点 j 放入 Open 表，并提供从这些后继节点回到 i 的指针。如果没有后继节点，则转向步骤（2）。

（5）如果 i 的任一后继节点 j 是一个目标节点，则找到一个解答，成功退出，否则转向步骤（2）。

等代价搜索算法框图如图 5-26 所示。

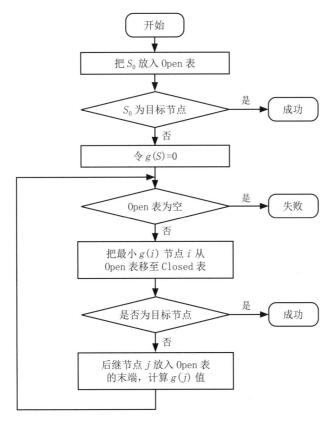

图 5-26　等代价搜索算法框图

需要注意的是，由于等代价搜索是由宽度优先搜索算法推广得到，所以搜索路径为自上而下的逐层搜索，保证了找到一条通向目标节点的最小代价。如果没有路径存在，那么对于有限图来说，表示该算法失败退出；对于无限图来说，永远不会终止。

【例 5-10】对于 5.1 节中机器人 robot 将把积木块 box 从桌子 a 移到桌子 b 上的问题（图 5-1），不考虑距离问题，绘出机器人拿到积木块 box 的等代价搜索算法搜索树。

【解】

机器人在求取 box 的路径时有两种方案，需要进行等代价优先搜索。此问题的求解方法如图 5-27 所示，机器人从 c 到 a（GOTO(c,a)）代价为 1，机器人从 c 到 b（GOTO(c,b)）代价为 1，机器人从 b 到 a（GOTO(b,a)）代价为 1。

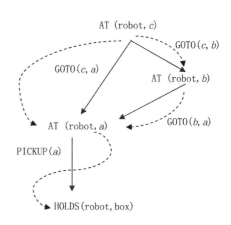

搜索中发现机器人在抓取积木块 box 时，需要到达桌子 a 处，但有两个路径：GOTO(c,a) 或 GOTO(c,b)、GOTO(b,a)，则

路径 1：c->a 总代价为 1

路径 2：c->b->a 总代价为 2

图 5-27　等代价搜索算法搜索树

根据等代价搜索算法路径 1 的代价更小，路径 1 为解。

5.3.3　启发式搜索

盲目搜索由于搜索节点顺序是随机的，因此搜索效率低且会耗费过多的搜索资源。对于具体领域问题的信息常常可以用来简化搜索，如果能够将最有可能是目标的节点先进行搜索，那么搜索效率将会得到提高。而且，在很多情况下能够提前确定合理的搜索顺序，可以优先考虑这些节点的检测，将此类搜索称为启发式搜索（Heuristic Search）或有信息搜索（Informed Search）。

有序搜索（Ordered Search）也被称为 A 算法，是利用启发信息决定先搜索的节点或下一步扩展节点，在搜索过程中总是选择"最有希望"的节点进行搜索。节点最有希望的程度称为估价函数（Evaluation Function），用符号 f 来表示，$f(n)$ 表示节点 n 的估价函数。估价函数 f 越小则该节点越有希望，搜索时选取估价函数值最小的节点。有序搜索示意图如图 5-28 所示。

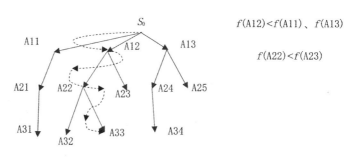

$f(A12) < f(A11)$、$f(A13)$

$f(A22) < f(A23)$

图 5-28　有序搜索示意图

有序搜索算法如下：

（1）把起始节点放入 Open 表，计算各节点估价函数值（如果该起始节点为一目标节点，

则求得一个解答）。

（2）如果 Open 表为空，则无解，搜索失败退出，否则继续。

（3）从 Open 表中选择一个 f 值最小的节点 i，如果有几个节点符合，则选择其中一个节点作为节点 i。如果几个节点中有目标节点，则选择目标节点。把节点 i 从 Open 表中移出放入 Closed 表。若节点 i 是一个目标节点，则找到一个解答。

（4）扩展节点 i，对节点 i 的每个后继节点 j 计算代价 $f(j)$，把 i 的所有后继节点 j 放入 Open 表，利用 $f(j)$ 重新排序 Open 表，并提供从这些后继节点回到 i 的指针。如果没有后继节点，则转向步骤（2）。

有序搜索算法框图如图 5-29 所示。

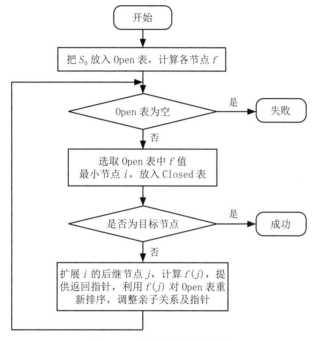

图 5-29　有序搜索算法框图

有序搜索的有效性依赖于估价函数 f，如果估价函数不准确，则有序搜索可能会失去最优解甚至全部解。由于估价函数选择的多样性，故宽度优先搜索、深度优先搜索和等代价搜索都是有序搜索的特例。

【例 5-11】对于 5.1 节中机器人 robot 将把积木块 box 从桌子 a 移到桌子 b 上的问题（图 5-1），添加距离参数，ab 距离为 1，bc 距离为 2，ac 距离为 2。通过有序搜索算法找到机器人需要移动的最短路径。

【解】

此问题的求解方法如图 5-30 所示，先根据要求搜索树，发现机器人要实现目标需要先从 c 处到达 a 处，再将 box 移动到 b 处，搜索中发现机器人在抓取积木块时需要到达桌子 a 处，但有两个路径：GOTO(c,a) 或 GOTO(c,b)、GOTO(b,a)。为到达 a 处，需要根据有序搜索算法找到机器人到达 a 处的最短路径，并分析各分支的估价函数，运用宽度优先搜索算法找到最终目标。

估价函数 f 为机器人距离积木块的距离，令 GOTO(c,a) 的估价函数为 $f(a)$，GOTO(c,b) 的估价函数为 $f(b)$。由于考虑移动距离，故根据有序搜索算法选择两个路径都可以。需要对搜索路径进行选择，选择方法如下：若规定估价函数为

$$f(n)=d(n)+l(n)$$

在第一层搜索中，$d(n)$ 表示搜索树中节点 n 的深度，$l(n)$ 表示距离 a 处的距离，则 $f(a)=1+2=3$，$f(b)=2+3=5$。根据有序搜索算法选择路径 GOTO(c,a)。将节点放入 Closed 表，沿搜索树进行，第二层搜索路径相同，将 PICKUP(a) 放入 Closed 表，搜索发现目标节点，找到目标，搜索成功。

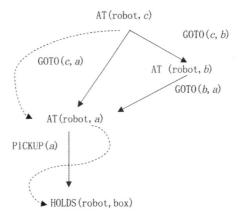

图 5-30　有序搜索算法搜索树

因此，机器人 robot 应首先 GOTO(c,a)，再 PICKUP(a)，就可以将积木块 box 从桌子 a 移到桌子 b 上。

5.4　知 识 图 谱

知识图谱（Knowledge Graph）的概念由 Google 于 2012 年正式提出，旨在实现更智能的搜索引擎，并且 2013 年以后开始在学术界和业界普及。目前，随着智能信息服务应用的不断发展，知识图谱已被广泛应用于智能搜索、智能问答、个性化推荐、情报分析、反欺诈等领域。另外，通过知识图谱能够将 Web 上的信息、数据和链接关系聚集为知识，使信息资源更易于计算、理解和评价，并且形成一套 Web 语义知识库。知识图谱以其强大的语义处理能力与开放互联能力，可为万维网上的知识互联奠定扎实的基础，使 Web 3.0 提出的"知识之网"愿景成为了可能。

知识图谱并不是突然由某一个人或机构发明的，是经历了早期本体时代、语义网时代的发展、积累，最后才发展衍生出知识图谱这一概念，所以研究知识图谱的流派也非常多，因此对它的定义也是多种多样的。但是最起码的共识定义是：知识图谱是一种大规模的语义网络，它旨在描述客观世界的概念实体事件以及它们之间的关系，并且对它们进行语义建模；知识图谱是一种基于图的数据结构，由节点和边构成，每个节点表示一个"实体"，每条边为实体之间的"关系"。

图 5-31 所示为小杨的社会关系图谱。知识图谱的基本单位是由实体—关系—实体构成的三元组，这也是知识图谱的核心。从图中可以看到，如果两个节点之间存在关系，它们就会被连接在一起，那么这个节点就称为"实体"，它们之间的这条边就称为"关系"。实体指的是具有可区别性且独立存在的某种事物。实体是知识图谱中最基本的元素，不同的实体间存在不同的关系，如图中的"小杨""小白""百度"等。关系是连接不同实体的

线，指代实体之间的联系。通过关系把知识图谱中的节点连接起来，形成一张大图，如图中的"同学""同事""毕业"等。

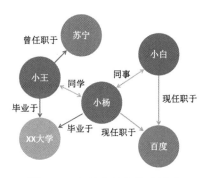

图 5-31　小杨的社会关系图谱

5.4.1　知识图谱架构

知识图谱的构建过程是从原始数据出发，采用一系列自动或半自动的技术手段，从原始数据中提取出知识要素，并将其存入知识库的数据层和模式层的过程，这个技术架构是循环往复、迭代更新的过程。知识图谱不是一次性生成的，它是慢慢积累的过程。每一轮迭代均包括 4 个阶段：数据获取、信息抽取、知识融合、知识加工。知识图谱的整体架构如图 5-32 所示。知识图谱主要有自顶向下和自底向上两种构建方式。自顶向下指的是先为知识图谱定义好本体与数据模式，再将实体加入知识库。该构建方式需要利用一些现有的结构化知识库作为其基础知识库，例如 FreeBase 项目就是采用这种方式，它的绝大部分数据是从维基百科中得到的。自底向上指的是从一些开放链接数据中提取出实体，选择其中置信度较高的加入知识库，再构建顶层的本体模式。目前，大多数知识图谱都采用自底向上的方式进行构建，其中最典型的就是 Google 的 Knowledge Vault 和 Microsoft 的 Satori 知识库。

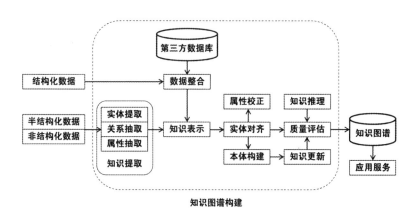

图 5-32　知识图谱的整体架构

5.4.2　知识图谱构建的关键技术

大规模知识库的构建与应用需要多种技术的支持。通过知识提取技术，可以从一些公开的半结构化、非结构化和第三方数据库的数据中提取出实体、关系、属性等知识要素。知识表示则通过一定的有效手段对知识要素进行表示，便于进一步处理使用。然后通过知识融合，可消除实体、关系、属性等指称项与事实对象之间的歧义，形成高质量的知识库。知识推理则是在已有的知识库基础上进一步挖掘隐含的知识，从而丰富、扩展知识库。分布式的知识表示形成的综合向量对知识库的构建、推理、融合以及应用均具有重要的意义。

1. 数据获取

构建知识图谱是以大量的数据为基础的，需要进行大规模的数据采集。采集的数据来源一般是网络上的公开数据、学术领域已整理的开放数据、商业领域的共享和合作数据，这些数据可能是结构化的、半结构化的或非结构化的。这些数据可以来自任何地方，只要它对要构建的知识图谱有帮助。

2. 信息抽取

信息抽取是从各种类型的数据源中提取出实体、属性和实体间的相互关系，在此基础上形成本体化的知识表达。信息抽取通常从两方面进行实现：一方面是基于知识发现和数据挖掘的方法，通常处理结构化、半结构化的数据；另一方面是基于自然语言处理和文本挖掘的方法，通常处理非结构化的数据。信息抽取的具体方法可分为三类：第一类是基于规则（基于专家系统）的方法，主要在早期使用，使用人工编制规则，存在效率低、系统可移植性差等不可忽视的局限性；第二类是基于统计的方法，可在一定程度上弥补第一类方法的缺点；第三类是基于机器学习的方法，它大幅减少了人工干预，并具有处理新文本的能力，是目前常用的方法。

3. 知识融合

知识融合，简单理解就是将多个知识库中的知识进行整合，形成一个知识库的过程。在这个过程中，主要需要解决的问题是实体对齐。不同的知识库，其收集知识的侧重点不同。对于同一个实体，有的知识库可能侧重于其本身某个方面的描述，有的知识库可能侧重于描述实体与其他实体的关系。知识融合的目的就是将不同知识库对实体的描述进行整合，从而获得实体的完整描述。知识融合过程中，主要涉及的工作就是实体对齐，也包括关系对齐、属性对齐，可以通过相似度计算、聚合、聚类等技术来实现。

4. 知识加工

在前面我们已经通过信息抽取从原始语料中提取出了实体、关系、属性等知识要素，并且经过知识融合消除了实体指称项与实体对象之间的歧义，得到一系列基本的事实表达。然而事实本身并不等于知识。要想最终获得结构化、网络化的知识体系，还需要经历知识加工的过程。知识加工主要包括 3 个方面：本体构建、知识推理和质量评估。

本体可以采用人工编辑的方式手动构建（借助本体编辑软件），也可以以数据驱动的自动化方式构建。因为人工方式工作量巨大，且很难找到符合要求的专家，因此当前主流的全局本体库产品都是从一些面向特定领域的现有本体库出发，采用自动构建技术逐步扩展得到的。自动化本体构建过程包含 3 个阶段：实体并列关系相似度计算、实体上下位关系抽取、本体的生成。完成了本体构建这一步之后，一个知识图谱的雏形便已经搭建好了。但可能在这个时候，知识图谱之间的大多数关系都是残缺的，缺失值非常严重，那么这个时候，我们就可以使用知识推理技术去完成进一步的知识发现。然而知识推理的对象也并不局限于实体间的关系，也可以是实体的属性值、本体的概念层次关系等。最后通过质量评估对写入知识图谱中的知识做最后的判断，以提高知识库中内容的准确性。

5.4.3 代表性知识图谱库

根据覆盖范围，知识图谱也可分为开放域通用知识图谱和垂直行业知识图谱。开放域通用知识图谱注重广度,强调融合更多的实体,较垂直行业知识图谱而言,其准确度不够高,并且受概念范围的影响,很难借助本体库对公理、规则和约束条件的支持能力规范其实体、属性、实体间的关系等。开放域通用知识图谱主要应用于智能搜索等领域。垂直行业知识图谱通常需要依靠特定行业的数据来构建,具有特定的行业意义。垂直行业知识图谱中,实体的属性和数据模式往往比较丰富,需要考虑不同的业务场景和使用人员。表 5-2 所示为目前知名度较高的大规模知识图谱库。

表 5-2　知名度较高的大规模知识图谱库

知识图谱库名称	机构	特点和构建手段	应用产品
FreeBase	MetaWeb (2010 年被 Google 收购)	①实体、语义类、属性、关系 ②自动 + 人工:部分数据从维基百科等数据源抽取得到;另一部分数据来自人工协同编辑	Google Search Engine Google Now
Knowledge Vault (谷歌知识图谱)	Google	①实体、语义类、属性、关系 ②超大规模数据库:源自维基百科、FreeBase、《世界各国纪实年鉴》	Goole Search Engine Google Now
DBpedia	莱比锡大学、柏林自由大学、OpenLink Software	①实体、语义类、属性、关系 ②从维基百科抽取	DBpedia
维基数据 (Wikidata)	维基媒体基金会 (Wikimedia Foundation)	①实体、语义类、属性、关系,与维基百科紧密结合 ②人工(协同编辑)	Wikipedia
Wolfram Alpha	沃尔夫勒姆公司 (Wolfram Research)	①实体、语义类、属性、关系、知识计算 ②部分知识来自于 Mathematica;其他知识来自于各个垂直网站	Apple Siri
Bing Satori	Microsoft	①实体、语义类、属性、关系、知识计算 ②自动 + 人工	Bing Search Engine Microsoft Cortana
YAGO	马克斯·普朗克研究所	自动:从维基百科、WordNet 和 GeoNames 提取信息	YAGO
Facebook Social Graph	Facebook	Facebook 社交网络数据	Social Graph Search
百度知识图谱	百度	搜索结构化数据	百度搜索
搜狗知立方	搜狗	搜索结构化数据	搜狗搜索
ImageNet	斯坦福大学	①搜索引擎 ②亚马逊 AMT	计算机视觉相关应用

5.4.4　知识图谱应用场景

知识图谱为互联网上海量、异构、动态的大数据表达、组织、管理和利用提供了一种更为有效的方式,使网络的智能化水平更高,更加接近于人类的认知思维。目前,知识图谱已在智能搜索、深度问答、社交网络以及一些垂直行业中有所应用,成为支撑这些应用发展的动力源泉。

1. 语义搜索

知识图谱的概念最早就是由 Google 提出的。众所周知,Google 是做搜索引擎的,它提出知识图谱的概念就是为了优化搜索。语义搜索起源于常被称为互联网之父的 Tim

Burners-Lee 在 2001 年《科学美国人》（Scientific American）上发表的一篇文章。其中，他解释了语义搜索的本质。语义搜索的本质是通过数学来摆脱当今搜索中使用的猜测和近似，并为词语的含义以及它们如何关联到我们在搜索引擎输入框中所找的东西引进一种清晰的理解方式。维基百科给出了更明确的定义，也更容易理解。所谓语义搜索，是指搜索引擎的工作不再拘泥于用户所输入请求语句的字面本身，而是透过现象看本质，准确地捕捉到用户所输入语句后面的真正意图，并以此来进行搜索，从而更准确地向用户返回最符合其需求的搜索结果。举例来说，当用户搜索"东北石油大学"时，知识卡片呈现出的内容包括学校的地址、邮编、简介、创办年份等相关信息。当用户在搜索中以提问的方式输入"世界上最大的湖泊是？"，反馈的页面能够精确地给出"里海"的相关信息。

2. 智能问答

智能问答系统是信息检索系统的一种高级形式，能够以准确简洁的自然语言为用户提供问题的解答。之所以说问答是一种高级形式的检索，是因为在问答系统中同样有查询式理解和知识检索这两个重要的过程，并且与智能搜索中相应过程中的相关细节是完全一致的。多数问答系统更倾向于将给定的问题分解为多个小的问题，然后逐一到知识库中抽取匹配的答案，并自动检测其在时间与空间上的吻合度等，最后将答案进行合并，以直观的方式展现给用户。在聊天机器人领域，具有问答功能的产品，如 Siri、微软小冰、公子小白、天猫精灵、小米音箱，它们背后均有大规模知识图谱的支持。

3. 社交网络

社交网站 Facebook 于 2013 年推出了 Social Graph Search 产品，其核心技术就是通过知识图谱将人、地点、事情等联系在一起，并以直观的方式支持精确的自然语言查询。例如输入查询式"我朋友喜欢的餐厅""住在纽约并且喜欢篮球和中国电影的朋友"等，知识图谱会帮助用户在庞大的社交网络中找到与自己最具相关性的人、照片、地点和兴趣等。Social Graph Search 提供的上述服务贴近个人生活，满足了用户发现知识以及寻找最具相关性的人的需求。

4. 推荐系统

推荐系统被定义为一种自动化信息检索工具，它将用户和商品信息融合，从而为每名用户推荐其感兴趣的内容。智能推荐表现在多个方面，包括场景化推荐、任务型推荐、冷启动场景推荐、跨领域推荐、知识型推荐。例如，如果用户购买了"羊肉卷""牛肉卷""菠菜""火锅底料"，那么用户很有可能是要做一顿火锅，这种情况下，系统推荐火锅调料、火锅电磁炉，用户很有可能就会买单。再如，如果一个微博用户经常晒九寨沟、黄山、泰山的照片，那么系统为这位用户推荐淘宝的登山装备准没错。这些都是典型的跨领域推荐，微博是一个媒体平台，淘宝是一个电商平台，它们的语言体系、用户行为完全不同，实现这种跨领域推荐显然有巨大的商业价值，但需要跨越巨大的语义鸿沟。如果能有效利用知识图谱这类背景知识，那么不同平台之间的这种语义鸿沟是有可能被跨越的。例如，百科知识图谱告诉我们九寨沟是一个风景名胜，也是一个山区，山区旅游需要登山装备，登山装备包括登山杖、登山鞋等，从而就可以实现跨领域推荐。

5. 垂直行业应用

垂直行业知识图谱的定位是面向特定的领域或者行业，如医疗知识图谱、金融行业图谱、工业知识图谱等，其数据来源是特定的行业语料，它强调知识的深度而不是广度。前面所说的通用知识图谱和行业知识图谱之间并不是相互独立的，它们具有互补的关系，一方面，前者会吸纳后者的知识来扩充其知识面，增加知识广度；另一方面，构建行业知识图谱也可以从通用知识图谱中吸纳一些常识性的知识作为补充，以形成更完整的行业知识图谱。

本 章 小 结

本章介绍了认知智能的基本含义，介绍了机器人认知的主要方法，包括知识表示技术、逻辑推理、搜索技术以及在知识表示方法语义网络的基础上发展而来的知识图谱。

认知智能强调知识、推理等技能，要求机器能理解、会思考。机器从计算智能发展到感知智能，标志着人工智能走向成熟；从感知智能发展到认知智能，可谓人工智能质的飞跃。认知智能与人的语言、知识、逻辑相关，是人工智能的更高阶段，涉及语义理解、知识表示、小样本学习甚至零样本学习、联想推理和自主学习等。相比计算智能和感知智能，认知智能是更复杂、更困难的任务。因此，实现认知智能是全球人工智能领域未来数十年最重要的研究方向。

习题 5

1. 用谓词逻辑表示法求解机器人摆积木问题，设机器人有一双手，在一张桌子上面放有 3 个相同的积木块。机械手有 4 个操作积木的典型动作：从桌子上拣起一块积木；将手中的积木放在桌子上；在积木上再摆一块积木；在积木上拣起一块积木。积木的布局如图 5-33 所示。

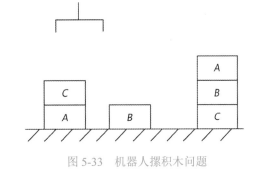

图 5-33　机器人摆积木问题

2. 请分别对以下命题写出它们的语义网络：

（1）大门前的这棵树从春天到秋天都开花。

（2）自动化系的每间学生宿舍都有一台联网的计算机。

（3）自动化系教师和经管系教师进行排球比赛，最后以 2:1 的比分结束。

（4）水草是草，且生长在水中。

3. 简述推理原理，并说明公式集化为标准子句集的方法。

4. 将谓词公式

$$\neg(\forall x)\{\neg A(x) => \{(\forall y)[B(y) => B(x,y)] \wedge (\exists y)C(x,y)\}\}$$

化为一个子句集。

5. 简述消解反演求解过程。

6. 找出数字 5 用整数 1、2 相加得到的方法，绘出宽度优先算法搜索树。

7. 找出数字 7 用整数 2、3 相加得到的方法，绘出深度优先算法搜索树。

8. 什么是有序搜索？

9. 什么是知识图谱？知识图谱有哪些应用？

第 6 章　机器人定位与建图

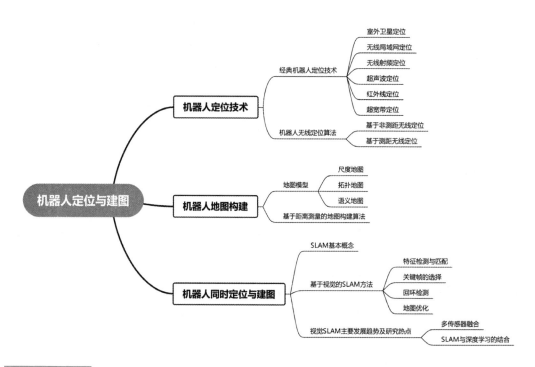

本章导读

随着机器人技术、计算机技术、传感网络技术、智能控制技术等学科的飞速发展，智能机器人的应用环境日趋复杂，如航空航天、自动化生产、物流装备、医疗互助、危险区域探测和灾变救援等。因此，机器人定位（Localization）作为关键技术之一获得了广泛关注，其能够说明"在什么位置或区域机器人在干什么"。机器人的地图是它所处环境的模型，建立地图模型的过程称为地图建图（Mapping），简称建图。机器人的定位和建图问题是紧密相关的，地图的准确性依赖于定位的精度，而定位的实现又离不开建图。

本章主要介绍机器人常用的定位和建图方法，在此基础上重点介绍机器人同时定位与建图（Simultaneous Localization and Mapping，SLAM）技术。

本章要点

- 机器人定位技术
- 机器人建图技术
- 机器人同时定位与建图

机器人定位技术

6.1　机器人定位技术

当前机器人的应用领域和范围不断扩展，其中定位技术提供了重要支撑。近年来，机器人定位技术在技术手段、定位精度、可用性等方面均取得了质的飞跃，并且从航天、国防、工业等领域逐步渗透到日常生产和生活中，如物流管理、车辆导航、扫地机器人等。

6.1.1　经典机器人定位技术

经典机器人定位技术有室外卫星定位、无线局域网定位、无线射频定位、超声波定位、红外线定位、超宽带定位等。其基本的定位结构包括机器人、基站和标签。

1. 室外卫星定位

卫星定位系统是移动机器人室外常用的定位方法。卫星定位系统主要由空间卫星星座、接收器、监控中心组成。其中，空间卫星星座由分布在轨道上的多颗卫星构成，主要负责提供导航电文信息；接收器的作用是对接收到的空间卫星星座的导航电文信息进行定位解算；监控中心的主要任务是向卫星注入导航数据和控制质量。通过在机器人上安装接收器，并测量接收器与空间卫星星座之间的卫星信号，计算接收器与空间卫星星座之间的伪距，进而利用定位解算算法即可获得机器人的位置参数，如图 6-1 所示。

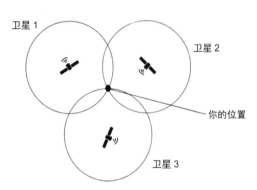

图 6-1　卫星定位系统示意图

目前世界上有四大卫星定位系统：美国"全球定位系统（GPS）"、俄罗斯"格洛纳斯"系统、欧洲"伽利略"系统、中国"北斗"系统。

（1）美国"全球定位系统（GPS）"：由 24 颗卫星组成，分布在 6 条交点互隔 60° 的轨道面上，定位精度约为 10 米，军民两用，目前正在试验第二代卫星系统，是目前世界上应用最广泛、技术最成熟的导航定位系统。GPS 空间部分目前共有 30 颗、4 种型号的导航卫星。1994 年，由 24 颗卫星组成的导航"星座"部署完毕。

（2）俄罗斯"格洛纳斯"系统：由 24 颗卫星组成，定位精度在 10 米左右，军民两用，2009 年底其服务范围拓展到全球，是由军方负责研制和控制的军民两用导航定位卫星系统。尽管定位精度比 GPS、伽利略略低，但其抗干扰能力却是最强的。

（3）欧洲"伽利略"系统：由 30 颗卫星组成，定位误差不超过 1 米，主要为民用。2005 年，首颗试验卫星成功发射，2008 年前开通定位服务。伽利略定位系统是欧盟的一个正在建造中的卫星定位系统，有"欧洲版 GPS"之称。伽利略定位系统总共发射 30 颗卫星，其中 27 颗卫星为工作卫星，3 颗为候补卫星。该系统除了 30 颗中高度圆轨道卫星外，还有 2 个地面控制中心。

（4）中国"北斗"系统：由 24 颗非静止轨道卫星、3 颗静止轨道卫星和 3 颗同步轨道卫星共同组成。最新的北斗定位系统主要由北斗定位卫星（北斗三号）、以地面控制中心为主的地面部分、北斗用户终端三部分组成。可向用户提供全天候、24 小时的即时定位服务，授时精度可达 50 纳秒，测速精度 0.2 米 / 秒，全球范围定位精度实测优于 4.4 米。

北斗三号全球定位系统 2021 年正式开通以来运行稳定，持续为全球用户提供优质服务。

2. 无线局域网定位

无线局域网是一种基于以太网或令牌网的无线通信方式。无线局域网中应用最为广泛的是 Wi-Fi 定位技术，该技术是比较流行的一种室内定位技术，其定位方法主要基于信号强度的传播模型法和指纹识别法。Wi-Fi 定位技术能够屏蔽终端差异性并使用 Wi-Fi 无线进行互联，提供机器人导航、位置和管理等相关服务。

基于信号强度的传播模型法的基本原理：使用当前环境下假设的某种信道衰落模型，根据其数学关系估计测量机器人与已知位置的无线接入点（Access Point，AP）间的距离，如果测量机器人接收到多个 AP 的 Wi-Fi 信号，则可以通过三边定位算法来获得该机器人的位置信息。可以将其定位分为两个阶段：测距和定位。

（1）测距。待测机器人首先接收来自三个不同已知位置 Wi-Fi 接入点的接收信号强度（Received Signal Strength，RSS），然后依照无线信号的传输损耗模型将其转换成待测目标到相应 Wi-Fi 接入点的距离。无线信号在传输过程中通常会受路径损耗、阴影衰落等的影响，接收信号功率随距离的变化关系可由信号传输损耗模型给出。

（2）定位。通过三边定位算法计算待测机器人的位置，即分别以已知位置的三个 Wi-Fi 接入点为圆心，以其各自到待测点的距离为半径，所得三个圆形范围的交点即为待测点位置，如图 6-2 所示。

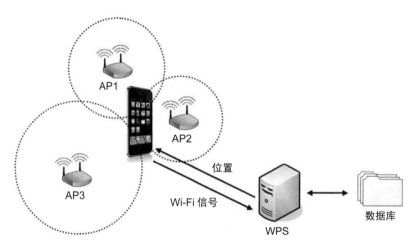

图 6-2　Wi-Fi 定位系统

指纹识别法的基本原理是根据基于 Wi-Fi 信号的传播特点将多个 AP 的检测数据组合成指纹信息，通过与参考数据对比来估计移动物体可能的位置。

Wi-Fi 定位技术在定位精度为米级的一些场景可利用 Wi-Fi 进行覆盖，该技术适用于对人 / 车的定位导航、医疗机构、商场、主题公园等场景。

3. 无线射频定位

无线射频技术主要利用射频信号和空间耦合传输特性来实现对物体的识别和定位。该技术可以应用于室内环境，定位系统主要由电子标签、读写器和时间同步器等硬件组成。无线射频技术主要采用读写器和安装在机器人上的标签，利用射频信号将标签信息传输到读写器中，通过射频信号自动识别机器人并交换数据，属于一种非接触测量。

具体实施方法：在室内环境安装读写器，并在机器人机身上安装无源标签，在机器人运行过程中读卡器可以发现一定范围内的无源标签，机器人可以利用该信息执行导航定位任务。

但是对于机器人无线射频定位,在近距离或者视距环境下定位效果较好,在远距离或者非视距环境下定位效果较差,而且当射频标签被覆盖或者被遮挡时,无线射频定位系统无法工作。因此,标签和读写器的部署策略将严重影响机器人的定位精度,可以通过在室内密集部署来提高机器人的无线射频定位性能,如图 6-3 所示。

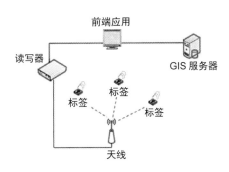

图 6-3　无线射频定位系统

4. 超声波定位

超声波定位技术主要利用反射式测距原理,通过发射超声波并接收由机器人反射产生的回波,根据发生波和回波的时间差,结合超声波传播速度计算超声波发生装置与移动机器人之间的距离,当获得三组或三组以上在不同方向的距离参数时,可以计算获得超声波定位技术下的机器人位置。

超声波定位系统结构简单,但超声波定位技术的多径效应明显且在空气中衰减严重,单独采用超声波定位系统的定位精度不高。因此,通常需要将其他技术与超声波定位技术相结合,主要有两种:一种是将超声波与射频技术相结合,利用射频信号线激活电子标签,而后使其接收超声波信号,利用时间差的方法测距,如图 6-4 所示;另一种是利用多超声波传感器,在定位空间四周部署 4 个超声波传感器,利用多种超声波测距参数来提高机器人的定位精度。

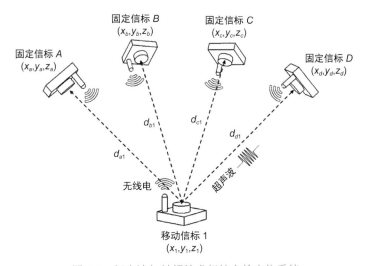

图 6-4　超声波与射频技术相结合的定位系统

5. 红外线定位

红外线是一种波长介于微波与可见光之间的电磁波,红外定位系统主要由红外线发射器和红外线接收器组成。红外线接收器安装在机器人机身上,红外线发射器则固定在室内环境中。红外线发射器用来发射经过调制编码后的红外光束,接收器用来接收并解码红外光束，通过测量得到机器人与红外线发射器之间的距离，从而定位出机器人的位置。

红外线定位在视距环境下具有较高的定位精度，但是红外信号传输距离短且无法穿透障碍物，其他光源也会影响红外线的正常传播。因此，常用多组红外线发射器和接收器来构建红外定位网，通过红外信号交叉组成探测信号网覆盖待定位空间，完成基于红外线技术的机器人高精度定位，如图 6-5 所示。

图 6-5　多红外定位系统

6. 超宽带定位

超宽带定位（Ultra Wide Band，UWB）技术是近年来兴起的一种定位技术，作为一种无载波通信技术，其工作频带在 3.1 ～ 10.6GHz，利用纳秒级或纳秒级以下非正弦窄脉冲传输数据。其定位原理是，在定位空间安装多组（至少 2 个）超宽带基站，与安装在机器人机身上的定位标签进行脉冲信号通信，采用到达时间差原理，首先需要网络有线连接并对多组超宽带基站进行时间同步，然后基于导读时间差信号对机器人的位置进行解算。

超宽带定位技术具有传输速度高、抗干扰性好、多径分辨能力强等优点，目前在室内移动目标或者机器人定位中可以达到分米级的定位精度。超宽带定位技术对时间同步要求极高，且覆盖距离小、硬件成本很高，适合小范围、高精度的机器人定位场合。

6.1.2　机器人无线定位算法

常见的机器人无线定位算法根据是否利用节点间距离或者角度信息分为基于非测距无线定位算法和基于测距无线定位算法。

基于非测距无线定位算法由于其无线测距信息计算量低，适合于低精度定位场合；而基于测距的无线定位算法主要通过测量无线信标节点和移动节点间的无线信号，包括信号接收强度、信号到达时间、信号到达时间差及信号到达角度来对机器人的位置进行精度解算。

1. 基于非测距无线定位

基于非测距无线定位算法目前主要有质心定位算法、DV-Hop 定位算法和 APIT 定位算法。

（1）质心定位算法。质心定位算法是最为简单的一种定位算法，原理为待定位节点被包围在由 k 个信标节点所组成的多边形中，通过计算多边形的质心来近似确定待定位节点的位置，其计算过程如下：假设信标节点 A、B、C、D 对应的坐标分别为 (x_1,y_1)、(x_2,y_2)、(x_3,y_3)、(x_4,y_4)，待定位节点 E 的坐标为 (x,y)，那么 E 点的坐标可以表示为

$$\begin{cases} x = \dfrac{x_1 + x_2 + x_3 + x_4}{4} \\ y = \dfrac{y_1 + y_2 + y_3 + y_4}{4} \end{cases} \tag{6-1}$$

该算法只有当待定位节点位于多边形的质心位置时才会获得较高的定位精度，但靠近信标节点的位置及边界位置会引起角度的误差。

质心定位算法是一种不用测量距离的定位算法，将信标节点的坐标信息发送给待定位节点，待定位节点通过邻居信标节点组成多边形，根据求取多边形的质心来估算自己的位

置。因此，信标节点越多，定位精度也就越高，但信标节点越多也会增加与待定位节点间的通信，从而增加系统的负担。为此可以采用加权质心定位算法来提高定位精度，其基本思想是，待定位节点可以根据探测到信标节点间的通信强度，如声音信号强度、无线接收信号强度，来粗略地判断节点间的几何距离，并将这个强度作为一个权值用在质心定位算法中，从而改善机器人的定位性能，计算公式如下：

$$\begin{cases} x = \dfrac{\dfrac{x_1}{d_1+d_2} + \dfrac{x_2}{d_2+d_3} + \dfrac{x_3}{d_3+d_4} + \dfrac{x_4}{d_1+d_4}}{4} \\[4mm] y = \dfrac{\dfrac{y_1}{d_1+d_2} + \dfrac{y_2}{d_2+d_3} + \dfrac{y_3}{d_3+d_4} + \dfrac{y_4}{d_1+d_4}}{4} \end{cases} \tag{6-2}$$

式中，d_1、d_2、d_3、d_4 分别表示信标节点到待定位节点间的几何距离。例如，采用无线信号强度估计距离可以近似采用如下公式进行计算：

$$w_i = \frac{1}{(d_i+n_i)^2} \tag{6-3}$$

式中，w_i 为待定位节点接收到第 i 个信标节点的信号强度，d_i 为待定位节点到第 i 个信标节点的几何距离，n_i 为噪声，表示待定位节点接收到的信号强度是受到噪声干扰的。噪声的大小可以参考信噪比参数，假设信噪比为 10dB，那么

$$n = \frac{w_i}{\sqrt{2}} \tag{6-4}$$

【例 6-1】在一个 100m×100m 的场地上随机部署 6 个信标节点，每个信标节点探测的距离为 50m，且能探测到未知节点距离信标节点信号的强弱。信标节点对出现在场地内的目标进行探测，其定位效果如图 6-6 所示。

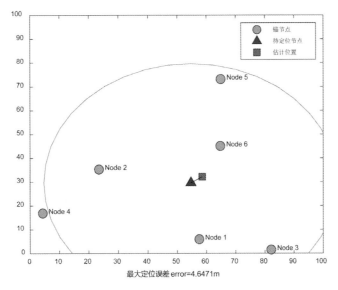

加权质心定位算法

图 6-6　加权质心定位算法的定位效果

（2）DV-Hop 定位算法。距离向量跳数（Distance Vector-Hop，DV-Hop）定位算法的基本原理：不需要节点间测距参数，通过其多跳信息参与待定位节点的定位。首先在获得待定位节点与信标节点最小跳数的基础上估算出无线传感器网中的每跳路由距离，然后利用最小跳数与平均每跳路由距离乘积得到待定位节点与信标节点间的几何距离，通过定位

算法解算得到待定位节点的位置坐标。

DV-Hop 定位算法可以分为以下 4 个阶段：

1）计算未知节点与每个信标节点的最小跳数。

2）信标节点向邻居节点广播自身位置信息的分组，其中包括跳数字段，初始化为 0。接收节点记录到每个信标节点的最小跳数，忽略来自同一个信标节点的较大跳数的分组。然后将跳数值加 1，并转发给邻居节点。通过这个方法，网络中的所有节点能够记录下到每个信标节点的最小跳数。

3）计算未知节点与信标节点的实际跳段距离。

4）每个信标节点根据第 1 阶段中记录的其他信标节点的位置信息和相距跳数估算平均每跳的实际距离：

$$HopSize_i = \frac{\sum_{j \neq i} \sqrt{(x_i - x_j)^2 + (y_i - y_j)^2}}{\sum_{j \neq i} h_j} \tag{6-5}$$

式中，(x_i, y_i)、(x_j, y_j) 是信标节点 i、j 的坐标，h_j 是信标节点 i 与 j（$i \neq j$）之间的跳段数。然后，信标节点将计算的每跳平均距离用带有生存期的字段的分组广播到网络中，未知节点仅记录接收到的第 1 个每跳平均距离，并转发给邻居节点。

这个算法可以确保绝大多数未知节点从最近的信标节点接收每跳平均距离。未知节点接收到每跳平均距离后，根据记录的跳数计算到每个信标节点之间的距离。

5）未知节点计算自身位置。

6）未知节点利用第 2 阶段中记录的到各个信标节点的跳段距离，利用三边测量法或极大似然估计法计算出自身坐标。

如图 6-7 所示，经过第 1 阶段和第 2 阶段，能够计算出信标节点 L_1 与 L_2、L_3 之间的距离和跳数。信标节点 L_2 计算得到校正值（即每跳平均距离）为 (40+75)/(5+2)=16.42m，假设未知节点 A 从 L_2 获得校正值，则它与 L_1、L_2、L_3 三个信标节点之间的距离分别为（3×16.42）m、（2×16.42）m、（3×16.42）m，最后可利用三边测量法确定未知节点 A 的位置。

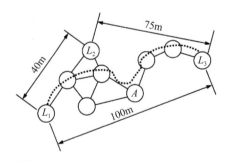

图 6-7 机器人 DV-Hop 定位算法示例

DV-Hop 定位算法采用每跳平均距离来估算实际距离，对节点的硬件要求低，实现简单。其缺点是利用跳段距离代替直线距离，因此定位存在一定的误差。

（3）APIT 定位算法。近似三角形内点测试（Approximate Point-In-Triangulation Test，APIT）定位算法的基本思想是，选取待定位节点三个邻域信标节点组成三角形，测试该待定位节点是否在三角形内并对三角形内的组合进行标记，选取该待定位节点与其他邻域信标节点组成的三角形，并继续进行测试，直到穷尽所有三角形组合，得到满足要求的三角形重叠区域，对待定位节点坐标进行估算。

APIT 定位算法主要包括以下 3 步：

1）待定位节点采集邻域信标节点的位置、标识号及信号强度信息，相邻待定位节点共享接收到的信标节点信息。

2）将待定位节点采集的信标节点组成不同的三角形，测试该待定位节点是否在三角形内部，直到穷尽所有三角形，并将包含待定位节点的三角形区域进行存储。

3）计算包含待定位节点的所有三角形重叠区域，计算重叠区域质心并作为待定位节点的坐标。

【例 6-2】在一个 200m×200m 的场地上随机部署 100 个信标节点，每个信标节点探测的距离为 30m，且能探测到未知节点距离信标节点信号的强弱。信标节点对出现在场地内的 20 个未知节点进行定位，其定位效果如图 6-8 所示。

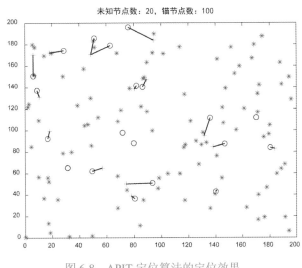

图 6-8　APIT 定位算法的定位效果

图中蓝色空心圆为实际未知节点位置，红色 * 为信标节点位置，绿色 + 为预测节点位置，黑色空心圆为无法定位的节点位置。可见在 20 个待定位节点中有 17 个完成了定位，3 个无法准确进行定位。出现这种问题的原因有两个：一是较低的信标节点覆盖率会严重影响待定位节点的定位精度甚至无法定位；二是待定位节点在测试三角形边上既会出现测试错误，也会严重影响定位精度甚至无法定位。

为了提高无线传感器网络的定位精度，APIT 定位算法需要继续改进。现已有很多改进算法，例如，将三角形进行中垂线分割，分割成 4 个或 6 个小区间，通过对收到的目标节点信号的强度进行比较，判断目标节点位于哪一个小区间中；或者通过任意一个信标节点对另外两个信标节点所在直线作垂线得到垂直交点，通过比较这个信标节点到交点的距离和它与位置节点的距离的关系初步判断未知节点的位置，同时通过加权质心定位算法得到未知节点的精确估计。

2. 基于测距无线定位

基于测距无线定位算法目前主流的有最小二乘定位算法和卡尔曼滤波定位算法。

（1）最小二乘定位算法。最小二乘定位算法是机器人无线定位中常用的方法，主要采用基于接收信号的强度（Received Signal Strength，RSSI）、到达时间（Time of Arrival，TOA）、到达时间差（Time Difference of Arrival，TDOA）或者到达角度（Angle of Arrival，AOA）测距中的一种进行信标节点到待定位节点几何距离的测量，并通过联立方程组进行待定位节点的坐标解算，得到无线定位解算误差平方和最小。因此，最小二乘定位算法通过将误差的平方和最小化来求得待定位节点位置的最佳估计值。具体的计算过程如下：令 n 个无线信标节点的坐标分别为 (x_1,y_1)，(x_2,y_2)，…，(x_n,y_n)，而待定位节点的坐标为 (x,y)，信标节点向待定位节点发送数据包，待定位节点测量来自信标节点数据包的到达时间为 TOA_1，TOA_2，…，TOA_n，可以利用 TOA 测距模型得到待定位节点与信标节点之间的几何距离 d_1，d_2，…，d_n，则可以联立方程组：

$$\begin{cases} (x-x_1)^2 + (y-y_1)^2 = d_1^2 \\ \quad\vdots \\ (x-x_n)^2 + (y-y_n)^2 = d_n^2 \end{cases} \tag{6-6}$$

方程组前面的 n-1 个方程依次减去第 n 个方程可得：

$$\begin{cases} x_1^2 - x_n^2 - 2(x_1-x_n)x + y_1^2 - y_n^2 - 2(y_1-y_n)y = d_1^2 - d_n^2 \\ \quad\vdots \\ x_{n-1}^2 - x_n^2 - 2(x_{n-1}-x_n)x + y_{n-1}^2 - y_n^2 - 2(y_{n-1}-y_n)y = d_{n-1}^2 - d_n^2 \end{cases} \tag{6-7}$$

可以将式（6-7）改写成矩阵形式，即

$$AX = b \tag{6-8}$$

其中：

$$A = \begin{bmatrix} 2(x_1-x_n) & 2(y_1-y_n) \\ \vdots & \vdots \\ 2(x_{n-1}-x_n) & 2(y_{n-1}-y_n) \end{bmatrix}, \quad b = \begin{bmatrix} x_1^2 - x_n^2 + y_1^2 - y_n^2 + d_1^2 - d_n^2 \\ \vdots \\ x_{n-1}^2 - x_n^2 + y_{n-1}^2 - y_n^2 + d_{n-1}^2 - d_n^2 \end{bmatrix}$$

$$X = \begin{bmatrix} x \\ y \end{bmatrix} \tag{6-9}$$

利用最小二乘法求解可得待定位节点坐标：

$$X = (A^T A)^{-1} A^T b \tag{6-10}$$

可见，最小二乘法定位算法通过将这 n 个方程的误差最小化，从而获得最优的估算坐标 X。

（2）卡尔曼滤波定位算法。机器人定位首要的问题是对检测的信号进行估计，由于机器人运动状态是时变的，而且无线信号容易受到噪声的干扰，因此要实现对机器人动态精确跟踪需要采用智能的融合算法。

卡尔曼滤波是利用线性的系统状态方程和观测方程得到一个全局最优的状态估计。初始情况下可以通过某种定位技术得到待定位节点的位置估计（也称观测位置），当然也可以根据经验（运动目标常常是匀速运动的）由上一时刻的位置和速度来预测出当前位置（也称预测位置）。把这个观测结果和预测结果做一个加权平均来作为定位结果，权值的大小取决于观测位置和预测位置的不确定性程度，在数学上可以证明，在预测过程和观测过程都是线性高斯时，按照卡尔曼的方法做加权是最优的。

在卡尔曼滤波定位算法中，关键在于以下的 5 个公式：式（6-11）可以由上一时刻（k-1 时刻）的状态预测当前（k 时刻）状态，加上外界的输入；式（6-12）考虑了预测过程增加了了新的不确定性 Q（如噪声干扰），加上之前存在的不确定性；式（6-13）由预测结果的不确定性 P_k^- 和观测结果的不确定性 R 计算卡尔曼增益（权重）；式（6-14）对预测结果和观测结果做加权平均，得到当前时刻的状态估计；式（6-15）更新 P_k，代表本次状态估计的不确定性。

$$\hat{x}_k^- = A\hat{x}_{k-1} + B\hat{u}_{k-1} \tag{6-11}$$

$$P_k^- = AP_{k-1}A^T + Q \tag{6-12}$$

$$H_k = P_k^- H^{\mathrm{T}} (HP_k^- H^{\mathrm{T}} + R)^{-1} \qquad (6\text{-}13)$$

$$\hat{x}_k = \hat{x}_{\bar{k}} + K_k (Z_k - H\hat{x}_{\bar{k}}) \qquad (6\text{-}14)$$

$$P_k = P_k^- + K_k H\hat{x}_{\bar{k}} \qquad (6\text{-}15)$$

需要注意的是，在定位中 x_k 状态是一个向量，除了坐标外还可以包含速度。例如 $x_k=$ (坐标 x, 坐标 y, 速度 x, 速度 y) 状态是向量而不仅仅是一个标量，上面 5 个公式中的矩阵乘法实际上是同时对多个状态进行计算，表示不确定性的方差也就成了协方差矩阵。

卡尔曼滤波器采用递推方法进行求解，因此不需要处理庞大的数据，但是卡尔曼滤波需要严格的机器人运动学模型。由于机器人的运动为非线性系统，其滤波无法使用解析式表示，随着时间的推移无法得到最优解。因此，对于非线性机器人定位跟踪系统，可以采用扩展卡尔曼滤波或无迹卡尔曼滤波。

6.2 机器人地图构建

为了使机器人能够在未知的环境中有效运转，机器人必须学会绘制或表述该环境的地图。如果机器人的位置是已知的，那么机器人可以利用传感器对环境中的障碍物、标志物等进行观测，并在地图上描述出来，这就是地图建图。

6.2.1 地图模型

为了帮助机器人建立一张地图，首先需要确定地图的模型，常见的地图模型有尺度地图、拓扑地图和语义地图。

1. 尺度地图

如图 6-9 所示，在尺度地图中，位置由坐标值来表示，这是地图最基本的形式。

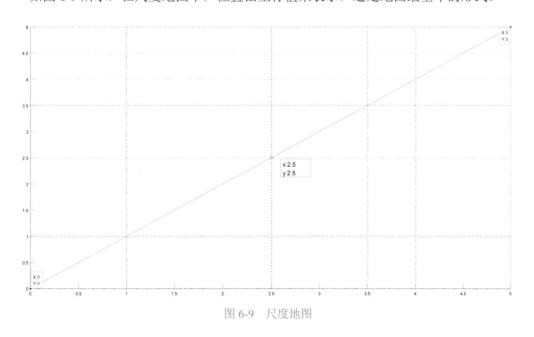

图 6-9　尺度地图

2. 拓扑地图

如图 6-10 所示，在拓扑地图（Topological Map）中，位置表示为节点，节点是地图中的重要位置点，如不同通道之间交叉区域的几何中心或只有一个出口的区域的几何中心

（如门口、拐角、房间与走廊的尽头等），同时称该区域为节点区域。节点间的连接表示为弧。精确的坐标在拓扑地图上并不重要，重要的是节点间的连接。

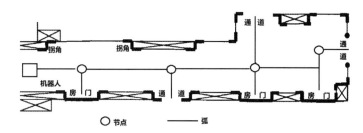

图 6-10　走廊拓扑地图模型

拓扑地图无法像栅格地图那样得以普及的原因有以下 3 点：

（1）对于环境的拓扑尚没有形成统一的定义。例如 Kuipers 和 Thrun 分别采用不同的方式表示拓扑节点和弧。这导致在实际应用中机器人难以对环境的拓扑地图进行创建。

（2）拓扑地图的在线创建。Zwynsvoorde 提出了一种拓扑地图在线创建方法——Voronoi 图法，该方法无法应用于任意形状的空间并且需要很长的计算时间，而其他大部分方法在本质上是离线创建地图。

（3）机器人在拓扑地图中的定位问题。传统的拓扑地图利用人工路标进行定位，在未知环境中，机器人必须提取容易区分的特征作为路标。目前常用的方法有线段检测、角点检测等，特别是 SIFT（Scale Invariant Feature Transform，尺度不变特征转换）特征点，由于其具有较好的不变性已经在地图创建中开始应用。

3. 语义地图

随着机器人研究的发展，机器人日趋适应更加复杂的未知环境，可以实现更加高级的人机交互，从而在日常生产生活中帮助或者替代人们完成不同的任务，如房屋的清洁、无人驾驶、自动巡检等。传统的地图形式如栅格地图或拓扑地图可以满足机器人的基本功能（如导航、定位、路径规划等），但这些地图不包含高层次语义信息，而这些信息对于机器人可以更加充分地理解环境和执行任务来说都是至关重要的。

为了解决这个问题，近年来国内外研究机构、学者都投入到了机器人语义地图（Semantic Map）创建技术的研究中，由于采用的方法、要解决的问题都有所不同，因此不同的学者对语义地图的定义和理解也不相同。通常在传统的地图构建技术上增添语义信息，形成语义地图。例如，有的学者利用深度学习技术对机器人三维稠密点云进行语义化分割，从而建立语义地图，如图 6-11 所示。

注：不同的颜色代表不同的语义对象，如红色为椅子，蓝色为墙壁，紫色为窗户等。

图 6-11　基于深度学习和三维稠密点云构建的语义地图

6.2.2 基于距离测量的地图构建算法

下面以基于距离测量的地图构建为例简单介绍机器人建图的基本过程。

以栅格地图为模型,栅格的每个元素可以用一个相依的占据变量描述,这里的"占据"被定义在两个可能的状态的概率空间内:"空闲"或"占据"。因此,占据随机变量有两个可能的取值:0 和 1。栅格地图就是由占据变量组成的数组。如图 6-12 所示,走廊灰度栅格地图中的白色为墙体,黑色为路径空间。

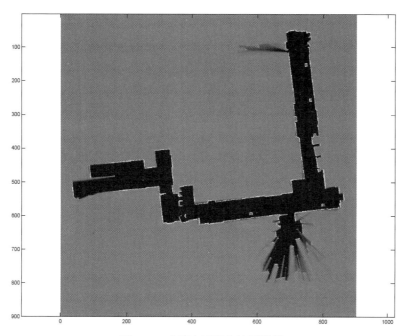

图 6-12 走廊灰度栅格地图效果

机器人无法对周围的环境有确定的认知,因此我们用占据的概率标记而非占据变量本身。因此,可以使用贝叶斯滤波器算法构建栅格地图。

利用一个距离传感器构建地图,传感器提供距离信息。在地图上,每个栅格只有两种可能的测量结果。当栅格可以被光线通过,意味着它是一个自由的空间。如果栅格被光线击中,这意味着它被某些东西占据了。我们用变量 z 表示栅格被占据状态,用"0"代表空闲,"1"代表被占据,即 $z \sim \{0,1\}$。

考虑测量概率模型 $P(z/m_{x,y})$。给定每个栅格的占据状态,测量只有 4 种可能的条件概率:在 m 为 1 的条件下 z 也为 1 的概率为 $P(z=1/m_{x,y}=1)$,即我们对一个被占据的栅格获得的测量结果为占据的概率;在给定 m 为 1 的条件下 z 为 0 的概率为 $P(z=1/m_{x,y}=0)$,即我们对一个被占据的栅格获得的测量结果为自由的概率。当 m 为 0 时,我们也可以用同样的方法定义概率,即

$$P(z=1/m_{x,y}=1)$$
$$P(z=0/m_{x,y}=1)=1-P(z=1/m_{x,y}=1)$$
$$P(z=1/m_{x,y}=0)$$
$$P(z=0/m_{x,y}=0)=1-P(z=1/m_{x,y}=0)$$

（6-16）

这样在贝叶斯框架下可以根据传感器数据更新每个栅格的占据概率。如果我们对栅格有一些先验知识,那么也可以引进到下面的计算中,这将提高地图的构建精度。

$$P(m_{x,y}\, /\, z) = \frac{P(z\, /\, m_{x,y})P(m_{x,y})}{P(z)} \qquad\qquad (6\text{-}17)$$

式中，$P(z\, /\, m_{x,y})$ 表示后验地图，$P(m_{x,y})$ 表示先验地图，$P(z)$ 表示获得的证据。

6.3 机器人同时定位与建图

移动机器人构建环境地图需要自身的位置信息，而确定自身的位置又必须依赖环境地图，所以定位和建图问题是一个"鸡和蛋"的问题。当机器人一开始就处于没有地图的环境或不知道自身的位置时，机器人必须同时进行定位和地图构建，这就是著名的 SLAM 问题，最先是由 Smith 和 Cheeseman 在 1988 年提出来的，被认为是实现真正全自主移动机器人的关键。

SLAM 是指携带特定传感器的主体在一个陌生的未知环境下进行自主探索，在这个过程中实现自我定位和对环境进行建图。SLAM 技术是实现机器人自主导航运动的关键，其主要通过相机、激光雷达等传感器采集环境信息，因此机器人 SLAM 问题研究具有重要的理论价值和实用意义。如果机器人知道精确的环境地图及自身的位姿，那么就可以利用这两者进行有效避障、导航、路径规划等，在机器人自主航行、机器人家庭服务、大尺度环境探索等方面具有很好的应用前景。

6.3.1 SLAM 基本概念

相比于独立进行机器人定位和环境地图构建来说，SLAM 问题的复杂度要大得多。该问题中，机器人定位和环境地图构建是紧密关联的，即机器人的定位过程也需要已知准确的环境地图信息，而环境地图的构建需要已知准确的机器人位置信息，上述两者均不能单独实现，需要同时进行考虑。

总之，移动机器人 SLAM 问题可以理解为：移动机器人从任意的位置开始进行持续的运动，利用自身位姿的估计信息和对环境的观测信息，以递进的方式进行地图构建，并利用获取的环境地图信息不断地更新自身的定位信息的过程。定位与递增式地图构建相辅相成，而并不是单独的两个过程。SLAM 的系统结构如图 6-13 所示。

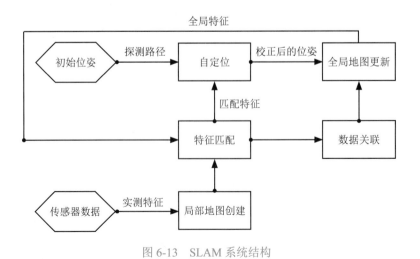

图 6-13 SLAM 系统结构

近年来，视觉 SLAM 因其具有较低的硬件成本和较高的实用价值而逐渐发展成为一个主流的研究领域。视觉 SLAM 的关键性问题主要包括特征检测与匹配、关键帧的选择、回环检测、地图优化。

6.3.2 基于视觉的 SLAM 方法

1. 特征检测与匹配

目前，点特征的使用最多，最常用的点特征有 SIFT 特征、SURF（Speeded Up Robust Features，加速稳健特点）特征和 ORB（Oriented FAST and Rotated BRIEF，代表定向 FAST 和旋转 BRIEF）特征。SIFT 特征已发展了 10 多年，且获得了巨大的成功。SIFT 特征具有可辨别性，其描述符采用 128 维向量表示，且具有旋转不变性、尺度不变性、放射变换不变性，对噪声和光照变化也有较好的鲁棒性。在视觉 SLAM 中使用了 SIFT 特征，但是由于 SIFT 特征的向量维数太高，故导致时间复杂度高。SURF 特征具有尺度不变性、旋转不变性，且相对于 SIFT 特征的算法速度提高了 3 ～ 7 倍，因此很多学者也采用 SURF 特征作为视觉 SLAM 的特征提取方法，与 SIFT 特征相比，其时间复杂度有所降低。当对两幅图像的 SIFT 和 SURF 特征进行匹配时，通常是计算两个特征向量之间的欧氏距离，并以此作为特征点的相似性判断度量。

ORB 特征是 FAST 检测算子与 BRIEF（Binary Robust Independent Elementary Features，二进制字符独特特征描述算法）描述符的结合，并在其基础上做了一些改进。ORB 特征最大的优点是计算速度快，是 SIFT 特征的 100 倍，SURF 特征的 10 倍，其原因是 FAST 特征的检测速度原本就很快，再加上 BRIEF 描述符是二进制串，大大缩减了匹配速度，具有旋转不变性，但不具备尺度不变性。很多学者在 SLAM 算法中采用了 ORB 特征，大大加快了算法速度。ORB 特征匹配是以 BRIEF 二进制描述符的汉明距离为相似性度量的。

在本节中，我们将重点介绍 ORB 特征检测与匹配。

ORB 特征检测的第一步是查找图像中的关键点，而关键点检测算法使用了 FAST（Features from Accelerated Segment Test，加速段测试特征检测）算法，该算法可以快速选择特征关键点。

（1）FAST 特征提取算法。FAST 算法选择的特征点很接近角点。该算法的核心思想是，在如图 6-14 所示的以 P_0 为圆心，半径为 3 的圆形邻域内，比较检测点的灰度值 P_0 与检测点附近的点的灰度值 P_1，P_2，…，P_{16} 之间的关系。如果 P_0 的灰度值同 16 个邻域点的灰度值相比浅或者深，那么该点为特征点。

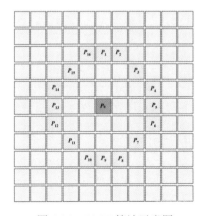

图 6-14　FAST 算法示意图

但为了减小图像噪声的干扰，FAST 提出的方法是将 P_1，P_2，…，P_{16} 看成一个循环列表，

如果它们中有连续 n 个点大于 P_0 灰度值与阈值之和或者连续 n 个点小于 P_0 的灰度值与阈值之差，则认为该检测点是"候选"的特征点。这里的阈值主要还是为了防止由于图像噪声引起的检测误差，既可以是一个相对于 P_0 灰度值的比例，也可以是一个具体的灰度值。对于半径为 3 的 Bresenham 圆，一般 n 可以取 9 或 12（大于圆周上一半的点数即可）。

如图 6-15 所示，检测点的灰度值 $P_0=100$，选取 $threshold=10$，$n=9$，红色代表灰度值大于 P_0 的灰度值与 $threshold$ 之和（110）的点，黄色代表灰度值小于 P_0 的灰度值与 $threshold$ 之差的点，灰色代表灰度值介于 90 和 110 之间的点。从图中可以看到，由于 P_{13}、P_{14}、P_{15}、P_{16}、P_1、P_2、P_3、P_4、P_5、P_6 这 10 个连续的点的灰度值都大于 110，并且连续的点数大于等于 n（$n=9$），因此该检测点为特征点。同样的方法可以得到图 6-16 中有连续的 9 个点（$P_1 \sim P_9$）小于 P_0 的灰度值与 $threshold$ 之差，因此该检测点也为特征点。

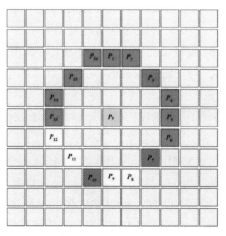

图 6-15　$n=9$ 的 FAST 算法检测示意图

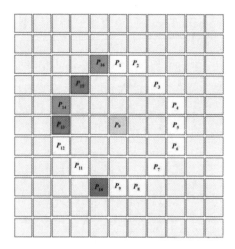

图 6-16　FAST 算法特征点检测示意图

需要注意的是，特征点的判断条件是 n 个连续的点必须都大于 P_0 的灰度值与 $threshold$ 之和或者 n 个连续的点小于 P_0 的灰度值与 $threshold$ 之差。因此，如图 6-17 所示，虽然 P_0 周围的点都满足条件，但是没有连续的 n 个点大于 P_0 的灰度值与 $threshold$ 之和或者没有 n 个连续的点小于 P_0 的灰度值与 $threshold$ 之差，因此该检测点不是特征点。

在获得候选特征点后，需要采用非极大值抑制算法进行筛选，留下那些更具代表性的点。Harris、SIFT 和 SURF 的非极大值抑制是利用 Hessian 矩阵的行列式计算特征点的边界特性。边界特性强的点，其特征相似度较大，会被剔除。FAST 算法的特征提取相对更加直接，在一定的区域内对这些候选特征点进行打分，分数最高的留下，分数低的淘汰，这样就能获得更加可靠的特征点。

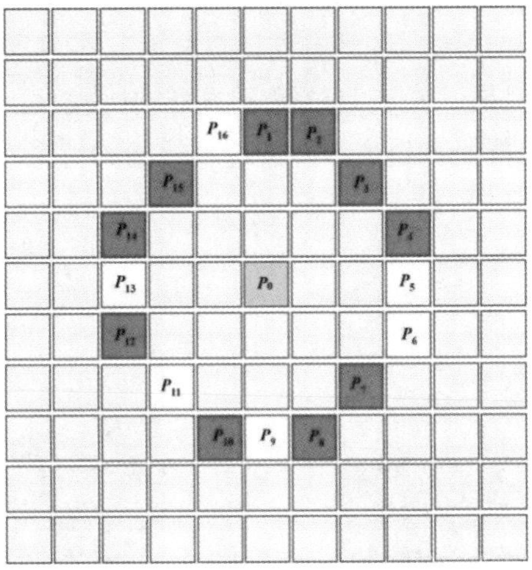

图 6-17　FAST 算法误检测示意图

在了解了 FAST 特征提取算法的核心思想后，我们可以总结以 FAST-9-16 为例算法的提取步骤。

1）在固定半径为圆的边上取 16 个像素点，与中心点 P_0 的像素值做差：

$$N = \sum_{P_x \in (\mathrm{circle}(P_0))} |P_x - P_0| > \varepsilon_d \tag{6-18}$$

2）若圆的边上存在连续的 9（$N>9$，若为 Fast-12，只需要 $N>12$）个点满足 $|P_x - P_0| > \varepsilon_d$ 或者 $|P_x - P_0| < \varepsilon_d$（其中 ε_d 为设定的阈值），则此点作为一个候选特征点，有

$$S_{P_0 \to x} = \begin{cases} d, & I_{P_0 \to x} \leqslant I_{P_0} - T, \text{ 偏暗} \\ s, & I_{P_0} - T \leqslant I_{P_0 \to x} \leqslant I_{P_0} + T, \text{ 相似} \\ b, & I_{P_0} + T \leqslant I_{P_0 \to x}, \text{ 偏亮} \end{cases} \tag{6-19}$$

式中，T 是阈值（默认取值为 10，不同场景取值有差异），I_{P_0} 表示中心点 P_0 的像素值，$I_{P_0 \to x}$ 表示圆形模板中的像素值。上式的意思是，当中心像素的像素值 I_{P_0} 小于 x 处的像素值 $I_{P_0} - T$ 时，该像素偏暗，其他两种情况分别表示偏亮和相似。因此，这样一个块（圆形）区域就可以分成 d、s 和 b 三种类型。这时候只需统计圆形区域中 d 或 b 的次数，只要 d 或 b 连续出现的次数大于 9（如果采用 12 点分割测试角点检测，则取 12），那么该点就被认为是候选角点。

为了加快速度，其实不需要对这些像素进行逐一比较。简单来说，首先比较 1、5、9、13 处点的像素值（即水平方向和垂直方向上的 4 个点）与中心像素值的大小，如果这 4 点中有 3 个或 3 个以上的像素值大于 $I_{P_0} + T$ 或小于 $I_{P_0} - T$，那么认为该点是一个候选特征点，否则就不是特征点。

3）候选特征点非极大值抑制排除不稳定特征点。定义一个如式（6-20）所示的特征点响应函数 V，对候选特征点进行算分，在以特征点 P_0 为中心的一个邻域（如 3×3 或 5×5）内，计算若有多个特征点，则判断每个特征点的 V 值（16 个点与中心差值的绝对值总和），若 P 是邻域所有特征点中响应值最大的点，则保留；否则抑制。若邻域内只有一个特征点，则保留。

$$V = \max \left(\sum_{P \in S_{\text{bright}}} \left| I_{P_0 \to x} - I_{P_0} \right| - T, \sum_{P \in S_{\text{dark}}} \left| I_{P_0} - I_{P_0 \to x} \right| - T \right) \quad (6\text{-}20)$$

也就是说，一个角点强度值定义为中心点与边上的 12 个角点像素差值的绝对值累加和。定义了角点响应函数后，就可以采用常规的非极大值抑制方法对非角点进行排除了。

可见，FAST 角点检测算法是一种具有高计算效率、高可重复性特征提取算子的算法，在 SLAM 中被广泛应用。但是，噪声对该算子的影响比较大，而且阈值 T 对算子的影响也比较大，阈值越大得到的特征点越少，阈值越小得到的特征点越多，如图 6-18 所示。

（a）T=60　　　　　　　　　　　　　（b）T=30

图 6-18　不同阈值下 FAST-9-16 的特征提取效果

（2）BRIEF 特征描述及匹配算法。我们已经知道 ORB 如何使用 FAST 确定图像中的特征点，下面将了解 ORB 如何使用 BRIEF 算法，并将这些关键点转换为特征向量。ORB 算法的第二步是将第一个算法发现的关键点转换为特征向量，这些特征向量可以共同表示一个对象。

BRIEF 的作用是根据一组特征点创建二进制特征向量。二进制特征向量又称二进制描述符，是仅包含 0 和 1 的特征向量。在 BRIEF 中，每个特征点都可以由一个二进制特征向量描述，该向量一般是 128 ～ 256 位的二进制字符串。用二进制串描述局部特征的优点有两个：一是可以用很少的位就能描述独特的性质；二是可以用汉明距离计算两个二进制描述符之间的特征，计算速度快。性能测试表明，BRIEF 比 SURF 和 U-SURF 快，准确度相差不大。

BRIEF 描述子的生成首先需要产生足够多的随机点对，然后根据随机点对坐标得到对应像素值，对所有点对进行二进制字符串拼接，拼接完成即生成了描述子。BRIEF 描述子的生成步骤如下：

1）选择 FAST 特征点周围 $S \times S$ 大小的正方形图像区块进行高斯模糊平滑处理。这样做的原因是降低图像的随机噪声。

2）随机选取 n 个像素点对，其中 n 的取值一般为 256 或 128。以一定的随机化算法选择随机点对 $<x,y>$，若点 x 的亮度小于点 y 的亮度则返回 1，否则返回 0。随机生成点对的算法有以下 5 种：

● 对图像区块内的正态分布随机采样生成 $p(x)$ 与 $q(y)$ 点对。

● 使用高斯分布对 x 与 y 采样，两者都符合 $(0, \frac{1}{25} S^2)$。

- 使用高斯分布，x 符合$(0, \frac{1}{25}S^2)$，y 符合$(x_i, \frac{1}{100}S^2)$。
- 在空间量化极坐标下的离散位置上随机采样。
- 把 x 固定为 $(0, 0)$，y 在周围平均采样。其中第二种方法比其他 4 种具有优势。

3）重复步骤 2）若干次（如 256 次），得到一个 256 位的二进制编码，即生成该特征点的描述子。

4）在匹配时只需计算两特征点描述子的汉明距离。判断是否匹配的依据：经过大量实验数据测试，不匹配特征点描述子的汉明距离在 128 左右，匹配特征点描述子的汉明距离则远小于 128。

通过大量实验可以发现：在旋转角度较低的图像中，用 BRIEF 生成的描述子的匹配质量非常高，在测试的多数情况中都超越了 SURF，但在旋转角度大于 30° 后，BRIEF 的匹配率快速降到 0 左右；BRIEF 的耗时非常短，在相同情况下计算 512 个特征点的描述子时，SURF 耗时 335ms，BRIEF 仅 8.18ms；匹配 SURF 描述子需要 28.3ms，BRIEF 仅需 2.19ms。因此，在要求不太高的情况下，BRIEF 描述子更容易做到实时。

2. 关键帧的选择

帧对帧的对准方法会造成大的累积误差，由于位姿估计过程中总会产生误差，因此为了减少帧对帧的对准方法带来的误差，在 SLAM 方法中提取关键帧成为很重要的一步。

选取的指标主要有以下 3 个：

（1）距离上一关键帧的帧数是否足够多（时间）。例如每隔固定帧数选择一个关键帧，这样编程简单但效果不好。再如运动很慢的时候，就会选择大量相似的关键帧，运动较快的时候又丢失了很多重要的帧。

（2）距离最近关键帧的距离是否足够远（空间）/ 运动，比如相邻帧根据 pose 计算运动的相对大小，可以是位移也可以是旋转或者两个都考虑，如果运动足够大（超过一定阈值）则新建一个关键帧，这种方法比第一种好，但是如果对同一个物体来回扫则会出现大量相似关键帧。

（3）跟踪质量（主要根据跟踪过程中搜索到的点数和搜索的点数比例）/ 共视特征点。

目前常用的选择关键帧的方法有以下 3 种：

（1）当满足以下全部条件时该帧作为关键帧插入地图：从一个关键帧经过了 n 个帧；当前帧至少能看到 n 个地图点，位姿估计准确性较高。

（2）当两幅图像看到的共同特征点数低于一定阈值时，创建一个新的关键帧。

（3）根据一种基于熵的相似性的方法选择关键帧，由于简单的阈值不适用于不同的场景，故对每一帧计算一个熵的相似性比，如果该值小于一个预先定义的阈值，则前一帧被选为新的关键帧并插入地图，该方法大大减少了位姿累积误差。

在 ORB_SLAM（一种基于 ORB 特征的三维定位与地图构建算法）中，可以决定当前帧是否可以作为关键帧。由于在局部地图构建的过程中有一个机制可以筛选冗余的关键帧，所以我们需要尽快插入新的关键帧以保证跟踪线程对相机的运动更具鲁棒性，尤其是对旋转运动。我们根据以下要求插入新的关键帧：距离上一次全局重定位后需要超过 20 帧图像；局部地图构建处于空闲状态或距上一个关键帧插入后已经有超过 20 帧图像；当前帧跟踪少于 50 个地图云点；当前帧跟踪少于参考关键帧 K_ref 云点的 90%。

3. 回环检测

回环检测及位置识别即判断当前位置是否是以前已访问过的环境区域。三维重建过程中必然会产生误差累积，实现闭环是消除误差的一种手段。在位置识别算法中，视觉是主要的传感器。很多学者研究发现，图像对图像的匹配性能优于地图对地图的匹配。图像对图像的匹配算法中，词袋（Bag of Words，BoW）算法由于其有效性故得到了广泛应用。

词袋指的是使用视觉词典树（Visual Vocabulary Tree）将一幅图像的内容转换为数字向量的技术。对训练图像集进行特征提取，并将其特征描述符空间通过 K 均值聚类（K-means）算法离散化为 K 个簇，图中不同的形状表示不同的局部特征描述子，再依据 K-means 算法对这些描述子进行聚类，从而得到视觉词袋。对于新的图像，在词袋中进行遍历，将得到的单词用不同的频率表示，如图 6-19 所示。

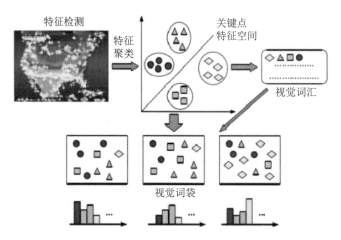

图 6-19　基于 K-means 算法的词袋构建流程

回环检测的流程如图 6-20 所示。

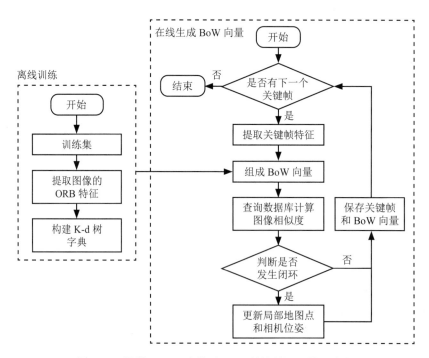

图 6-20　视觉 SLAM 中基于 BoW 算法的回环检测流程

具体包括以下两个步骤：

（1）遍历所有的训练图像，对每幅图像提取特征。常见的提取特征方法有 SIFT、

SURF 和 ORB 等，由于 ORB 算法的高效性，目前已成为词袋模型中主流的特征提取方法。

（2）离线构建字典。每个字典由多个单词组成，每个单词是某一类特征的组合，从图像中提取的特征通过聚类生成 BoW 字典。

利用 K-means 算法构建词袋生成字典需要预先设定聚类的数量，并且算法的效果明显依赖于初始值，不同的初始值不仅会影响算法的效率，而且会影响最终的聚类结果。现在最为常用的算法为 K-means++ 算法。该算法在初始化方面做了改进，将聚类中心设定得尽可能的远，弥补了前者的不足。K-means++ 算法的伪代码如下：

```
{ 初始状态：数据样本集合 D(x₁,x₂,x₃,…,xₙ)，样本中每个元素都是 d 维的向量
从样本中随机选取一个元素作为初始化聚类中心
while ( 循环直至得到 K 个聚类中心 )
{
 for(int i=0;i<n;i++)
  {
      计算集合 D 中每个元素 xᵢ 到最近聚类中心的距离 L(xᵢ)，按照距离大概率大的原则
      从样本中选取新的聚类中心
  }
}
while( 循环直至聚类中心收敛 )
{
 for(int i=0;i<n-k;i++)
  {
      计算集合 D 中每个元素 xᵢ 到 K 个聚类中心的距离，该元素属于最近聚类中心的类别
  }
}
更新聚类中心
}
结束：聚类结果
```

将 n 个特征简单通过 K-means++ 聚成具有 K 个单词的字典的方法也存在一定的不足，因为在实际应用场景中，考虑到图像特征点的规模，i 值将非常大，在对两幅图像的特征进行比较和查找时会非常耗时，因此可以采用 K-d 树的结构存储特征，以提高搜索速度。K-d 树的具体生成步骤如下：

（1）设定树的分支数 K 和深度 d，用 K-means++ 算法在根节点处将图片的所有特征聚成 K 类，得到树的第一层。

（2）对每个集合内部重复进行上述聚类操作，即遍历第一层的每个节点，把属于该节点的样本再聚成 K 类，得到下一层。

（3）循环执行步骤（2），最后得到叶子节点，该节点就是特征对应的单词。对于新的图像，生成的特征描述子的维度与 K-d 树中的一致。对于每个特征描述子，在离线创建好的词袋树中寻找自己的位置，从根节点开始，用该描述子和每个节点的描述子求汉明距离，选择汉明距离最小的作为自己所在的节点，一直遍历到叶子节点。如图 6-21 所示，蓝色部分表示查找某个特征时的遍历路径。

计算相似度。对于新来的一帧图像，在离线生成的 BoW 字典中搜索特征的位置，将图表示成特征向量，根据特征向量之间的距离计算相似度。

在文本检索领域，常常使用频率—逆文本频率（Term Frequency-Inverse Document Frequency，TF-IDF）算法统计某个单词对一个文档的重要性。该算法的核心思想是，如

果某个单词在图像中出现的词频（Term Frequency，TF）高，则可区分度越好；如果某个单词在视觉字典中出现的逆文本频率（Inverse Document Frequency，IDF）低，则其可区分度越好。

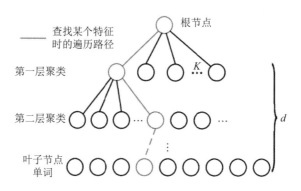

图 6-21　K-d 叉树字典

在用词袋模型进行相似度计算时，假如图像中所有的特征数量为 n，某个叶子节点 w_i 对应的特征数量为 n_i，定义 IDF 为叶子节点 w_i 的特征数量相对于所有特征数量的比例，有

$$IDF_i = \log \frac{n}{n_i} \tag{6-21}$$

假设图像 A 中单词 w_i 出现了 m_i 次，所有的单词次数为 m，定义 TF 为某个单词在单个图像中出现的频率，有

$$TF_i = \log \frac{m}{m_i} \tag{6-22}$$

结合上面两个公式可以得到单词 w_i 的权重为 $\gamma_i = IDF_i \times TF_i$，求出权重后，图像 A 构成的描述就可以表示为

$$A = \{(w_1, \gamma_1), (w_2, \gamma_2), \cdots, (w_n, \gamma_n)\} \triangleq \boldsymbol{v}_A \tag{6-23}$$

式中，$\boldsymbol{v}_A$ 是一个稀疏向量，因为很多相似特征可能被分为同一类，用向量 $\boldsymbol{v}_A$ 表示一幅图像时非零部分代表了图像中包含的单词。因此，两帧图像 $S(\boldsymbol{v}_A, \boldsymbol{v}_B)$ 之间可以利用 L_1 范数计算相似度：

$$S(\boldsymbol{v}_A, \boldsymbol{v}_B) = 2 \sum_{i=1}^{N} (|\boldsymbol{v}_{Ai}| + |\boldsymbol{v}_{Bi}| - |\boldsymbol{v}_{Ai} - \boldsymbol{v}_{Bi}|) \tag{6-24}$$

计算出相似度评分 S 后需要进行归一化处理，用先验相似度 $S(\boldsymbol{v}_t, \boldsymbol{v}_{tj})$ 表示某个时刻的图像与上一帧图像的相似度，则归一化后的评分为

$$S(\boldsymbol{v}_t, \boldsymbol{v}_{tj}) = S(\boldsymbol{v}_t, \boldsymbol{v}_{tj}) / S(\boldsymbol{v}_t, \boldsymbol{v}_{t-\Delta t}) \tag{6-25}$$

在判断当前图像与之前的图像是否构成回环时，以相对阈值进行判断，可以避免因为环境中重复的物体或者相似的外观导致的错误回环，对环境具有更好的适应性。

4. 地图优化

对于一个在复杂且动态的环境下工作的机器人，三维地图的快速生成是非常重要的，且创建的环境地图对之后的定位、路径规划和避障的性能起到一个关键性的作用。

闭环检测成功后，向地图中添加闭环约束，执行闭环校正。闭环问题可以描述为大规模的光束平差法（Bundle Adjustment）问题，即对相机位姿及所有的地图点三维坐标进

行优化，但是该优化计算的复杂度太高，因而很难实现实时。因此，可以采用位姿图优化（Pose Graph Optimization）方法来对闭环进行优化，顶点为相机位姿，边表示位姿之间相对变换的图即位姿图。位姿图优化将闭环误差沿着图进行分配，即均匀分配到图上的所有位姿上。图优化通常由图优化框架 g2o（general graph optimization）中的 LM（Levenberg-Marquardt，列文伯格—马夸尔特）算法实现。

6.3.3　视觉 SLAM 的发展趋势及研究热点

视觉 SLAM 的发展
趋势及研究热点

1. 多传感器融合

相机能够捕捉场景的丰富细节，而惯性测量单元（Inertial Measurement Unit，IMU）有高的帧率，能够获得准确的短时间估计，这两个传感器能够相互互补，一起使用能够获得更好的结果。可以用滤波方法解决视觉与 IMU 结合的位姿估计，用 IMU 的测量值作为预测值，视觉的测量值用于更新。但是在视觉与 IMU 融合的系统中，当机器人运动较为剧烈时，由于其不确定性增大，会导致定位失败，从而系统的鲁棒性有待进一步提高，并且为在现实生活中实现实时定位，其计算复杂度也需要进行改进。

2. SLAM 与深度学习的结合

随着深度学习在计算机视觉领域的广泛应用，大家对深度学习在机器人领域的应用有很大的兴趣。目前主要研究的方向有以下两个：

（1）用深度学习方法替换传统 SLAM 中的一个或几个模块，如闭环检测、立体匹配、姿态估计等。

（2）在传统 SLAM 中加入语义信息，如图像语义分割、语义地图构建等。

虽然视觉 SLAM 的研究已经取得了一些成果，但是机器人等智能设备大部分的应用场景都是在特定的环境中，这将在一定程度上限制机器人等智能设备的应用普遍性。当前视觉 SLAM 仍然存在一些挑战，例如，移动机器人在复杂的非结构场景中存在一些高动态物体的运动，使相机采集的相邻两帧图像之间的差异较大，影响视觉 SLAM 系统的鲁棒性；而且现有的视觉 SLAM 方案大多数是基于静态场景的假设，忽视了真实场景中往往会存在各种动态物体对机器人定位精度的影响。由于动态对象特征在图像中的变动是由其本身运动和相机运动叠加引起的，所以会造成错误的特征匹配，降低机器人的定位精度。当场景中的动态对象或移动机器人运动过快时，会导致系统跟踪失败。同时，传统的视觉 SLAM 算法并不能很好地处理场景中的动态对象，动态对象会被更新到地图中，造成三维地图重建中出现重影，可实现差，影响后期的导航、避障等工作。

综上所述，如何有效消除动态环境下运动物体的影响成为当下 SLAM 系统亟待解决的问题。因此，研究基于动态场景下的移动机器人视觉 SLAM 方法具有实际的积极意义。

本 章 小 结

本章主要介绍了机器人定位和建图问题，首先介绍了传统的定位和建图技术，然后着重介绍了机器人同时定位与建图（SLAM）技术，对视觉 SLAM 算法进行了详细讲解，最后对 SLAM 的发展趋势进行了介绍。十几年来，视觉 SLAM 虽然取得了惊人的发展，但是仅用摄像机作为唯一外部传感器进行同时定位与三维地图重建仍是一个很具挑战性的研究方向，想要实时进行自身定位且构建类似人眼看到的环境地图还有很长的科研路要走。此外，为了能在实际环境中进行应用，SLAM 的鲁棒性需要很高，以便足够在各种复杂环境下进行准确处理；SLAM 的计算复杂度也不能太高，以便达到实时效果。

习题 6

1. 查询资料并总结常用的机器人定位算法各自的优缺点。
2. 简述常用的机器人建图算法各自的优缺点。
3. 尝试完成 ORB_SLAM2 的系统配置。
4. 尝试利用深度学习技术改进 SLAM 算法中的特征匹配子模块。

第 7 章　机器人路径规划

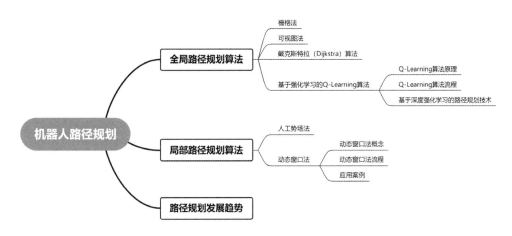

本章导读

　　机器人路径规划指的是各种传感器对机器人自身的影响，依照环境的感知，通过一个或多个评判标准规划安全的运行路线，寻找出一条机器人能从起始点运动到目标点的最佳路线。在规划中根据机器人的功能用一定的算法计算机器人绕过某些必要的障碍物所需要完成的时间和效率。从研究的环境来看，路径规划可分为全局路径规划和局部路径规划。全局路径规划在于全面解决环境的规划问题，局部路径规划重点是在表示对未知或者已知的部分路径问题。全局路径规划和局部路径规划各有各的优势，在此基础上，机器人在绕开障碍物的同时也要尽量选择最优路线。

本章要点

- Dijkstra 算法
- Q-Learning 算法
- 人工势场法
- 动态窗口法

　　机器人路径规划是指在特定条件下寻找一条从起始点到目标点满足约束条件的最优路径或可行路径。机器人路径规划生成的路径轨迹对其运动起着导航的作用，可以引导机器人从当前点避开障碍物到达目标点。路径规划主要分以下两步进行：

　　（1）建立包含障碍物的区域和自由移动区域的环境地图模型。

　　（2）在建立的环境地图模型基础上选择合适的路径搜索算法，以便实现快速、实时的路径规划。路径轨迹的产生过程如图 7-1 所示。

　　根据机器人对其工作区域信息的理解层次，将机器人路径规划分为两类：基于部分区域信息理解的路径规划（又称局部路径规划）和基于完整区域信息理解的路径规划（又称全局路径规划）。局部路径规划是在机器人执行任务过程中根据自身携带的传感器采集到的局部环境信息进行的实时动态路径规划，具有较高的灵活性和实时性。但由于依靠的是局部环境特征，故其获得的路径可能只是局部最优而非全局最优，甚至是目标不可达路径。全局路径规划首先需要根据已知的全局环境信息建立抽象的全区域环境地图模型，然后在全区域环境地图模型上使用寻优搜索算法获取全局最优或较优路径，最终引导机器人在真实情况下向目标点安全移动。在机器人路径规划中，需要融合全局路径规划和局部路径规划，前者旨在寻找全局优化路径，后者旨在实时避障。机器人路径规划中最关键的部分就是选取算法，一个优秀的算法对路径规划起到至关重要的作用。本章分别从全局路径规划和局部路径规划两个方向给出一些常用算法。其中与路径规划算法相关的神经网络算法和进化计算在前面章节已经有所介绍，此处不再赘述。

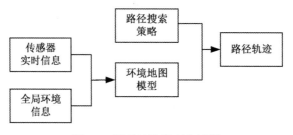

图 7-1　路径轨迹的产生过程

7.1　全局路径规划算法

全局路径规划首先需要根据已知的全局环境信息建立抽象的全区域环境地图模型，然后在全区域地图模型上使用寻优搜索算法获取全局最优或较优路径，最终引导移动机器人在真实情况下向目标点安全地移动。其主要涉及两部分内容：一是环境信息理解及地图模型构建；二是全局路径搜索及机器人引导。

7.1.1　栅格法

栅格法是由 W.E.Hovcden 于 1968 年提出的，他在进行路径规划时采用栅格（Grid）表示地图。栅格法是用不同性质及不同序号的两类栅格描述机器人的工作环境，即自由栅格和障碍栅格，自由栅格区域内不含障碍物，障碍栅格区域内包含障碍物。机器人路径规划问题就转换为搜索工作空间内可行栅格的有序集合。该方法以栅格为基本单位记录机器人所在环境信息，若栅格选的小，则环境的分辨率就高，在密集障碍物或狭窄通道中发现路径的能力强，但环境信息的储存量大，规划时间长，降低了系统的实时性；若栅格选的大，则环境信息储存量小，决策速度快，抗干扰能力强，但是环境的分辨率低，在相应环境中发现路径的能力会变差。因此，应根据具体的应用环境选择合适的栅格尺度及相应的优化搜索栅格有序集合的算法。栅格地图既可以描述真实环境的许多特征，又可以实现时间和空间消耗最优，因此栅格地图是当前广泛采用的环境地图的描述方法。

具体来说，其做法是将机器人的行走空间分解成一系列的网格单元，用栅格粒度来标识栅格疏密的程度。栅格粒度的选取要适中，在计算规模不大的情况下尽量选取的小一些，这样规划好的路径更加光滑，也更加接近最优值。为了便于路径搜索，需要对栅格进行标识，栅格标识的方法可采用以下两种：

（1）直角坐标标识法。对机器人的行走空间建立一个直角坐标系，对 X、Y 轴进行划分。这样就会获得一个依照坐标轴划分的网格，其中每个网格的中心点都可以用坐标值来表示。

（2）序号标识法。按照从左到右、从上到下的顺序对每一个栅格进行标号。

无论用哪种标识方法都要正确区分自由栅格和障碍物栅格。可行的一种方法是对每个自由栅格标记"1"，每个障碍物栅格标记"0"，在障碍物边缘用"a"来标记。当利用栅格法标识了全部的障碍物之后，用记号"a"标识的部分提取出来就是描述障碍物边界的拓扑图形，如图 7-2 所示。

1	1	1	1	1	1	1	1	1	1	1	1	1	a	a	a
1	1	1	1	1	1	a	a	a	a	1	1	1	1	1	1
a	a	a	1	1	1	a	0	0	0	a	1	1	1	1	1
0	0	a	1	1	1	a	0	0	0	a	1	1	a	a	a
0	0	a	1	1	1	a	0	0	0	a	1	1	a	0	0
0	0	a	1	1	1	0	0	0	0	a	1	a	a	0	0
0	0	a	1	1	1	a	a	a	a	1	1	a	0	0	0
0	0	a	1	1	1	1	1	1	1	1	1	a	0	0	0

图 7-2　栅格标识图（阴影部分为障碍物）

栅格法具有简单、实用、操作方便等特点，在路径规划过程中，不需要考虑障碍物是否为规则物体，也不需要考虑运动对象的运动轨迹、数目和形状。从理论上分析，只要在起点和终点之间存在通路，栅格法就一定能搜寻到一条从起点到终点的路径。

7.1.2　可视图法

可视图法视机器人为一点，将机器人、目标点和多边形障碍物的各顶点进行组合连接，并保证这些直线均不与障碍物相交，从而形成一张图，称为可视图。由于任意两直线的顶点都是可见的，故从起点沿着这些直线到达目标点的所有路径均是运动物体的无碰路径。搜索最优路径的问题就转化为从起始点到目标点经过这些可视直线的最短距离问题。运用优化算法，可删除一些不必要的连线以简化可视图，缩短搜索时间。该方法能够求得最短路径，但假设忽略机器人的尺寸大小，使机器人通过障碍物顶点时离障碍物太近甚至接触，并且搜索时间长。切线图法和 Voronoi 图法对可视图法进行了改造。切线图用障碍物的切线表示弧，因此是从起始点到目标点的最短路径的图，即机器人必须几乎接近障碍物行走。其缺点是如果控制过程中产生位置误差，那么机器人碰撞的可能性会很高。Voronoi 图法用尽可能远离障碍物和墙壁的路径表示弧。由此，从起始节点到目标节点的路径将会增长，但采用这种控制方式，即使产生位置误差，机器人也不会碰到障碍物。

7.1.3　戴克斯特拉（Dijkstra）算法

Dijkstra 算法由荷兰计算机科学家艾兹赫尔·戴克斯特拉（Edsger Wybe Dijkstra）于 1956 年发明，使用类似广度优先搜索的方法解决赋权图的单源最短路径问题。Dijkstra 算法原始版本仅适用于找到两个顶点之间的最短路径，后来更常见的变体固定了一个顶点作为源节点，然后找到该顶点到图中所有其他节点的最短路径，产生一个最短路径树。本算法每次取出未访问节点中距离最小的节点，用该节点更新其他节点的距离。需要注意的是，绝大多数的 Dijkstra 算法不能有效处理带有负权边的图。

Dijkstra 算法采用的是一种贪心的策略，声明一个数组 *dis* 来保存源点到各个顶点的最

戴克斯特拉（Dijkstra）
算法

短距离和一个保存已经找到了最短路径的顶点的集合 S。

（1）初始时，源点 s 的路径权重被赋为 0（$dis[s]=0$）。若对于源点 s 存在能直接到达的边 (s,m)，则把 $dis[m]$ 设为路径长度，同时把所有其他（s 不能直接到达的）顶点的路径长度设为 ∞。初始时，集合 S 只有源点 s。

（2）从 dis 数组中选择最小值，则该值就是源点 s 到该值对应的顶点的最短路径，并且把该点加入到 T 中，此时完成一个顶点。

（3）需要观察新加入的顶点是否可以到达其他顶点并且观察通过该顶点到达其他顶点的路径长度是否比源点直接到达要短。如果是，那么就替换这些顶点在 dis 中的值。

（4）又从 dis 中找出最小值，重复上述动作，直到 S 中包含图的所有顶点。

【例 7-1】图 7-3 所示为一个具有 6 个顶点的赋权有向图，用 Dijkstra 算法找出 v_1 至其余各个顶点的最短路径。

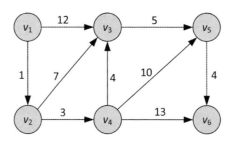

图 7-3　赋权有向图

【解】

构建如图 7-4 所示的数据结构邻接矩阵。

	v_1	v_2	v_3	v_4	v_5	v_6
v_1	0	1	12	∞	∞	∞
v_2	∞	0	7	3	∞	∞
v_3	∞	∞	0	∞	5	∞
v_4	∞	∞	4	0	10	13
v_5	∞	∞	∞	∞	0	4
v_6	∞	∞	∞	∞	∞	0

图 7-4　矩阵

图中用 Dijkstra 算法找出 v_1 至其余各个顶点的最短路径的过程如下：

（1）声明一个一维数组 dis 来存储点 v_1 到其余各个顶点的初始路程，该数组初始化的值为 $dis = \{0,1,12,\infty,\infty,\infty\}$，$S = \{v_1\}$。

（2）既然是求 v_1 顶点到其余各个顶点的最短路程，那么就先找一个离 v_1 最近的顶点。通过数组 dis 可知，当前离 v_1 顶点最近的是 v_2 顶点。当选择了 v_2 顶点后，$dis[2]$ 的值就已经从"估计值"变为了"确定值"，即 v_1 顶点到 v_2 顶点的最短路程就是当前 $dis[2]$ 的值。把 v_2 加入集合 S，并确定它的最短路径为 1，此时 $dis = \{0,1,12,\infty,\infty,\infty\}$，$S = \{v_1,v_2\}$。

（3）既然选择了 v_2 顶点，接下来 v_2 顶点的出边有 v_2->v_3 和 v_2->v_4 这两条边。先讨论通过 v_2->v_3 这条边能否让 v_1 顶点到 v_3 顶点的路程变短。也就是说，比较 $dis[3]$ 和 $dis[2]+e[2][3]$ 的大小。其中 $dis[3]$ 表示 v_1 顶点到 v_3 顶点的路程，$dis[2]$ 表示 v_1 顶点到 v_2

顶点的路程，$e[2][3]$ 表示 v_2->v_3 这条边。因此，$dis[2]+e[2][3]$ 表示从 v_1 顶点先到 v_2 顶点，再通过 v_2->v_3 这条边到达 v_3 顶点的路程。可以发现，$dis[3]=12$，$dis[2]+e[2][3]=1+7=8$，$dis[3]>dis[2]+e[2][3]$，因此 $dis[3]$ 要更新为 8。此时 $dis = \{0,1,8,\infty,\infty,\infty\}$，$S = \{v_1,v_2\}$，这个过程称为"松弛"。即 v_1 顶点到 v_3 顶点的路程，也即 $dis[3]$ 通过 v_2->v_3 这条边松弛成功。这便是 Dijkstra 算法的主要思想：通过"边"来松弛源点到其余各个顶点的路程。

（4）同理，通过 v_2->v_4（$e[2][4]$）可以将 $dis[4]$ 的值从 ∞ 松弛为 4（$dis[4]$ 初始为 ∞，$dis[2]+e[2][4]=1+3=4$，$dis[4]>dis[2]+e[2][4]$，因此 $dis[4]$ 要更新为 4）。此时 $dis = \{0,1,8,4,\infty,\infty\}$，$S = \{v_1,v_2\}$。

（5）继续在剩下的 v_3、v_4、v_5 和 v_6 顶点中选出离 v_1 顶点最近的顶点。通过上面更新过的 dis 数组，当前离 v_1 顶点最近的是 v_4 顶点，把 v_4 加入集合 S，此时 $S = \{v_1,v_2,v_4\}$，继续对 v_4 顶点的所有出边（v_4->v_3、v_4->v_5 和 v_4->v_6）用刚才的方法进行松弛。松弛之后的数据为 $dis = \{0,1,8,4,14,17\}$。

（6）继续在剩下的 v_3、v_5 和 v_6 顶点中选出离 v_1 顶点最近的顶点，这次选择 v_3 顶点。此时，$dis[3]$ 的值已经从"估计值"变为"确定值"，把 v_3 加入集合 S，此时 $S = \{v_1,v_2,v_4,v_3\}$，对 v_3 顶点的所有出边（v_3->v_5）进行松弛。松弛完毕之后的 dis 数组为 $dis = \{0,1,8,4,13,17\}$。

（7）继续在剩下的 v_5 和 v_6 顶点中选出离 v_1 顶点最近的顶点，这次选择 v_5 顶点。此时，$dis[5]$ 的值已经从"估计值"变为"确定值"。把 v_5 加入集合 S，此时 $S = \{v_1,v_2,v_4,v_3,v_5\}$，对 v_5 顶点的所有出边（v_5->v_6）进行松弛。松弛完毕之后的 dis 数组为 $dis = \{0,1,8,4,13,17\}$。

（8）对 v_6 顶点的出边进行松弛。因为该例中 v_6 顶点没有出边，因此不用处理。至此，dis 数组中所有的值都已经从"估计值"变为"确定值"。把 v_6 加入集合 S，此时 $S = \{v_1,v_2,v_4,v_3,v_5,v_6\}$。

7.1.4　基于强化学习的 Q-Learning 算法

强化学习通过智能机器人或智能体在环境中获得的奖励或惩罚来激励算法的不断学习，并依据奖惩反馈不断地调整规划策略，最终实现特定的目标。强化学习主要包含状态、策略、行动和奖励 4 个基本要素。智能体在状态 S_t 下，根据策略 π 选择动作 A_t，并从状态 S_t 移动到新的状态 S_{t+1}，同时从环境中获得奖励 r，根据当前所获得的奖励 r 来计算出最优策略 π^*。其中 $\gamma \in (0,1)$ 为折扣率。最优策略 π^* 的表达式为

$$\pi^* = \mathrm{argmax}E_\pi\left[\sum_{t=0}^{\infty}\gamma^t r(S_t, A_t)\middle| s_0 = s\right]$$

Q-Learning 算法是一种对状态—动作的值函数进行评估的在线学习方式，是强化学习领域的经典算法。Q-Learning 算法不依赖环境模型，不需要先验的环境地图，仅利用自身的奖励机制来寻找全局的安全路径，并且在鲁棒性上也有不错的表现。因此，该算法在机器人路径规划、信号灯逻辑控制和智能交通下的优化调度等工程中有广泛的应用。

1. Q-Learning 算法原理

作为 Q-Learning 算法的核心，智能体（Agent）会向所在的环境（两者关系如图 7-5 所示）做出试探性动作，而环境会据此反馈一个奖惩值。Agent 根据奖惩值来选择接下来要执行的动作。在图 7-5 中，S 记为 Agent 所处的环境状态集合，A 记为 Agent 所能执行的动作集合，R 记为从状态 s_i 通过执行动作 a_i 进入下一个状态 s_{i+1} 所得到的奖励集合，Agent 学习一个任务的控制策略记为 $\pi : s \to A$，使奖励之和的期望值最大化。

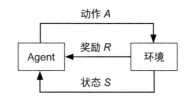

图 7-5　Agent 与环境交互关系

在 Q-Learning 算法中，奖励值函数 $R_{(s_i, a_i, s_{i+1})}$ 表示 Agent 在 s_i 的状态下通过执行 a_i 动作获得 s_{i+1} 状态时所能获得的奖励值。$Q(s_i, a_i)$ 作为状态值函数，表示 Agent 在 s_i 状态下通过执行 a_i 动作所能获得的累积回报，即

$$Q(s_i, a_i) = R(s_i, a_i, s_{i+1}) + \gamma \max Q(s_i, a) \tag{7-1}$$

式（7-1）实现了 $Q(s_i, a_i)$ 值的更新，但在实际应用中，更多的是结合时间差分法来更新 $Q(s_i, a_i)$ 的值，即

$$Q_t(s_i, a_i) = (i - \alpha)Q_{t-1}(s_i, a_i) + \alpha[R_t(s_i, a_i, s_{i+1}) + \gamma \max_{a \in A} Q_{t-1}(s_{i+1}, a) - Q_{t-1}(s_i, a_i)] \tag{7-2}$$

式中，α 表示学习率，γ 表示衰减率，$Q_{t-1}(s_i, a_i)$ 表示在 $t-1$ 时刻 s_i 状态下 Agent 通过执行 a_i 动作所获得的累积回报，$\max_{a \in A} Q_{t-1}(s_{i+1}, a)$ 表示在 $t-1$ 时刻 s_{i+1} 状态下 Agent 通过执行 a 动作可以获得的最大累积回报。

2. Q-Learning 算法流程

Q-Learning 算法在路径搜索中的流程如图 7-6 所示。

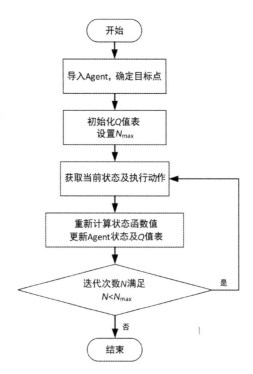

图 7-6　Q-Learning 算法流程

具体步骤如下：

（1）将 Agent 导入位置环境并在该环境中确定目标点的位置。

（2）对 Q 值表进行初始化，设置最大迭代次数 $N_{\max}$。这一步需要创建 N 行 4 列的 Q 值表，其中 N 表示可通行栅格的数量，4 表示 Agent 可执行上下左右的 4 个动作，并将 Q 值表进行清零处理。

（3）Agent 根据获取到的当前状态值，借助贪心算法来执行累积回报最大的动作。

（4）更新 Agent 的状态，重新计算状态值函数，并更新 Q 值表。

（5）如果此时迭代次数 $N<N_{\max}$，那么返回步骤（3）继续迭代；若不满足 $N<N_{\max}$，则此时就可以确定最优轨迹并结束程序。

3. 基于深度强化学习的路径规划技术

以 Q-Learning 算法为代表的强化学习的最终目的就是通过最大化奖励值来获得最优策略。但是在越来越复杂的应用场景中，Agent 的学习时间不断增加，算法收敛速度开始放慢，给算法的落地带来了一定的困难。深度学习与强化学习结合而成的深度强化学习技术可以将深度学习的感知能力与强化学习的决策能力相结合，提供一种更接近于人类大脑思维模式的方法。

2013 年 Google 的 DeepMind 团队提出了一种由 Q-Learning 与卷积神经网络相融合的 DQN 网络，其具有以下 3 个特点：

（1）相比于传统的 Q-Learning 算法，DQN 使用卷积神经网络代替了 Q-Learning 算法中的值函数 $Q(s,a)$。

（2）使用经验回放技术。在每个时间步 t 时，将 Agent 的经验样本 $E_t=(S_t,A_t,R_t,S_{t+1})$ 存放到回放记忆单元 $D=\{e_1,e_2,\dots,e_t\}$ 中，通过重复采样历史数据来增加样本的使用率，可以有效地避免学习过程中的参数振荡现象。

（3）除上述两点外，DQN 网络还能够随机小批量地从记忆单元 D 中取样，有效地降低了样本间的关联性，提升了算法的稳定性。

7.2 局部路径规划算法

7.2.1 人工势场法

人工势场法（Artifical Potential Field）是 Khatib 于 1986 年提出的一种虚拟方法，主要思想是将机器人在障碍物环境中的运动视为在抽象势场作用下的运动：目标位置形成引力场，对机器人产生吸引力，引力大小由机器人到达目标位置的距离而确定，方向朝向目标位置；环境中的障碍物形成斥力场，斥力场对机器人产生排斥，斥力值随机器人与障碍物距离的增大而减小，方向指向远离障碍物方向。两者共同作用于机器人，使机器人能够避开环境中的障碍物而到达指定位置，如图 7-7 所示。在探明了障碍物环境中可行走区域以后，在机器人的运动空间中建立一个势场 E_r，如同由正电荷和负电荷组成的电力场一样，该势场也由两部分组成：一是引力场 $\bar{E}_{att}$，其场强随着机器人与目标点距离的增加而增强，且受力的方向是由机器人指向目标点；二是斥力场 $\bar{E}_{rep}$，其场强随着机器人与目标点距离的增加而减小，且受力的方向是由障碍物指向机器人。最终机器人由于受到引力和斥力的作用向着目标点运动，避开障碍物，完成路径规划。

人工势场法

势力场函数一般为

$$\bar{E}_{att}(\boldsymbol{p}) = k(\boldsymbol{p} - \boldsymbol{p}_{goal})^m$$

式中，$\boldsymbol{p}$ 为机器人的位置坐标，$\boldsymbol{p}_{goal}$ 为目标的坐标，$\boldsymbol{p} - \boldsymbol{p}_{goal}$ 为机器人与目标点的距离，比例系数 k 与指数 m 可以人为进行调整。设目标对机器人的吸引力为引力势能的负梯度：

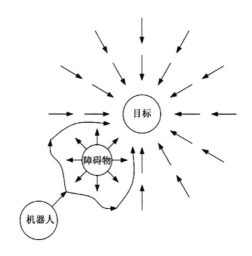

图 7-7　势场示意图

$$\vec{F}_{\text{att}}(\boldsymbol{p}) = -\nabla \vec{E}_{\text{att}}(\boldsymbol{p})$$

式中的梯度是对向量 $\boldsymbol{p}$ 求导数。显然当机器人与目标点重合时引力为 0。同理可得斥力为

$$\vec{F}_{\text{rep}}(\boldsymbol{p}) = -\nabla \vec{E}_{\text{rep}}(\boldsymbol{p})$$

因此，人工势能的势场为

$$\vec{E}_{\text{total}}(\boldsymbol{p}) = \vec{E}_{\text{att}}(\boldsymbol{p}) + \vec{E}_{\text{rep}}(\boldsymbol{p})$$

在障碍物环境中运动的机器人所得到的力为 $\vec{E}_{\text{total}}$ 的负梯度，即

$$\vec{F}_{\text{total}}(\boldsymbol{p}) = -\nabla \vec{E}_{\text{total}}(\boldsymbol{p}) = \vec{F}_{\text{att}}(\boldsymbol{p}) + \vec{F}_{\text{rep}}(\boldsymbol{p})$$

机器人在人工势场中的受力情况如图 7-8 所示。

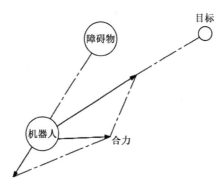

图 7-8　机器人受力示意图

在实际应用于机器人路径规划的人工势场法中，引力场函数通常取

$$\vec{E}_{\text{att}}(\boldsymbol{p}) = k(\boldsymbol{p}_{\text{goal}} - \boldsymbol{p})$$

或者取类似于重力势能的函数：

$$\vec{E}_{\text{att}}(\boldsymbol{p}) = \frac{1}{2} k(\boldsymbol{p} - \boldsymbol{p}_{\text{goal}})^2$$

因此可得引力为势能的负梯度：

$$\vec{F}_{\text{att}}(\boldsymbol{p}) = -\nabla \vec{E}_{\text{att}}(\boldsymbol{p}) = k(\boldsymbol{p} - \boldsymbol{p}_{\text{goal}})$$

斥力场在设计中为了更加符合机器人在障碍物环境中的情况，会给斥力一个作用的范围，即在距离机器人一定区域之外的障碍物对机器人没有斥力的作用，Khatib 采用一种表

面诱导人工排斥场函数（Force Inducing an Artificial Repulsion From the Surface，FIAS）如下：

$$\bar{E}_{\text{rep}}(\boldsymbol{p}) = \begin{cases} \dfrac{1}{2}\eta\left(\dfrac{1}{\boldsymbol{p}-\boldsymbol{p}_{\text{obs}}}-\dfrac{1}{d_0}\right)^2, & (\boldsymbol{p}-\boldsymbol{p}_{\text{obs}}) \leqslant d_0 \\ 0, & (\boldsymbol{p}-\boldsymbol{p}_{\text{obs}}) > d_0 \end{cases}$$

式中，d_0 代表障碍物对机器人作用范围的一个常数，$\boldsymbol{p}_{\text{obs}}$ 为障碍物的坐标，η 为大于 0 的斥力场的常量。然而由引力场的函数可以看出，当机器人距离目标点很近时，其引力将变得非常小，若此时旁边有一个障碍物，则强的斥力作用将导致机器人最终无法到达目标点，显然应该在机器人接近目标点时对应的斥力也要进行衰减，可采用加入 $\boldsymbol{p}$–$\boldsymbol{p}_{\text{goal}}$ 乘子，以保证当机器人接近目标点时对应的斥力迅速衰减。为了使其衰减速度大于引力的衰减速度，改进的斥力场函数如下：

$$\bar{E}_{\text{rep}}(\boldsymbol{p}) = \begin{cases} \dfrac{1}{2}\eta\left(\dfrac{1}{\boldsymbol{p}-\boldsymbol{p}_{\text{obs}}}-\dfrac{1}{d_0}\right)^2(\boldsymbol{p}-\boldsymbol{p}_{\text{goal}})^n, & (\boldsymbol{p}-\boldsymbol{p}_{\text{obs}}) \leqslant d_0 \\ 0, & (\boldsymbol{p}-\boldsymbol{p}_{\text{obs}}) > d_0 \end{cases}$$

式中，n 是一个正常数，所以可得斥力为

$$\bar{E}_{\text{rep}}(\boldsymbol{p}) = -\nabla\bar{E}_{\text{rep}}(\boldsymbol{p}) \begin{cases} \bar{F}_{\text{rep1}} + \bar{F}_{\text{rep2}}, & 0 < (\boldsymbol{p}-\boldsymbol{p}_{\text{obs}}) \leqslant d_0 \\ 0, & (\boldsymbol{p}-\boldsymbol{p}_{\text{obs}}) > d_0 \end{cases}$$

其中：

$$\bar{F}_{\text{rep1}}(\boldsymbol{p}) = \eta\left(\dfrac{1}{\boldsymbol{P}-\boldsymbol{P}_{\text{obs}}}-\dfrac{1}{d_0}\right)\dfrac{(\boldsymbol{p}-\boldsymbol{p}_{\text{goal}})^n}{(\boldsymbol{p}-\boldsymbol{p}_{\text{obs}})^2}$$

$$\bar{F}_{\text{rep2}}(\boldsymbol{p}) = \dfrac{n\eta}{2}\left(\dfrac{1}{\boldsymbol{P}-\boldsymbol{P}_{\text{obs}}}-\dfrac{1}{d_0}\right)^2(\boldsymbol{p}-\boldsymbol{p}_{\text{goal}})^{n-1}$$

同时考虑到机器人本身有一定的体积，不能完全按照质点进行处理，所以引入一个常量 r 来表示机器人的半径。可得机器人完整的斥力函数如下：

$$\bar{F}_{\text{rep1}}(\boldsymbol{p}) = \eta\left(\dfrac{1}{\boldsymbol{p}-\boldsymbol{p}_{\text{obs}}-r}-\dfrac{1}{d_0}\right)\dfrac{(\boldsymbol{p}-\boldsymbol{p}_{\text{goal}})^n}{(\boldsymbol{p}-\boldsymbol{p}_{\text{obs}})^2}$$

$$\bar{F}_{\text{rep1}}(\boldsymbol{p}) = \dfrac{n\eta}{2}\left(\dfrac{1}{\boldsymbol{p}-\boldsymbol{p}_{\text{obs}}-r}-\dfrac{1}{d_0}\right)^2(\boldsymbol{p}-\boldsymbol{p}_{\text{goal}})^{n-1}$$

可见机器人所受的力为引力与斥力的和，即

$$\bar{F}_{\text{total}} = \bar{F}_{\text{att}} + \sum\bar{F}_{\text{rep}}$$

人工势场法具有结构简单、路径平滑、实时性高、易于实现等特点，是一种有效的局部路径规划方法。然而人工势场法在应用过程中也存在许多的局限性：当机器人和障碍物的距离超过障碍物影响范围的时候，机器人不受排斥势场的影响。因此，人工势场法只能解决局部空间的避障问题，因缺乏全局信息，它会很容易陷入局部最小值点。所谓局部最小值点，就是在引力场函数和斥力场函数联合分布的空间内，在某些区域，受到多个函数的作用，造成了局部最小值点。当机器人位于局部最小值点的时候，机器人容易产生振荡或者停滞不前。障碍物越多，产生局部最小值点的可能性就越大，产生局部最小值点的数量也就越多。图 7-9（a）和（b）所示是当机器人在障碍物与目标的连线上时，由于合力的作用使机器人的受力为 0，进而停止运动产生局部最小值；图 7-9（c）所示是当多个障碍物的斥力与目标的吸引力的合力为 0 时，机器人也不再行走。

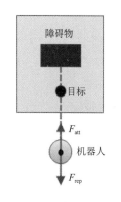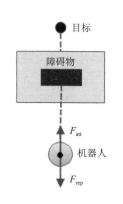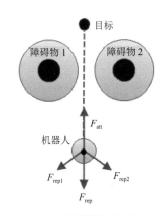

（a）机器人、障碍物、 （b）机器人、障碍物、 （c）多个障碍物的斥力
目标点三者一线（情况一） 目标点三者一线（情况二） 与目标的吸引力合力为0

图 7-9 局部最小值对机器人运动的影响

还有一种情况是当机器人在较多的复杂障碍物间近距离穿梭时，势场方向会因为机器人或障碍物位置的稍微改变而发生较大的变化，使机器人的状态变得不易控制，出现机器人的路径在障碍物周围振荡的现象。如图 7-10 所示，机器人不断地改变运动方向对机器人运动的流畅性产生影响，应该在这种障碍物较多的地方进行一个大范围的避障。

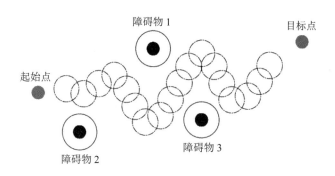

图 7-10 发生振荡时对机器人的影响

7.2.2 动态窗口法

绝大多数的全局路径规划算法需要先验地图作为支撑，因此这些算法只能应用在已知的静态环境中，无法面对动态或复杂的规划场景。而在机器人、无人机、自动驾驶汽车等设备的实际应用中，除特定的工作场景外，大多数的工作场景都是复杂多变的。例如水下潜航器突遇洋流后偏离规划路线，应用在商场、车站中的服务机器人需避让行人等。面对复杂的动态场景，机器人在进行全局路径规划的同时，如何排除干扰进行局部的动态避障是本小节主要讲述的问题。

1. 动态窗口法概念

动态窗口法（Dynamic Window Approach）是一种基于速度的局部规划器，可以计算机器人到达目标所需要的最佳无碰撞速度。该方法在一定程度上借鉴了粒子滤波的思想，在速度空间 (v,w) 中对多组速度进行采样，并根据获取到的速度信息模拟出一段时间内的运动轨迹，通过评价函数来对模拟出的轨迹进行评价，选出最优轨迹所对应的速度用来驱动机器人。

在实践中，动态窗口法应用于目的地坐标已知的动态环境中，有传感器可以检测到机器人与障碍物之间的距离和角度信息。换言之，能够运行动态窗口法的机器人需要有对环境进行感知的能力。

2. 动态窗口法流程

动态窗口法流程如图 7-11 所示。

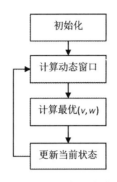

图 7-11 动态窗口法流程

（1）计算动态窗口。动态窗口是机器人在当前环境中所达到的速度 v 和电动机转速 w，这两个参数的大小与机器人硬件设备的机械特性以及机器人当前的工作状态有关。该参数可以通过电动机编码器实时获取。

（2）计算最优 (v, w)。通过对动态窗口的采样，可以得到 $N \times M$ 组 $[v_{ij}, w_{ij}]$（$i < N$，$j < N$），并计算出 $v = v_{ij}$，$w = w_{ij}$ 时机器人的预测轨迹。完成这两个步骤之后，计算机器人在 $v = v_{ij}$，$w = w_{ij}$ 时的评价函数：

$$G_{(v,w)} = a_1 \cdot \text{heading}(v, w) + a_2 \cdot \text{dist}(v, w) + a_3 a_3 \cdot \text{velocity}(v, w) \qquad (7\text{-}3)$$

式中，$\text{heading}(v, w)$ 表示机器人运动（实际）方向与目标方向的夹角 θ，如图 7-12 所示，该函数值越小，方向角评价越高。$\text{dist}(v, w)$ 表示与预测轨迹相交并且距离当前机器人位置最近的障碍物的距离，当机器人与障碍物的距离越大时，该函数评价越高。因此，当没有障碍物与预测轨迹相交时，该函数可以设定一个较大的常数代替。另外需要注意的是，在计算距离时还应考虑机器人的半径大小。$\text{velocity}(v, w)$ 表示机器人处于预测轨迹边缘时的速度 v，在路径规划中，这一速度显然越快越好。在计算机器人 $v = v_{ij}$，$w = w_{ij}$ 下的 3 种评价函数后，还需进行归一化处理。最后带入式（7-3）中得到一系列的代价，其中代价最小的 $[v_{ij}, w_{ij}]$ 即为最优的 (v, w)。

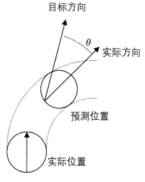

图 7-12 机器人运动方向与目标方向的夹角

（3）更新当前状态。在完成最优 (v, w) 的计算后，将该参数作为当前速度。循环往复，机器人不断进行速度的计算、评价和选择，就可以在越来越接近目标的过程中避免碰到障碍物了。

3. 应用案例

动态窗口法实验平台如下：软件环境为 Ubuntu 20.04、ROS Noetic、Gazebo 11。采用圆形底盘双轮差速机器人进行算法验证。将机器人放入先验地图并指定目标任务点，如图 7-13 所示。此时机器人通过全局路径规划算法规划出到达任务点的大致路径。动态窗口法会将这条路径拆分成若干段小路径，边检测边向前行进。

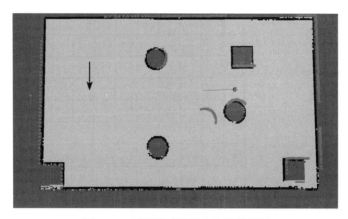

图 7-13　无障碍时机器人的路径规划

当机器人在行进过程中，通过其自身携带的感知传感器发现了前方存在障碍物，如图 7-14 所示，此时机器人会根据动态窗口法计算出的最优 (v,w) 来规避障碍物，并重新规划新的路线，引导机器人向目标点前进。

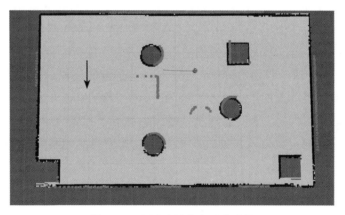

图 7-14　全局路径中出现障碍物

需要注意的是，在实际的路径规划过程中，还应在先验地图的基础上设置障碍物的膨胀区等辅助信息。这样做的好处是，防止机器人在靠近障碍物的边缘时由于自身惯性、不规则尺寸或转弯时与障碍物发生碰撞。在添加了辅助信息后，机器人便可以在先验地图中更加灵活地运动。

7.3　路径规划发展趋势

随着科学技术的不断发展，自主路径规划技术面对的环境将更为复杂多变。这就要求路径规划算法具有迅速响应复杂环境变化的能力。这不是目前单个或单方面算法所能解决的问题，因此在未来的路径规划技术中，除了研究发现新的路径规划算法外，还有以下 5 个方面值得关注：

（1）局部路径规划与全局路径规划相结合。

全局路径规划一般是建立在已知环境信息的基础上，适应范围相对有限。局部路径规划能适应未知环境，但有时反应速度不快，对局部路径规划系统品质要求较高。因此，如果把两者结合则可达到更好的规划效果。

（2）多传感器融合路径规划。

传感器如同人类的视觉、嗅觉、触觉器官一样，是移动机器人感知周围环境信息的重要组成部分。通常情况下，利用一种传感器获取的环境信息准确性较低，不能精确地对真实环境进行表达，会对之后的行为决策产生不利影响。多传感器所获得的信息具有冗余性、互补性、实时性，且可快速并行分析现场环境。因此，同时应用视觉、雷达等传感器信息互补，对路径规划的精确性发挥着重要的作用。

（3）多算法融合路径规划。

路径规划的多算法即各个算法之间的有效结合。任何一个单独的算法都不足以解决实际问题中的所有路径规划问题，尤其是在针对一些交叉学科中出现的新问题时。创造出新的算法难度大，而路径规划算法之间的优势互补可以有效提供一种解决问题的新思路。一些智能算法如群体智能算法、强化学习算法、模糊控制、神经网络等逐渐被引入路径规划问题。这种互补式的混合算法促使了各种算法的融合发展，其将人工智能方法、新的数理方法、仿生算法相结合，具有一定的发展前景。

（4）多智能移动机器人协调规划。

该智能技术正在逐渐成为新的研究热点，受到业内人士的广泛关注。由于障碍物与移动机器人数目的增加，极大地提高了自主路径规划的难度，这将是一个更加贴近现实的研究课题，也是移动机器人技术亟需拓展的领域。

（5）复杂环境及多维环境中移动机器人路径规划的研究。

针对于具体的研究对象，移动机器人路径规划多数为了解决陆地作业环境下智能机器人的路径规划研究，如扫地机器人、迎宾机器人、反恐防爆机器人等；而针对空中的飞行机器人和水下机器人的研究则相对较少。随着空间探测的发展需要，移动机器人的研究也开始将关注点放在崎岖地形和存在大量障碍物的复杂环境中。从路径规划的环境描述方向上看，针对二维平面环境的路径规划研究相对较多，而三维环境空间下的路径规划则一般较少。但是，仍然有许多移动机器人作业环境是处于三维环境空间中的，如飞行机器人、仿生鱼类机器人等。陆地机器人多数处于环境稳定的陆地中，而飞行机器人、仿生鱼类机器人所处的环境相较于陆地机器人所处的环境要恶劣得多，所以对传感器的要求更加苛刻，同时还会面临许多不确定的危险因素。因此，对飞行机器人及仿生鱼类机器人的研发更加困难。综上所述，增强对现实环境中机器人路径规划的研发是针对实际应用无可避免的问题，同时也是路径规划技术未来的一个重要研发方向。

本 章 小 结

本章介绍了全局路径规划和局部路径规划中常用的几种算法，分析了各算法的实现机制与原理，最后指出了路径规划算法未来的研究方向。

栅格法显得不易于控制，但是却体现了障碍物环境的信息，较好地表达了机器人可行走的区域。可视图法是把机器人缩小为一个点，由于规划出的路径总是经过障碍物的顶点，所以就要求机器人在行走的过程中要避免与障碍物发生碰撞，对控制的要求非常高。Dijkstra 算法具有很强的鲁棒性，且其能计算出两点之间的最优路径解，但是该算法是无向搜索算法，随着节点数量的增加，该算法的计算效率将会降低。

人工势场法应用灵活，可以在保证安全的情况下获得一条平滑路径，并且对于动态环境可以实现实时运动控制，适用于长距离机动且障碍物较少的情况。但仍存在局部最优和易在狭窄通道中动荡的缺点。当环境的要求比较高时，它的虚拟合力便会为 0，这会进一步导致机器人不能继续执行任务。针对人工势场法存在的缺陷，引入了斥力模型，在路径规划时机器人可以避开局部极小值点，进一步优化路径规划中的问题。

动态窗口法能够直接在速度空间上模拟移动机器人的移动轨迹，使移动机器人具有良好的避障能力。然而随着移动机器人面临的环境越来越复杂且不可预测，动态窗口法并不能迅速适应这种复杂多变的环境。而强化学习中的 Q-Learning 算法在复杂环境下的移动机器人路径规划问题中容易产生维数灾难问题。

关于路径规划的算法有很多，但是每种算法都有自己的局限性，任何单一路径规划算法都不可能解决所有实际应用中的路径规划问题，因此可以通过取长补短，产生出一系列更为优秀的算法。

习题 7

1. 简述人工势场法的优缺点。
2. 用 Dijkstra 算法求图 7-15 中从 v_1 到 v_6 的最短路径。
3. 简述动态窗口法的优缺点。
4. 如图 7-16 所示，智能机器人显示在右上角。在迷宫中，有陷阱（红色炸弹）及终点（蓝色的目标点）两种情景。机器人要尽量避开陷阱，尽快到达目的地。机器人可执行的动作包括向上走、向右走、向下走、向左走。执行不同的动作后，根据不同的情况会获得不同的奖励。具体而言，有下述几种情况，即撞到墙壁：–10；走到终点：50；走到陷阱：–30；其余情况：–0.1。请使用强化学习中的 Q-Learning 算法实现一个自动走迷宫的机器人。

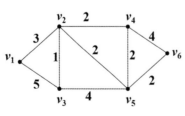

图 7-15　v_1 到 v_6 路径

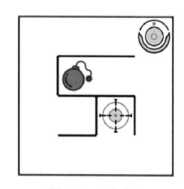

图 7-16　迷宫路线

第 8 章　智能机器人设计与开发

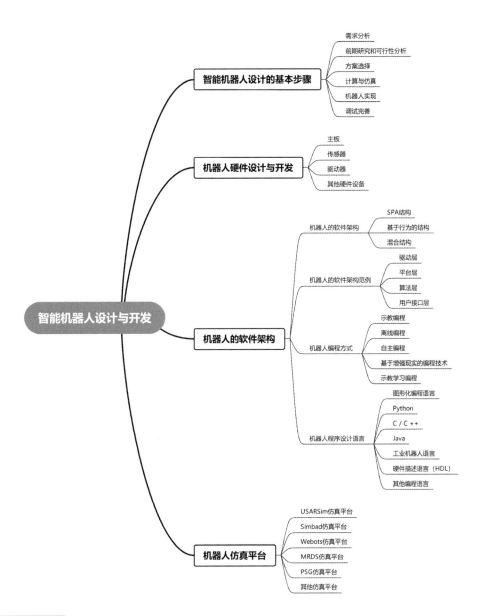

智能机器人设计与开发

- 智能机器人设计的基本步骤
  - 需求分析
  - 前期研究和可行性分析
  - 方案选择
  - 计算与仿真
  - 机器人实现
  - 调试完善

- 机器人硬件设计与开发
  - 主板
  - 传感器
  - 驱动器
  - 其他硬件设备

- 机器人的软件架构
  - 机器人的软件架构
    - SPA结构
    - 基于行为的结构
    - 混合结构
  - 机器人的软件架构范例
    - 驱动层
    - 平台层
    - 算法层
    - 用户接口层
  - 机器人编程方式
    - 示教编程
    - 离线编程
    - 自主编程
    - 基于增强现实的编程技术
    - 示教学习编程
  - 机器人程序设计语言
    - 图形化编程语言
    - Python
    - C / C ++
    - Java
    - 工业机器人语言
    - 硬件描述语言（HDL）
    - 其他编程语言

- 机器人仿真平台
  - USARSim仿真平台
  - Simbad仿真平台
  - Webots仿真平台
  - MRDS仿真平台
  - PSG仿真平台
  - 其他仿真平台

本章导读

　　智能机器人是一种具有高度自规划、自组织、自适应能力，适合在复杂环境中工作的自主式移动机器人。智能机器人的目标是在没有人的干预、无须对环境做任何规定和改变的条件下，有目的地移动和完成相关任务。

　　一个理想化的、完善的智能机器人系统通常由3个部分组成：移动结构、感知系统和控制系统。目前对智能机器人的发展影响较大的关键技术是编程语言和编程方式、传感器技术、智能控制技术、路径规划技术、导航和避障技术、人机接口技术等。本章将主要介绍智能机器人的设计与开发相关问题。

本章要点

- 智能机器人设计的基本步骤
- 机器人硬件设计与开发
- 机器人的软件架构
- 机器人仿真平台

智能机器人设计步骤

8.1 智能机器人设计的基本步骤

1. 需求分析

在进行智能机器人设计时首先需要进行需求分析，即明确智能机器人需要实现哪些功能，然后收集资料进行可行性分析。在这个阶段搜集机器人相关信息，总结出需求，以及需求所针对的典型行业和典型工艺。根据需求，提出一份机器人性能指标，定量地对预期功能层面进行描述，如使用环境、工作范围、最高速度、额定负载、实现某典型工艺轨迹的时间、IP 等级、电源类型、重量限制、使用寿命、需要遵循哪些认证和标准等。

2. 前期研究和可行性分析

针对前一步提出的机器人性能指标，从机械、仿真、驱动、电气和软件等技术角度对指标进行评估，主要从技术可行性和成本两个方向切入。这个阶段的重要内容是对相似机器人进行详尽的分析和测试，尽可能把已有的经验转化为自身机器人优势。

3. 方案选择

根据分析进行原理设计并制定方案，包括硬件方案和软件方案等。对比各方案的优缺点，需要从技术的先进性、实现的难易程度、经济性等方面综合考虑，确定最终的设计方案。

4. 计算与仿真

依靠前面设计方案给出的机器人参数，根据机器人尺寸、负载、速度和核心算法等信息已经可以对机器人进行粗略的建模和仿真计算。依照概念方案中的几何尺寸信息可以建立机器人的运动学模型。在这样的基础上，定义外部负载，根据经验估计自然质量负载和摩擦力，这样可以进一步获得准确的动力学模型。

仿真计算工作是机器人开发过程中系统层和元件层的接口，面向产品功能的性能指标在这里被转化为面向技术实现的各元件性能参数。以目标速度和轨迹作为输入进行动力学仿真可以获得两项重要的数据：各驱动轴扭矩和各关节受力情况。前者作为驱动系统开发和选型的依据，而后者是机械结构设计的依据。

在这个阶段格外需要经典力学、多体动力学仿真，对机械系统、电气系统以及控制理论的综合知识要有深刻的理解。需要熟练使用仿真计算工具，如 MATLAB、Simulink、Modelica、Adams 或各种机器人领域内的软件。

5. 机器人实现

机器人实现包括硬件实现和软件实现两部分。硬件实现部分考虑以下 4 个方面：

（1）经过仿真计算的机械部分子系统性能指标（长度、空间运动范围、重量）。

（2）各节点受力分析。

（3）驱动系统的安装要求。

（4）功能性能指标中对安装方式和应用环境的要求。

综合以上要求，需要选择适当的材料，设计合理的结构实现。软件实现部分工作可以同时进行，例如核心算法实现因为时间较长，可以同硬件实现工作同时开展。对于动作执行功能方面的程序则可以在硬件完成后再进行相应开发。

6. 调试完善

调试完善是指对所设计的机器人进行调试、修改和完善，布置机器人和外围设备并模拟运行，验证各功能是否满足设计要求，按技术要求调试软硬件，直至符合要求。

智能机器人设计与开发基本流程如图 8-1 所示。

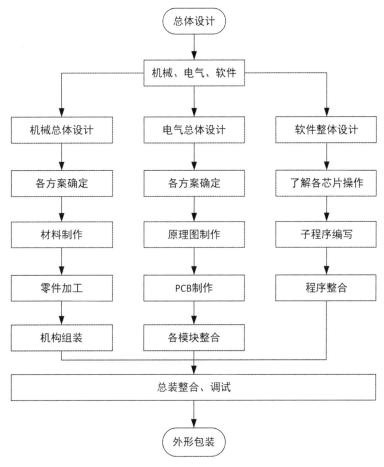

图 8-1　智能机器人设计与开发基本流程

8.2　机器人硬件设计与开发

机器人硬件设计与开发

智能机器人的设计与开发是一个结合计算机、机械、电子、控制等领域技术的综合应用实践活动。智能机器人硬件主要包括主板、传感器、驱动器等。

8.2.1　主板

机器人主板是机器人的核心运算芯片，被称为"机器人的大脑"，也可以称为微控制器、微处理器、处理器、计算器等。在选择微控制器的时候主要考虑处理器的速度、ROM 和 RAM 的大小、I/O 端口类型和数量、编程语言以及功耗。在选择微控制器时最先考虑的是运行速度。

　　存储容量是决定控制器可以实现多少功能及其复杂程度的指标，越多的存储空间可以存储更多的程序代码，从而实现更多、更复杂的功能。I/O 接口的种类和接口数量也决定了控制器的性能。目前有两种接口种类，即 Analog（模拟）接口和 Digital（数字）接口。接口种类决定控制器可以控制硬件的类型，如果电动机控制卡是数字接口，那么控制器必须要有数字输出接口；如果传感器是模拟接口，那么控制器必须要有模拟输入接口。接口数量是指同时能够连接设备的多少，代表主板的承载能力。

　　编程语言是控制器能够接受的语言类型，一般有 C 语言、汇编语言、BASIC 语言等，这些通常能被高级控制器直接执行，因为在高级控制器中内置了编译器，其能够直接把一些高级语言翻译成机器语言。

　　除了考虑执行电动机的功耗以外，还要考虑控制器的功耗问题，另外控制器也会消耗大量电能。在考虑这个参数的时候，主要考虑电源的供应量以及机器人预计的运行时间。不过现在控制器的功耗都不是很大，除非设计很小的机器人，因为它对电源尺寸有适当的限制。常用的主板有树莓派和 Jetson Nano。

　　（1）树莓派。树莓派是一款只有信用卡大小的个人计算机，由英国的 Raspberry Pi 基金会开发。随着树莓派计算机的推出，它已经成为众多机器人爱好者的新工具。通过树莓派这种超低成本的迷你计算机，可以设计许多功能强大的智能机器人，例如利用树莓派与摄像头等多组传感器进行组合完成机器人对复杂环境的观测，并通过树莓派指导驱动系统完成相关任务；或者用来直接控制机器人的运动电动机，完成运动指令。

　　树莓派芯片具有驱动视频和音频等功能，同时具有 40 针的 GPIO（General Purpose Input Output，通用输入 / 输出口）管脚，方便外接相关传感器及驱动设备。由于树莓派小巧的外观和强大的接口，以及开放的编译环境，故其在智能机器人的开发中成为一种较为合适的开发主板。树莓派 4B+ 实物如图 8-2 所示。

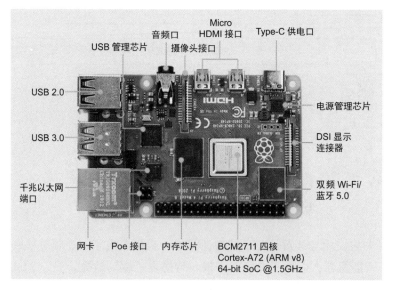

图 8-2　树莓派 4B+ 实物

　　（2）Jetson Nano。Jetson Nano 是英伟达（NVIDIA）公司研制的一款性能强大、体积小巧的智能芯片，其配备了四核 Cortex-A57 处理芯片，包括 4GB 或 2GB 内存以及 128 核 Maxwell GPU，能够运行多种算法和 AI 框架，如 TensorFlow、Keras、PyTorch、Caffe 等，支持 NVIDIA JetPack，支持多个神经网络并行运行实现图像分类、人脸识别、语音处理、目标检测及物体识别追踪等，由于其是小结构、低成本和低能耗的设备，所以可以用来开发智能机器人。尤其是它可以运行多种 AI 算法，方便音频和图像处理等领域的智能机器人的开发。Jetson Nano 实物如图 8-3 所示。

图 8-3　Jetson Nano 实物

8.2.2　传感器

传感器是机器人和现实世界之间的纽带。为了让智能机器人正常工作，必须对智能机器人的位置、姿态、速度和系统内部状态等进行监控，同时还要感知智能机器人所处的外部环境，包括静态信息和动态信息。只有结合以上信息才能使机器人采取相应的反应，按照工作顺序和操作要求完成相应的工作。可以基于应用场景来定义传感器的需求，现在大多数的传感器都能在市面上找到，方便了机器人的设计和开发。根据工作特征，传感器可以分为光学传感器、声音传感器、力传感器、位置传感器等。常见的传感器有红外传感器、声音传感器、压敏传感器、陀螺仪等。

8.2.3　驱动器

驱动器是驱动智能机器人的核心部件，有电力、液压和气动等驱动方式，常用的驱动器为电驱动的电动机。智能机器人最主要的控制是控制机器人按照指令进行移动，包括机器人位置移动和机械臂等关节的移动，因此机器人驱动器中最根本和本质的问题就是控制电动机。通过控制电动机转动的圈数可以控制机器人移动的距离和方向、机械臂的弯曲程度或移动的距离等。机器人电动机常用的有步进电动机和直流电动机。各种不同的直流电动机如图 8-4 所示。

图 8-4　直流电动机

电动机控制一般有专门的控制卡和控制芯片，通过控制卡和控制芯片把微控制器连接起来就可以用程序来控制电动机。

机器人或手臂的实际运动速度由电动机的转动速度决定，直流电动机控制电动机转动圈数的程度直接影响位置控制的精确度。为精确控制直流电动机需要用到编码盘来获得实际转动的圈数从而实现控制反馈。直流电动机的速度控制用 PWM（Pulse Width Modulation，脉宽调制）的调速方法来调节。现在也有很多控制芯片是带调速功能的。选购直流电动机时要考虑的参数是电动机的输出力矩、功率和最高转速。

步进电动机不像直流电动机，它可以很轻松地调节电动机的位置。步进电动机的调速是通过控制电动机的频率来获得的。一般控制信号的频率越高，电动机转得越快；频率越低，转得越慢。一般情况下，电动机都无法直接带动轮子或者手臂，需要加上一个减速箱来增加电动机的输出力矩。综上所述，可以根据机器人的动作要求选取电动机种类及相关参数。

8.2.4　其他硬件设备

除上述主要的硬件设备外，智能机器人还有许多不同的硬件设备，其决定了机器人的相关功能或特点。随着人机接口技术的发展，已开发出各式各样的输入和输出设备，如触摸屏、VR 眼镜、数据手套、鼠标等。数据手套如图 8-5 所示。同时，各种具有更好感知现场情况的方法相继被提出来，例如具有类似人感官大小的手、手臂和视觉系统等，它们利用临境技术建立机器人

图 8-5　数据手套

工作，可以更好地辅助操作者感知现场环境变化，进行智能机器人的有效操作。

随着通信网络的发展，智能机器人和互联网连接成为可能。智能机器人可以有效利用互联网资源，同时通过相关网络实现数据的传输。通信网络包括有线通信技术和无线通信技术。由于智能机器人适应环境的需要，无线通信技术是一种很好的方式。常用的无线通信技术包括红外线通信、蓝牙（Bluetooth）、紫蜂（ZigBee）、Wi-Fi、蜂窝网络和 5G 网络等，各种技术各有其优缺点。在设计智能机器人通信网络时需要考虑智能机器人适用的通信环境，如室内移动机器人常采用较为方便的无线局域网技术，只需要安装无线网卡即可完成硬件搭建；室外移动机器人则需要长距离通信，可以考虑蜂窝网络和 5G 网络等。5G 网络模块如图 8-6 所示。考虑设计需要的同时，还要考虑开发成本、安全性能等。

图 8-6　5G 网络模块

随着相关技术的发展，智能机器人硬件设备不断更新。智能机器人通过和新的硬件设备进行组合，从而不断提高机器人的综合能力和实用性。

8.3　机器人的软件架构

8.3.1　概述

机器人软件架构是典型的控制回路的层次集，包含了高端计算平台上的高级任务规划、循环控制路径规划、机器人轨迹、障碍避让和运动控制回路等任务。这些控制回路可在不同的主机（包括台式机、实时操作系统、没有操作系统的自定制处理器）上以不同的速率运行。在某些时候，系统中的各个部分必须一同运行。通常情况下，这需要在软件和平台间预定义一个非常简单的界面。各个功能模块共享软件栈中不同层次的传感器数据。

机器人软件架构可认为是各组件的结构和关系，以及规范设计和后续进化的原则和指南。机器人软件架构设计的基本要求包括模块化、代码可复用、功能可共享。使用通用的框架，有利于分解开发任务及代码移植。简而言之，机器人软件架构就是把机器人的功能分散，再将代码组合到软件中。随着机器人的不断开发，机器人架构设计与之共同产生。常见的机器人软件架构包括 SPA 结构、基于行为的结构、混合结构。

1．SPA 结构

"传感—计划—行动"（See-Think-Act，SPA）结构从感知进行映射，经由一个内在的世界模型构造，再由此模型规划一系列的行动，最终在真实的环境中执行这些规划。与之对应的软件结构称为经典模型，该模型是一种由上至下执行的可预测的串行软件结构。

SPA 机器人系统的典型结构有三层：行驶层（最低层）、导航层（中间层）、规划层（最高层）。传感器获取的载体数据由下两层处理后再到达规划层，由规划层做出行驶决策，经导航层传递至行驶层，行驶层控制机器人的动作达到预期的效果。

这种方法强调实际模型的构造并以此模型规划行动，而信息的逐层传递需要大量的计算时间，这对机器人的性能会有显著影响。另外，规划模型与真实环境的偏差将导致机器人的动作无法达到预期的效果。

2．基于行为的结构

基于行为的结构与 SPA 结构相比显得灵活很多。基于行为的结构是由反应式系统发展而来的，反应式系统并不采用符号表示，却能够生成合理的复合行为。基于行为的机器人方案进一步扩展了简单反应式系统的概念，使简单的并发行为可以结合起来工作。

基于行为的软件模型是一种由下至上的设计，因而其结果不易预测，机器人功能被封装在一个独立的小模块中，称为一个"行为"，而不是编写整段的代码。因为所有的行为并行执行，因此不需要设置优先级。此种设计易于拓展，如便于增加一个新的传感器，或在机器人程序中增加一个新的功能。各行为可以读取所有传感器中的数据，因此如果众多传感器数据表征行为不同，控制器向执行器产生单一的输出信号，则会出现融合问题。

3．混合结构

混合结构是按照有利于完成任务的标准进行设计的，避免了遵循某一条指令或出现信息融合问题。混合系统结合了 SPA 结构和基于行为结构的原理，将多种混合系统应用在传感器和电动机输出间进行协调来完成任务，有利于智能机器人各功能同时进行。

8.3.2　机器人的软件架构范例

以带有机械臂的智能机器人为例进行软件架构设计。要求该机器人能够执行路径规划、障碍避让和地图绘制等任务。机器人软件架构采用典型的控制回路的层次集，机器人软件架构由图 8-7 所示的四层系统构成。软件中的每一层只取决于特定的系统、硬件平台或机器人的终极目标，与其上下层的内容完全不相关。典型的机器人软件包括驱动层、平台层、算法层和用户接口层组件。

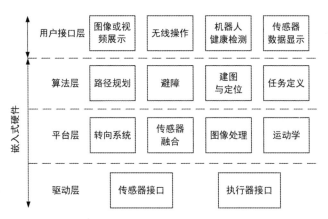

图 8-7 机器人软件架构

1. 驱动层

驱动层的组件处理的是系统中的传感器和执行器，以及运行着驱动软件的硬件。在这一层主要处理该机器人操控所需的底层驱动函数。一般情况下，这一层的模块采集工程单位（位置、速度、力量等）中激励器的设定值，生成底层信号来创建相应的触发，其中可能包括关闭这些设定值循环的代码。同理，该层的模块还能采集原始传感器数据，将其转换成有用的工程单位，并将传感器值传输至其他架构层。声呐、红外和电压传感器都连接在主板的数字 I/O 通道上，信号在连续循环结构中进行处理，这些结构在主板上并行执行。这些函数输出的数据被发送到平台层上进行进一步处理。

驱动层可以连接到实际的传感器、激励器、环境仿真器中的 I/O 通道。除了驱动层以外，开发人员无须修改系统中的其他任何层就能进行传感器与执行器相关程序的调试。

2. 平台层

平台层中的代码对应了机器人的物理硬件配置，该层连接底层的信息和高层的软件，并在两层之间进行双向转换。平台层频繁地在驱动层和算法层之间切换，通过相关函数处理传感器采集数据，处理的数据更容易被高层函数进一步处理。

3. 算法层

算法层是机器人系统中高层的控制算法。算法层中的模块采集系统信息，如位置、速度或处理后的视频图像，并基于所有反馈信息给出控制决定，输出机器人需要完成的任务。以机器人路径规划为例，该层中的组件能够分析机器人的环境，并根据机器人的周围环境规划路径。距离数据从平台层发送至距离传感器，再由 VFH（Viewpoint Feature Histogram，视点特征直方图）模块接收。VFH 模块的输出数据包含了路径方向，该信息直接发送到平台层。在平台层，路径方向输入至转向算法并生成底层代码，然后直接发送到驱动层的电动机上。

以机器人搜索为例，机器人搜索红色的球状物体，并使用机械臂将它拾起。该机器人凭借其设定的方式，将搜索算法与避障算法相结合，在避让障碍的同时探索环境。在搜索时，平台层模块会处理图像，并且返回物体是否找到的信息。红色球状物体被检测到以后，算法会生成一条运动轨迹，机械臂端点根据轨迹抓住并拾起红色球状物体。

机器人在每个任务中都具有一个高层目标，与平台或物理硬件无关。如果机器人拥有多个高层目标，那么这一层还需要包含仲裁来为目标排序。

4. 用户接口层

用户接口层中的应用程序并不需要完全独立，它为机器人和操作人员提供了物理互动或在 PC 主机上显示相关信息。将相关图形放置于用户界面，界面包含板载相机上的实时图像数据以及地图上周围障碍的 XY 轴坐标。系统中伺服角度的控制可以让用户旋转与相机连接的板载伺服电动机，从而调节相机的角度。在该层中还能读取鼠标、游戏杆的输入数据或驱动简单的文本显示。该层中的组件如图形用户界面的优先级非常低，而急停按钮等类似组件则需要以确定性的方式与代码捆绑。

根据机器人任务的不同，软件可以分布在不同目标。在很多情况下，各层都在一个计算平台上运行。对于一般的应用程序，软件可以运行在 Windows 或 Linux 等主板系统上。对于需要更为严格定时限制的系统，软件目标为单个处理节点，且具备实时操作系统。

除上述介绍的软件结构外，还有很多种软件构建方案，但任何设计都需要预先作出考虑与规划，才能适应架构。软件设计时要明确架构，将软件划分成明确的界面层次，有助于其他人员同时进行项目。此外，在软件编译过程中，将代码划分成具有明确的输入和输出功能模块，有助于以后项目中的代码组件重复利用。

8.3.3　机器人编程方式

随着机器人技术的快速发展，机器人广泛应用于工业生产的各个领域，任务的复杂程度不断提高，用户对产品的质量和效率追求越来越高。在这种形势下，机器人的编程方式、编程效率和编程质量显得越来越重要。如何让机器人快速学习相关任务，降低编程的难度和工作量，提高编程效率，实现编程的自适应性，是机器人编程技术亟待解决的问题。

目前常用的机器人编程方法有示教编程、离线编程、自主编程、基于增强现实的编程技术、示教学习编程。

1. 示教编程

示教编程通常由操作人员通过示教设备控制机器人执行结构到达指定的姿态和位置，记录机器人位姿数据并编写机器人运动指令，完成机器人在正常加工中的轨迹规划、位姿等关节数据信息的采集和记录。

示教设备具有在线示教的优势，操作简便直观。示教设备主要有编程式和遥感式两种。例如，采用机器人对汽车车身进行点焊，首先由操作人员控制机器人达到各个焊点，对各个点焊轨迹进行人工示教，在焊接过程中通过示教再现的方式再现示教的焊接轨迹，从而实现车身各个位置各个焊点的焊接。但在焊接过程中车身的位置很难保证每次都完全一样，故在实际焊接中通常还需要增加激光传感器等对焊接路径进行纠偏和校正。

为了使机器人在三维空间示教过程中更直观，一些辅助示教工具被引入在线示教过程，辅助示教工具包括位置测量单元和姿态测量单元，分别用来测量空间位置和姿态。其由两个手臂和一个手腕组成，共有 6 个自由度，通过光电编码器来记录每个关键的角度。操作时，由操作人员手持该设备的手腕对加工路径进行示教，记录下路径上每个点的位置和姿态，再通过坐标转换为机器人的加工路径值，实现示教编程，操作简便，精度高，不需要操作者实际操作机器人，这对很多非专业的操作人员来说非常方便。借助激光传感器等装置进行辅助示教，提高了机器人使用的柔性和灵活性以及机器人加工的精度和效率，降低了操作难度，这在很多场合中是非常实用的。

示教编程的特点如下：

（1）需要实际机器人系统和工作环境。

（2）编程时机器人停止工作。

（3）在实际系统上试验程序。

（4）编程的质量取决于编程者的经验。

（5）难以实现复杂的机器人运行轨迹。

2. 离线编程

与普通机器人示教编程不同，在离线编程过程中，机器人等生产设备无须离开生产线，生产不必中断。在计算机中导入 CAD 辅助软件数据后，程序员可以通过离线编程软件对机器人的角度、结构配置、进给 / 速度、功率和运动轨迹等进行全方位设置，创建、优化并验证运动计划。编程完成后，实际加工流程将由自动化系统执行。同时，执行效果的监控也是全自动的。借助离线编程，动作被优化，运动周期将明显缩短，并且动作结果质量也将显著提高。

离线编程的特点如下：

（1）需要机器人系统和工作环境的图形模型。

（2）编程时不影响机器人工作。

（3）通过仿真试验程序。

（4）可用 CAD 等辅助软件进行最佳轨迹规划。

（5）可实现复杂运行轨迹的编程。

3. 自主编程

自主编程是依靠各种跟踪测量传感技术，以轨迹等测量信息为反馈，由计算机控制机器人进行动作的自主示教技术。自主编程包括基于激光的自主编程、基于双目视觉的自主编程和基于多传感器信息融合的自主编程。

（1）基于激光的自主编程。将结构光传感器安装在机器人的末端，形成"眼在手上"的工作方式，利用跟踪技术逐点测量动作的轨迹坐标，建立起运动轨迹数据库，作为机器人的路径。

（2）基于双目视觉的自主编程。基于视觉反馈的自主示教来实现机器人的任务目标。以机器人路径规划为例，其主要原理是：在一定条件下，由主控计算机通过视觉传感器沿轨迹自动跟踪、采集并识别轨迹图像，计算出执行结构的空间轨迹和方位（即位姿），并按优化动作要求自动生成机器人的位姿参数。

（3）基于多传感器信息融合的自主编程。基于多种传感器融合技术实现机器人的任务目标。例如，将力控制器、视觉传感器和位移传感器构成一个高精度自动路径生成系统。该系统集成了位移、力、视觉控制，引入视觉伺服，可以根据传感器反馈信息来执行动作。

4. 基于增强现实的编程技术

增强现实技术源于虚拟现实技术，是一种实时计算摄像机影像的位置及角度并加上相应图像的技术，实现了虚拟世界与现实世界的交互。基于增强现实的编程技术能够在虚拟环境中没有真实工件模型的情况下进行机器人离线编程。由于能够将虚拟机器人添加到现实环境中，因此当需要原位接近的时候该技术是一种非常有效的手段，这样能够避免在标定现实环境和虚拟环境中可能碰到的技术难题。

基于增强现实的编程技术能够发挥离线编程技术的内在优势，如减少机器人的停机时间、安全性好、操作便利等。由于基于增强现实的编程技术采用的策略是路径免碰撞、接近程度可缩放，因此该技术可以用于大型机器人的编程，而在线编程技术则难以做到。

5. 示教学习编程

示教学习编程的主要目标是通过学习示教者的行为达到自动学习最优策略的目的。示教学习可分为直接的示教学习和间接的示教学习。

直接的示教学习应用经典的监督学习方法学习人类行为，通过训练样本找到状态和最优动作的映射关系。但是直接的示教学习存在以下缺点：

（1）直接的示教学习的学习结果难以解释和调整。

（2）泛化能力差，环境变化对学习结果影响很大。

（3）由于机器人的传感器和驱动器与人不同，故无法直接作用于机器人上面。

间接的示教学习是指先通过观察示教者行为来学习环境参数，再由最优化控制器根据环境参数得到最优策略的过程。间接的示教学习可以有效地解决直接的示教学习的问题，但开发难度较大。

8.3.4　机器人程序设计语言

机器人程序设计语言是一种程序描述语言，可以十分简洁地描述工作环境和机器人的动作，能把复杂的操作内容通过尽可能简单的程序实现。机器人程序设计语言也和一般的程序设计语言一样，具有结构简明、概念统一和容易扩展等特点。从应用角度来看，很多情况下都是操作者通过程序实时地操纵机器人工作。现在有很多种机器人程序设计语言，每种语言对机器人有不同的优势，常用的有图形化编程语言、Python、C/C++、Java、工业机器人语言、硬件描述语言（HDL）等。

1. 图形化编程语言

图形化编程语言由于具有更直观的编译方式和可视化的编译环境，因此大大降低了机器人程序设计的难度，近些年来受到了广泛的关注。常见的图形化编程语言中有一种被称为 Scratch，其主界面如图 8-8 所示。Scratch 是一款由麻省理工学院设计开发的少儿编程工具，Scratch 将程序指令变为一个个"积木块"，使用者无须敲击代码或是背诵任何编程指令，只需要将积木块拖曳并连接在一起，就可以很方便地进行编程，从而快速制作出动画、游戏、交互程序。

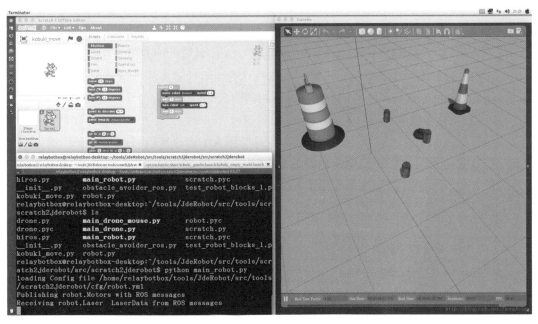

图 8-8　Scratch 图形化编程语言

可以通过将 Scratch 图形化编程语言转化为 Python，然后通过 ROS（Robot Operating System，机器人操作系统）消息机制控制智能机器人。

图形化编程语言具有以下 3 个特点：

（1）操作简单易懂。图形化编程语言不像其他编程语言那样复杂，整个编程的过程，Scratch 是以鼠标拖动的形式操作的，所以对于不会阅读、不认识英文字母、不会使用键盘的小朋友来说也完全不构成障碍，并且 Scratch 对计算机硬件配置没有任何特殊要求。

（2）学习过程视觉化，对初学者非常友好。在编程过程中，拖动鼠标来移动积木，立刻就能看见这一操作所产生的结果，非常直观生动。传统的文本代码的编程语言有很多严格的语法规则，如括号、字母的大小写等都有严格的要求，而 Scratch 完全简化了这些规则，不需要死记硬背，也不需要理解复杂符号的意思。

（3）学习内容全面，有利于过渡到其他语言。Scratch 像一个游戏，但也是一门真正的计算机语言。成熟的 Scratch 程序员可以用它来实现非常复杂的功能。而且 Scratch 包含了所有计算机语言的通用概念：函数、循环、条件判断等，是学习编程不可或缺的部分。对于初学者而言，其友好地解决了这些较为难懂的障碍。

2. Python

Python 是一门简单易懂的语言，有许多有效的库可供学习，而且功能非常强大。通过短暂的学习可以很快应用到大部分编程需求中。近年来，Python 在机器人技术方面的应用较为广泛。其中一个原因是 Python 和 C++ 是 ROS 中发现的两种主要的编程语言，语言的使用很容易。Python 程序设计时节省了许多常规的事情，如定义和转换变量类型等。此外，Python 还有大量免费的库，实现功能更为方便，并且它允许使用 C/C++ 代码进行简单的绑定，重要性能的部分可以用其他语言来实现，以避免性能的下降。

3. C/C++

C/C++ 是机器人技术的一种重要编程语言，应用非常广泛。由于其具有很多硬件库，允许与低级硬件进行交互，允许实时性能，所以是一种非常成熟的编程语言。但 C/C++ 并不像 Python 或 MATLAB 等软件那样简单。使用 C 实现相同的功能可能需要更长的时间，并且需要更多的代码行。由于机器人极其依赖实时性能，所以 C/C++ 是一种较好的编程语言。

4. Java

由于 Java 比 C 更容易编程，因此有些人会将 Java 作为第一种编程语言。Java 是一种解释语言，它不会被编译成机器代码，Java 虚拟机只有在运行时才解释指令。由于 Java 虚拟机的存在，Java 可以在许多不同的机器上使用相同的代码，但有时会导致代码运行缓慢。

5. 工业机器人语言

工业机器人制造商一般都开发了自己的专有机器人编程语言。可以通过学习 Pascal 熟悉其中的几个。但是，在开始使用新的机器人时，仍然需要学习新的语言。例如 ABB 机器人使用 RAPID 编程语言，Kuka 机器人使用 KRL（Kuka Robot Language），安川机器人使用 INFORM 语言，川崎机器人使用 AS 语言等。技术人员在开发工业机器人时需要使用制造商的程序设计语言。

6. 硬件描述语言（HDL）

硬件描述语言（Hardware Description Language，HDL）基本上是描述电子设备的编程方式，常被用于编程现场的可编程逻辑门阵列（Field Programmable Gate Array，FPGA）。FPGA 允许开发电子硬件，而无须实际生产硅芯片，这使其成为更快更容易的一种开发选择。与其他编程语言完全不同，HDL 的所有操作都是并行执行的，而不是基于处理器的编程语言的顺序操作，极大地加快了程序的运行速度。

7. 其他编程语言

BASIC 和 Pascal 是几种工业机器人语言的基础。BASIC 是为初学者设计的（它代表初学者通用符号指令代码），这使它成为一个非常简单的语言。Pascal 旨在鼓励良好的编程习惯并介绍构造。但这两种语言编译较为复杂，要进行大量的低级编码。如果想要熟悉其他工业机器人语言，则可以进行相关学习。

编程语言 Assembly 使你能够在"1 和 0 级"程序中进行编程。这是最底层的编程语言。在过去，大多数底层硬件需要在 Assembly 中进行编程。随着微控制器 Arduino 和其他类似微控制器的兴起，现在可以利用 C/C ++ 在底层进行有效的编程，因而 Assembly 的使用在降低。

C# 是 Microsoft 提供的专有编程语言，开发机器人程序的开发环境 Microsoft Robotics Developer Studio（MRDS）将 C# 作为主要语言。

MATLAB 是一种功能强大的开源程序设计语言，因其有专门的机器人工具箱，所以受到一些机器人工程师的欢迎，用于分析数据和开发控制系统。

上面列举了机器人的几种热门编程语言，在选择程序设计语言时要结合机器人硬件及编程知识，找到快速而有效的编程语言可以加快智能机器人的开发和设计。

8.4 机器人仿真平台

机器人仿真在设计过程中十分重要，可以进行快速算法验证。同时，对于机器人学习者来说，仿真工具可以大大降低学习成本。与机器人设计工具（如 SolidWorks、Blender）不同，机器人仿真平台集成了物理引擎，可以根据物体的物理属性计算物体的运动、旋转和碰撞。例如，由仿真平台根据牛顿定理计算得到，机器人可以推动小箱子，却推不动更重的大箱子，所以机器人仿真在机器人设计的开发中必不可少。

1. USARSim 仿真平台

USARSim（Unified System for Automation and Robot Simulation，自动化和机器人仿真统一系统）是一种基于锦标赛虚幻游戏引擎的机器人和环境的高保真模拟系统，如图 8-9 所示。作为一种通用的研究工具，其应用范围从人机界面到异构机器人组的行为生成，涵盖比较广泛。除了研究应用外，USARSim 还是机器人杯救援虚拟机器人竞赛和 IEEE 虚

图 8-9 USARSim 仿真平台

拟制造自动化竞赛的基础。其使用开放动力学引擎，支持三维的渲染和物理模拟，具有较高的可配置性和扩展性，采用分层控制系统、开放接口结构模拟功能和工具框架模块，具有很好的情景呈现效果。

2. Simbad 仿真平台

Simbad 是基于 Java3D 用于科研和教育目的的多机器人仿真平台，界面如图 8-10 所示。它主要专注于多机器人系统中的人工智能、机器学习和更多通用的人工智能算法的基本问

题。Simbad 拥有可编程机器人控制器，可定制环境和自定义配置传感器模块等，采用 3D 虚拟传感技术，支持单个或多机器人仿真，提供神经网络和进化算法等工具箱。软件基于 GNU（General Public License，通用公共许可）协议，不支持物理计算，可以在任何支持包含 Java3D 库的 Java 客户端系统上运行。

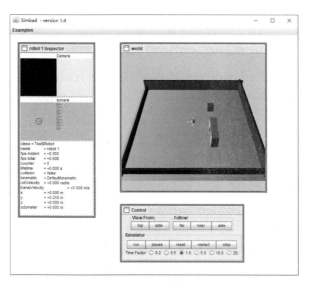

图 8-10　Simbad 仿真平台界面

3. Webots 仿真平台

Webots 系列软件是一款具备建模、编程和仿真移动机器人开发的平台，主要用于地面机器人仿真，界面如图 8-11 所示。Webots 仿真软件使用 ODE（Open Dynamics Engine，开源物理引擎）检测物体碰撞和模拟刚性结构的动力学特性，可以精确模拟物体速度、惯性和摩擦力等物理属性。除此之外，用户可以在同一环境中设计多种复杂的异构机器人，定义环境大小及环境物体的属性。同时，设计的机器人可以装配大量可供选择的仿真传感器和驱动器，机器人的控制器可以通过内部集成化开发环境或者第三方开发环境进行编程，控制器程序可以用 C/C++ 等编写，机器人的每个行为都可以在真实世界中测试。其支持大量机器人模型，如 Khepera、Pioneer 2、Aibo 等，也可以导入自己定义的机器人。

图 8-11　Webots 仿真平台界面

4. MRDS 仿真平台

MRDS（Microsoft Robotics Developer Studio，微软机器人开发人员工作室）是 Microsoft

开发的一款基于 Windows 环境、网络化、基于服务框架结构的机器人控制仿真平台，使用 PhysX 物理引擎（是目前保真度最高的仿真引擎之一），支持大量的机器人软硬件。如图 8-12 所示，MRDS 基于实时并发协调同步（Concurrency and Coordination Runtime，CCR）和分布式软件服务（Decentralized Software Services，DSS），进行异步并行任务管理并允许多种服务协调管理获得复杂的行为，提供可视化编程语言（Visual Programming Language，VPL）和可视化仿真环境（Visual Simulation Environment，VSE），支持主流的商业机器人，主要编程语言为 C#，但只支持在 Windows 操作系统下进行开发，主要针对学术、爱好者和商业开发者为各种硬件平台创建机器人应用程序。

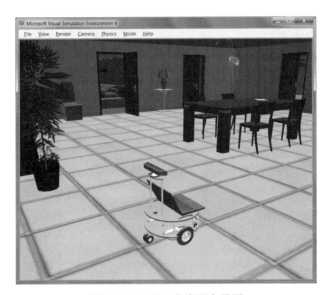

图 8-12　MRDS 仿真平台界面

5. PSG 仿真平台

PSG（Player Stage Gazebo）是一套针对机器人和传感器系统研究的免费平台，包含网络服务部分和机器人平台仿真部分，软件界面如图 8-13 所示。网络服务部分定义了机器人和传感器与平台仿真部分的通信接口；机器人平台仿真部分二维环境提供基本碰撞检测和距离传感器模型，但不支持物理仿真，机器人平台仿真三维环境使用 ODE 物理引擎。PSG 提供声呐、激光扫描测距仪、碰撞检测和执行器等虚拟机器人设备，支持进行多机器人仿真。PSG 开发的程序通过简单的修改甚至无须修改即可应用于实体机器人的控制，因此可以大大降低研究成本，缩短研究周期。

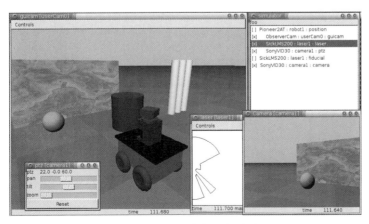

图 8-13　PSG 仿真平台界面

6. 其他仿真平台

MissionLab 是用于开发和测试单个或一组机器人行为的仿真平台，界面如图 8-14 所示。通过 MissionLab 生成的代码可以直接控制主流商用机器人，包括 ARTV-Jr、iRobot、AmigoBot、Pioneer AT 和 MRV-2 等。MissionLab 最主要的优点在于它支持仿真和真实机器人同时实验。

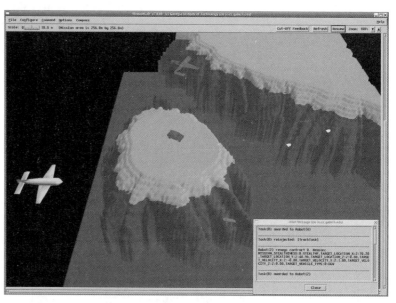

图 8-14　MissionLab 仿真平台界面

MORSE（Modular Open Robots Simulation Engine，模块化开放式机器人仿真引擎）是一款通用的多机器人仿真平台，界面如图 8-15 所示。其主要特点是能控制实际仿真的自由度，可以自由设计符合自己需求的组件模型，运用 Blender 实时游戏引擎进行原始渲染，设计适合的体系结构，支持通用的网络接口。它提供了大量可配置的传感器和执行器模块，具有高度的可扩展性，提供人与机器人的交互仿真，使用 Python 编程，有丰富的文档并且易于安装，但无法进行精确的动力学仿真，时钟同步能力性能较差，多机器人仿真时可能出现不同步情况。

图 8-15　MORSE 仿真平台界面

V-REP（Virtual Robot Experiment Platform，虚拟机器人实验平台）是一款灵活、可拓展的通用机器人仿真器，可以支持多种控制方式和编程方式，界面如图 8-16 所示。控制方式有支持远程控制（Another Machine）、异步控制（Another Thread）和同步控制（The Same Thread）3 种，编程方式支持嵌入式脚本（Embedded Scripts）、加载项（Add-ons）、插件（Plugins）、远程 API、ROS 节点等。V-REP 支持 Bullet、ODE 和 Vortex（用于流体仿真）引擎，由 Coppelia Robotics 开发。相比于 Gazebo，V-REP 内集成了大量的常见模型，建模更加简单，同时 V-REP 也兼容 ROS。在 V-REP 中，嵌入式脚本是一种很重要的编程方式，其编程语言目前只支持 Lua，编程语言具有轻简、可嵌入、可跨平台等优点。

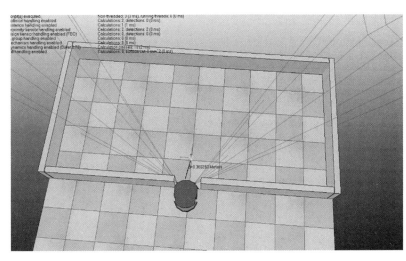

图 8-16　V-REP 仿真平台界面

除上述机器人仿真平台外还有很多其他平台。选择机器人仿真平台时要考虑逼真度、可扩展性、开发简易性和成本。

平台逼真度对机器人仿真效果的呈现起着很重要的作用，对物理逼真度有要求的，需要仿真软件可以很好地呈现机器人和环境视觉效果；对功能逼真度有要求的，需要仿真软件可以很好地提供机器人和驱动器的力学特性，包括重力、牵引力、电动机或碰撞加速度等机器人结构设计的重要数据。为更方便地将仿真程序移植到真实机器人中还需要考虑仿真平台的拓展性。拓展性主要表现为仿真实验算法的开发实现不能受限于仿真软件功能，包括是否可以较容易地增加和减少机器人、定制传感器和驱动器模块种类的多少、能否提供模块化的标准接口支持第三方软件开发等。除此之外，选择仿真平台还要考虑开发的难易程度、成本和网络功能等。

本 章 小 结

本章从介绍智能机器人设计与开发入手，主要介绍了智能机器人设计的基本步骤和开发需要考虑的问题，包括以下 3 个方面的内容：

（1）智能机器人设计的基本步骤。简要介绍了智能机器人的设计步骤：需求分析、前期研究和可行性分析、方案选择、计算与仿真、机器人实现和调试完善。

（2）机器人硬件设计与开发。介绍了几种常见的智能机器人硬件主板、传感器、驱动器和其他硬件设备。

（3）机器人的软件架构和仿真平台。常见的智能机器人的软件架构包括 SPA 结构、基于行为的结构、混合结构。典型的机器人软件包括驱动层、平台层、算法层和用户接口层等组件。常用的机器人编程方式有示教编程、离线编程、自主编程、基于增强现实的编程技术、示教学习编程。还了解了几种常见的机器人程序设计语言。

机器人仿真平台可以避免或解决一些设计问题，有效降低智能机器人的开发成本。

习题 8

1. 简述设计智能机器人的基本步骤。
2. 列举智能机器人的主要硬件模块。
3. 简述智能机器人软件架构系统的构成。
4. 简述常见的机器人程序设计语言。
5. 列举几种常用的机器人仿真平台。

参考文献

[1] 莫宏伟. 人工智能导论 [M]. 北京：人民邮电出版社，2020.

[2] 修春波. 人工智能原理 [M]. 北京：机械工业出版社，2011.

[3] 孔月萍，周继，于军琪. 人工智能及其应用 [M]. 北京：机械工业出版社，2007.

[4] 党建武. 人工智能 [M]. 北京：电子工业出版社，2012.

[5] 王宏生. 人工智能 [M]. 北京：国防工业出版社，2006.

[6] 丁世飞. 人工智能 [M]. 北京：清华大学出版社，2011.

[7] 朱福喜，朱三元，伍春香. 人工智能基础教程 [M]. 北京：清华大学出版社，2006.

[8] 刘文仟. 粒子群算法的拓扑结构的研究 [D]. 哈尔滨理工大学硕士论文，2010.

[9] 刘东辉. 自主移动式机器人路径规划研究 [D]. 东北石油大学硕士论文，2013.

[10] 李鹏娜. 无人机路径规划方法研究及在油田巡井中的应用 [D]. 东北石油大学硕士论文，2017.

[11] 蔡自兴，等. 人工智能及其应用 [M]. 北京：清华大学出版社，2010.

[12] 李征宇，郭彤颖. 人工智能技术与智能机器人 [M]. 北京：化学工业出版社，2018.

[13] 陈祥祥. 基于 D-S 证据理论的图像修复算法研究 [D]. 西北民族大学硕士论文，2021.

[14] 刘晓光. 基于 D-S 证据理论的推理系统研究 [D]. 合肥工业大学硕士论文，2010.

[15] 艾哈买德. 深度学习案例精粹 [M]. 洪志伟译. 北京：人民邮电出版社，2019.

[16] 孟丹. 基于深度学习的图像分类方法研究 [D]. 华东师范大学博士论文，2017.

[17] 郑远攀，李广阳. 深度学习在图像识别中的应用研究综述 [J]. 计算机工程与应用，2019，55（12）：20-36.

[18] 黄立威，江碧涛. 基于深度学习的推荐系统研究综述 [J]. 计算机学报，2018，41（07）：1619-1647.

[19] 童林. 基于粒子滤波器的移动机器人同步定位与地图构建研究 [D]. 合肥工业大学硕士论文，2009.

[20] 罗荣华，洪炳辕. 移动机器人同步定位与地图创建研究进展 [J]. 机器人，2004，26(2)：182-186.

[21] 权美香. 视觉 SLAM 综述 [J]. 智能系统学报，2016，11（6）：768-777.

[22] 康凯. 基于机器视觉的移动机器人定位与三维地图重建方法研究 [D]. 哈尔滨工业大学硕士论文，2017.

[23] 詹秀娟. 特征匹配算法研究及其在目标跟踪上的应用 [D]. 浙江理工大学硕士论文，2018.

[24] 唐醋林. 基于 ORB-SLAM 的特征匹配与建图方法研究 [D]. 北京工业大学硕士论文，2019.

[25] 范新南. 改进 ORB 算法在图像匹配中的应用 [J]. 计算机与现代化，2019，282（2）：5-18.

[26] 邓晨，李宏伟. 基于深度学习的语义 SLAM 关键帧图像识别 [J]. 测绘学报，2021，50（11）：1605-1616.

[27] LECUN Y, BENGIO Y, HINTON G. Deep Learning[J]. Nature, 2015, 521(7553): 436-444.

[28] WANG X, SHRIVASTAVA A, GUPTA A. A-fast-rcnn: Hard Positive Generation Via Adversary for Object Detection[J]. Proceedings of the IEEE Conference on Computer Vision and Pattern Recognition, 2017: 2606-2615.

[29] DAI J, HE K, SUN J. Instance-aware Semantic Segmentation Via Multi-task Network Cascades[J]. Proceedings of the IEEE Conference on Computer Vision and Pattern Recognition, 2016: 3150-3158.

[30] SU Y, LI Y, XU N, etal. Hierarchical Deep Neural Network for Image Captioning[J]. Neural Processing Letters, 2020, 52(2): 1057-1067.

[31] LONG SUN,TAO WU,etal. Object Detection Research of SAR Image Using Improved Faster Region Based Convolutional Neural Network[J]. Journal of Geodesy and Geoinformation Science, 2020,3(3): 18-28.

[32] 俞栋，邓力. 解析深度学习：语音识别实践 [M]. 北京：电子工业出版社，2016.

[33] 祁友杰. 多源数据融合算法综述 [J]. 航天电子对抗，2017，33（6）：5.

[34] 王欣. 多传感器数据融合问题的研究 [D]. 吉林大学硕士论文，2006.

[35] 赵力. 语音信号处理 [M]. 3 版. 北京：机械工业出版社，2009.

[36] 张毅. 移动机器人技术基础与制作 [M]. 哈尔滨：哈尔滨工业大学出版社，2013.

[37] 焦宝玉. 关于传感器在机器人中的应用分析 [J]. 信息记录材料，2021，22（03）.

[38] 屈丹，彭煊，王炳锡. 实用语音识别基础 [M]. 北京：国防工业出版社，2005.